让人魂牵梦绕的东西，都具备三个特点：有难度、能实现、你喜欢。下棋、踢足球、打游戏……追你心仪的对象，但凡你能说得出来的，基本都如此。

趁着年轻，为自己找个兴趣所在吧，最好，它还能养家糊口。

放大器，就具备前两个特点。这本书，只想让你喜欢它。

……

而现在，你拿起这本书的时候，可能是种类繁多、秉性迥异，但青春健朗、招人怜爱的放大器，第一次，如此端庄地站在你的面前，笑容可掬。

好吧……很高兴认识你。

你好，放大器。

本文出现的截图，除特殊标注外，均来自于图中显现的 ADI 公司相关芯片的数据手册，不再一一标注。也正因为如此，本书没有刻意按标准统一电路符号，特别是电阻元件。这样更符合现实。

本书出现的统计表格，数据基本来自于 ADI 公司可下载的表格——对其中某些无数据的地方，我进行了填充。但不保证完整。所有与设计相关的数据，请参考 ADI 公司官网。

除 4.8 节参考了 ADI 公司的“Linear circuit design handbook ”(edited by Hank Zumbahlen; with the engineering staff of Analog Devices)，其余内容包括指标定义，均为我根据自己的理解撰写的，不涉及参考文献。

感谢 ADI 公司大学计划部为本书提供的资助，感谢他们答应了我的要求——客观公正地讲述，不带有广告色彩。

你好，放大器

（初识篇）

杨建国　著

科学出版社

北京

内 容 简 介

本书是《你好，放大器》的初识篇，是学习放大器的入门书。

第 1 章介绍放大器的历史和分类定义。第 2 章用大量篇幅介绍放大器关键指标，以及阅读数据手册的方法。第 3 章介绍各种各样的运算放大器，包括精密运放、高速运放、电流反馈型运放和全差分运放。第 4 章是使用放大器的共性问题，这些问题都是作者在指导学生的过程中频繁遇到的。第 5 章介绍一些典型的放大电路。最后，第 6 章针对初学者介绍仪器、调试、故障排查，以及报告撰写。

本书适合学过模拟电子技术但还不能完全驾驭放大器的读者，特别是参加全国大学生电子设计竞赛的学生阅读，也适用于企业的员工培训和再提高。

图书在版编目（CIP）数据

你好，放大器（初识篇）/杨建国著.—北京：科学出版社，2015.8（2026.1重印）

ISBN 978-7-03-045432-4

I.①你… II.①杨… III.①放大器 IV.①TN72

中国版本图书馆CIP数据核字（2015）第189135号

责任编辑：喻永光 杨 凯 / 责任制作：魏 谨

责任印制：吴兆东 / 封面设计：付永杰

科学出版社 出版

北京东黄城根北街16号

邮政编码：100717

http://www.sciencep.com

涿州市般润文化传播有限公司印刷

科学出版社发行 各地新华书店经销

*

2015年9月第 一 版 开本：787×1092 1/16

2026年1月第十次印刷 印张：16 1/4

字数：360 000

定价：68.00元

（如有印装质量问题，我社负责调换）

目　录

第 1 章　放大器定义、分类和选择使用

第 2 章　运算放大器的关键性能指标详解

第 3 章 多种多样的运算放大器

第 4 章 使用放大器的共性问题

第 5 章　典型放大电路分析

第 6 章 仪器使用、焊接、调试和撰写报告

第 1 章 放大器定义、分类和选择使用

1.1 放大器定义

电学中能够实现信号、功率放大的器件，称为放大器，英文为 Amplifier。

以放大器为核心，能够实现放大功能的电路组合，称为放大电路。

在很多情况下，放大器和放大电路被混淆。严格来说，放大器是一个器件，Device，比如一个 3 管脚的晶体管或者一个 8 管脚的运算放大器，都是放大器。而放大电路是这些器件加上电阻电容、线路板或者导线焊接到一块儿的，是一个组合。

虽然我能够分清这些，但有时我也乱用。其实，大可不必为此纠结，你愿意怎么叫就怎么叫吧。多数人分不清楚的东西，你分那么清楚干什么啊？

1.2 放大器的全家谱

全部放大器被分为 3 种：晶体管放大器、运算放大器和功能放大器。

除此之外，世上还存在电子管放大器，只在特殊领域，比如高级音响中使用。这个我不懂，从我读书时，就没有见过这古老的家伙了。但我知道，有人懂，还在用。

1.2.1 晶体管

晶体管分为两类：双极型晶体管（Bipolar Junction Transistor, BJT，分为 NPN 型、PNP 型）、单极型晶体管（也称场效应管，Field Effect Transistor，FET）。其中场效应管还分为 JFET 和 MOSFET，就是结型管和金属氧化物管，它们都有 N 沟道和 P 沟道之分。从符号看，晶体管可以画成 8 种：双极型 2 种，单极型 6 种，如图 1.1 所示。

所谓双极型晶体管，是指这种晶体管内部，既有电子运动形成电流，也有空穴运动形成电流。一个多，称为多子；一个少，称为少子。两者的运动方向相反，飞向两个不同的“极”。而所谓的单极型晶体管中，只有空穴或者只有电子运动形成电流，只有多子存在，飞向单一的“极”。

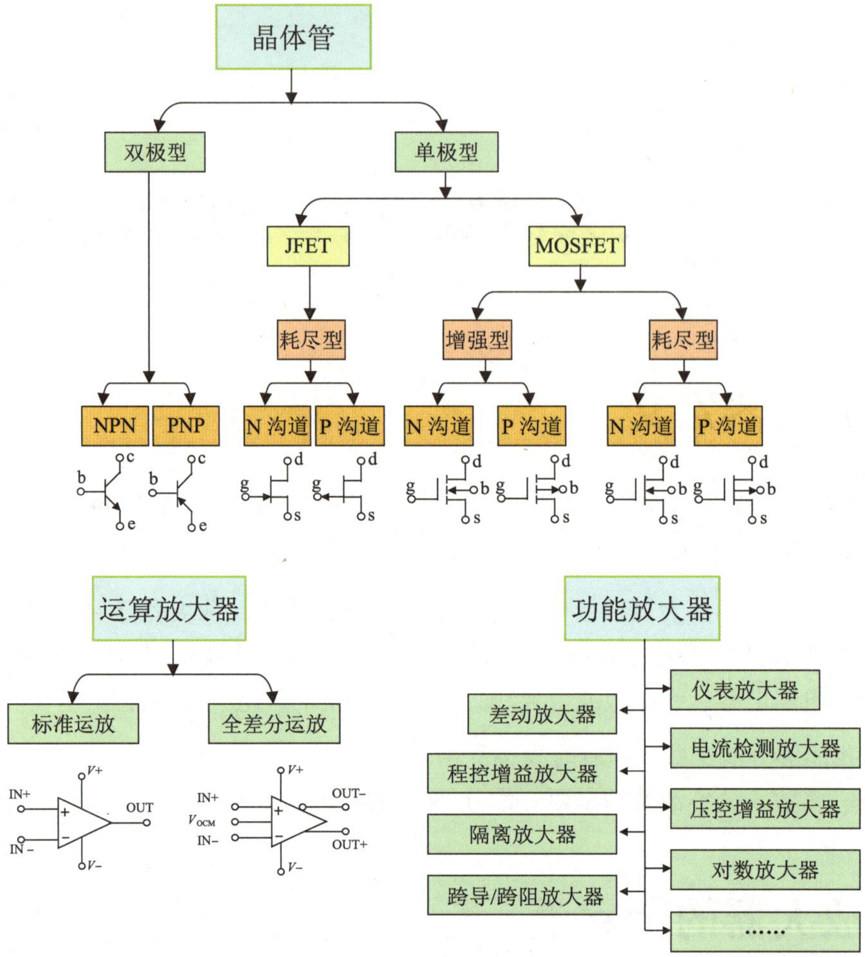

图 1.1　放大器全家谱

晶体管可以组成常见的共射（源）极、共基（栅）极、共集电（漏）极放大电路，以及类型多变的多级放大电路。

学过晶体管放大电路的同学们，或多或少都会感到晶体管及其放大电路的复杂。从静态工作点开始，到微变等效电路，再到增益计算、输入电阻、输出电阻计算，还有频率特性，要想完成一个各项指标满足要求的放大电路，可不是一件容易的事情。虽然这个放大电路使用的器件很便宜，电阻电容数量也不是很多，但是复杂的计算限制了这种放大电路的推广。

20 世纪 60 年代是一个电子技术爆发的年代，集成电路的问世引发了一系列雪崩式的发展。科学家们在"如何让更多用户简单使用放大器"这个问题上，给出的答案是：设计一种傻瓜型放大器，结合负反馈理论，很简单就可以组成一个放大电路，其增益设计也极为简单。这就是运算放大器——Operational Amplifier。

1.2.2 运算放大器

运算放大器又称运放，其实就是一个差分输入、多级、直接耦合、高增益放大电路（通常放大倍数大于 10000），用集成电路工艺生产在一个单芯片集成电路中。它有两个差分输入端，一个或者两个输出端，两个供电电源端。

运放的渊源，以及必要的数学分析

设计并生产一种指定增益的放大器，并把它封装在一个集成电路中，形成傻瓜型应用，对集成电路生产商来说，是极为简单的。但是，困难的是，厂商得准备多少种增益选择呢？从 1 倍开始，1.1，1.2……要不要准备 1.05 倍呢？

数学家早已解决了这个问题。按照负反馈理论，集成电路生产商只需要生产满足如下要求的集成放大器（称之为运算放大器），即可实现用户的一切要求：

（1）运放的开环增益非常大，即图 1.2 中 A_{uo} 很大。

（2）运放的输入端没有电流，即运放具有极高的输入阻抗。

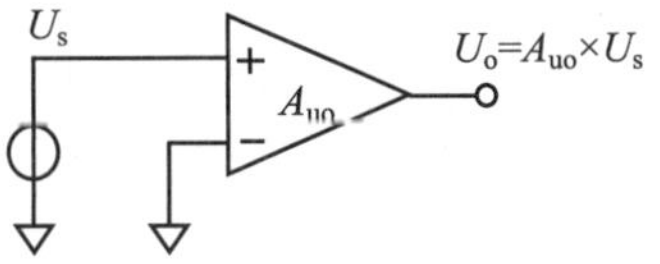

（a）开环应用

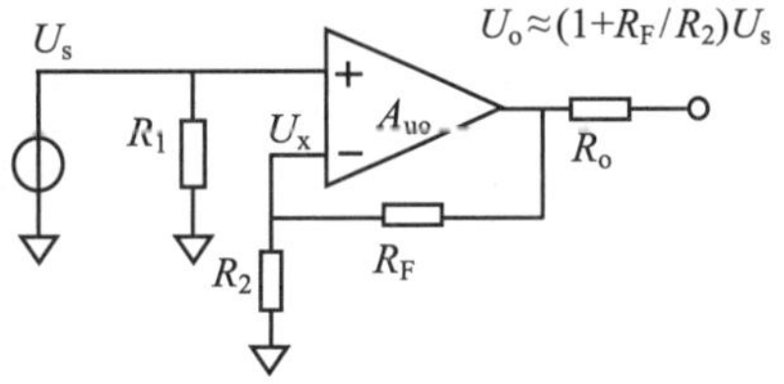

（b）闭环应用——含负反馈

图 1.2 运放结合负反馈的魅力：从开环到闭环应用

图 1.2（a）是一个满足要求的运放，但这个电路几乎不能正常使用。因为开环增益实在太大了，输入信号得多么小，才能让输出稳定呢？图 1.2（b）把输出端通过两个电阻分压，引回到负输入端，形成负反馈，这个电路就能够正常工作了。根据数学家要求的条件，有下式成立：

$$\begin{cases} U_o = A_{uo}\times(U_s - U_x) \\ U_x = U_o \times \dfrac{R_2}{R_2+R_F} \end{cases} \tag{1.1}$$

两个独立的方程，3 个未知量，可以解得任意两个未知量之间的关系，得到：

$$A_{uf}=\frac{U_o}{U_s}=\frac{A_{uo}}{1+A_{uo}\dfrac{R_2}{R_2+R_F}} \qquad [1.2（a）]$$

$$U_x = U_s\frac{A_{uo}R_2}{R_2+R_F+A_{uo}R_2} \qquad [1.2（b）]$$

其中，A_{uf} 称为闭环增益，就是运放组成负反馈电路后的电压增益。当 A_{uo} 很大时，得到：

$$A_{uf} \approx \frac{R_2 + R_F}{R_2} \qquad [1.3(a)]$$

$$U_x \approx U_s \qquad [1.3(b)]$$

式 [1.3（a）] 说明，当满足数学家提出的条件后，该负反馈电路的增益仅与外部电阻 R_2、R_F 有关，而与实际运放的开环增益 A_{uo} 没有什么关系。这太好了，运放生产商可以甩开膀子大干了，管它 A_{uo} 具体多大呢，只要足够大就可以了。用户想要多大的增益，自己选择合适的电阻就可以了。

式 [1.3（b）] 说明，运放在这种情况下，同相输入端加载的是信号 U_s，那么反相输入端呈现出的电位就一定非常接近 U_s，即 $U_{IN-} \approx U_{IN+}$，这就是我们常说的“虚短”：从电位上看，运放的两个输入端等电位，似乎短接一般。请千万注意，“虚短”不是运放本身的特性，而是深度负反馈导致的必然结果。

为了更直观，我们假设 R_2=1kΩ，R_F=3kΩ，然后看看 A_{uo} 从 10 变到 1000000，闭环增益和虚短情况。

表 1.1　开环增益对负反馈放大电路的影响

A_{uo}	式 [1.3 (a)] 估算 A_{uf}	式 [1.2 (a)] 计算 A_{uf}	式 [1.3 (b)] 估算 U_x	式 [1.2 (b)] 计算 U_x
10	4	2.857142857	U_s	$0.714285714 \times U_s$
100	4	3.846153846	U_s	$0.961538462 \times U_s$
1000	4	3.984063745	U_s	$0.996015936 \times U_s$
10000	4	3.99840064	U_s	$0.99960016 \times U_s$
100000	4	3.999840006	U_s	$0.999960002 \times U_s$

可以清晰看出，随着 A_{uo} 越来越大，使用式（1.3）得到的估算结果，与使用式（1.2）得到的精算结果，越来越接近。图 1.2（b）所示电路中，用户需要的指标都可以简单实现。

（1）闭环电压增益约为 $1+R_F/R_2$，用户自己选择电阻实现。

（2）输入阻抗等于 R_1，用户自己选择。

（3）输出阻抗等于 R_o，用户自己选择。

图 1.2（b）所示电路，只是一个非常简单的含运放负反馈电路，它实现了简单的比例运算。20 世纪 60 年代中期第一颗运放 μA709 诞生后，科学家和工程师们围绕着这种神奇的 2 入 1 出器件，设计出了很多负反馈拓扑以及运算电路——一颗种子，种出了太多的花：常见的运算电路包括比例、加法、减法、积分、微分、对数、指数等，以及基于频率分析的各种各样的滤波器。如果配合使用模拟乘法器，还可以实现乘法、n 次方、开方等运算。甚至，用这些电路还可以解方程。这其实已经初步具备了模拟计算机诞生的条件，但是历史的走向，却让数字处理器占了上风，这是后话。

在那个辉煌的年代，诞生了很多关于运算放大器的故事。让我们记住几个名字，第一家推出运放的公司：Fairchild——美国仙童公司，设计第一款运放 μA709 的，桀骜不驯的 Robert J.（Bob）Widlar。此后几十年至今，各个公司兴衰轮回，设计者各领风骚，营造了一个庞大的半导体模拟世界。

向他们致敬。

关于第一款运放到底是不是 μA709,其实有各种说法。我又查了维基百科。资料显示，1963 年，Widlar 设计了 μA702，但不算成功。直到 1965 年，他为仙童公司设计的 μA709 才被较为广泛地使用。而真正产生巨大影响的，至今还在生产的长寿运放，当属 1968 年诞生的 μA741。

全差分运放的诞生

后来，在这种标准运放的基础上，科学家又研制了另一种运放，称为全差分运放，它有差分输入脚 IN+ 和 IN–，差分输出脚 OUT+ 和 OUT–。除此之外，还有一个输入脚，称之为 V_{OCM}。如图 1.3 所示，它们之间的关系如下。

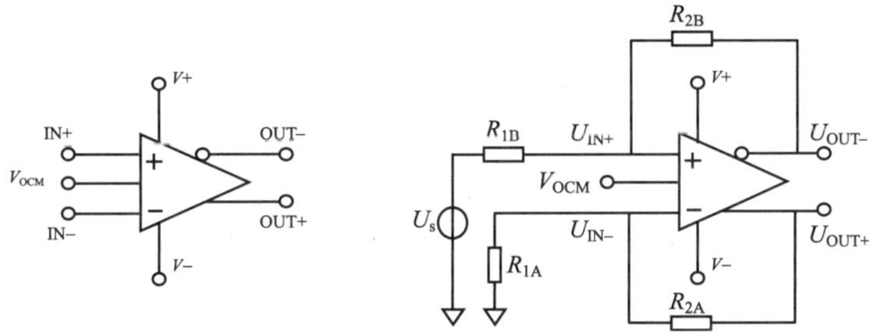

图 1.3 全差分运放以及全差分运放组成的单端转差分放大电路

$$U_{OUT+} - U_{OUT-} = A_{uo}(U_{IN+} - U_{IN-}) \tag{1.4}$$

$$\frac{U_{OUT+} + U_{OUT-}}{2} = V_{OCM} \tag{1.5}$$

式（1.4）很容易理解，与标准运放的差别仅在于全差分运放的输出也是差分的。即，差分输出值等于差分输入值乘以一个很大的开环增益 A_{uo}。

式（1.5）是一个新概念，当你在 V_{OCM} 端接入一个电压，那么差分输出的两个端子的共模电压（即两个差分输出信号的平均值）将等于你输入的 V_{OCM}。这可以理解为，两个差分输出端子，将围绕着输入的 V_{OCM} 电位，产生方向相反的波动。这个功能常用于输出电平的移位。

利用与标准放大器式（1.1）~ 式（1.3）完全相同的分析方法，可以准确求解出输出。但为了避免大家早早地厌烦，我们先休息一下，第 3 章会帮大家分析。

为了区别这两种运放,2 入 1 出的可以称为标准运放,2 入 2 出的可以称为全差分运放。

当然，大多数人还是把标准运放直接称为运放。

至此，有了标准运放和全差分运放，结合负反馈理论，已经完全可以应对几乎所有的放大问题。几十年来，科学家和工程师们以标准运放和全差分运放为核心，设计并实践了成千上万种电路，任何一本书都难以把它们囊括在内。

尽管如此，生产商还是不会停止他们研究的步伐：为了他们的利益，当然也是为了用户的方便，又开发出了很多种功能放大器。

1.2.3 功能放大器

如果某个以运放为核心的放大电路，非常常用，生产厂家就会考虑把这个放大电路（包括运放和外围电阻）进一步集成，提供给用户。这就是功能放大器。

比如我们要设计一个放大电路，实现 $U_o=U_{i1}-U_{i2}$。使用运放可以给出图 1.4（a）所示的电路。但是，在实现过程中，用户可能遇到 4 个电阻不好匹配的问题，而这个电路又是很常见的，于是集成电路生产商（比如 ADI 公司）就把这个电路集成在一个叫做 AD8276 的集成电路中，这就是一种功能放大器，被称为差动放大器——Difference Amplifier。

当然，这种放大器内部的电阻有像 AD8276 一样的，是 1∶1 的，也有 1∶10、1∶5、1∶2 的，型号也就不同。这取决于哪种电阻匹配是较为常见的。

这就是所有功能放大器诞生的基础：功能很常见，用户自己做没有厂家做得好。

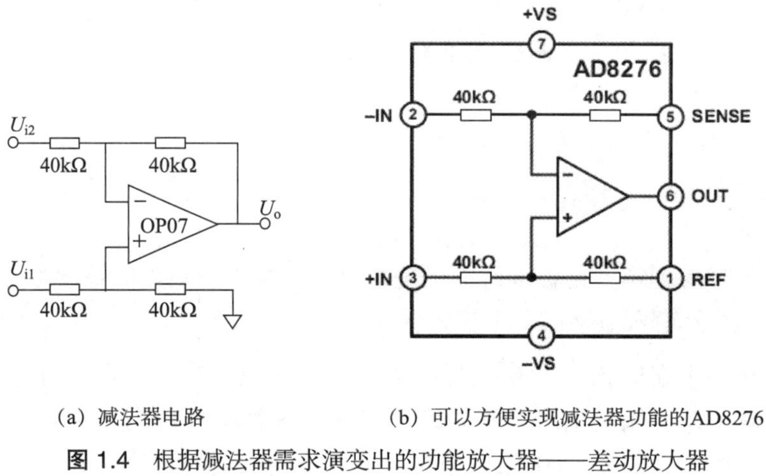

（a）减法器电路　　（b）可以方便实现减法器功能的AD8276

图 1.4 根据减法器需求演变出的功能放大器——差动放大器

功能放大器种类很多，常见的有以下几种。

仪表放大器

具有差分输入、极高输入电阻，2 输入对称的集成放大电路，称为仪表放大器。常用于仪器仪表的最前端，和传感器直接接触。

仪表放大器具有极高的共模抑制比——对信号的差值极敏感，而对共模量不敏感。但是，它的输入管脚有工作限制：第一，不得悬空；第二，不能承载太高的电压。

仪表放大器的输出有单端的，也有差分的，增益一般可以用一个外部电阻（由用户选择）设定。

仪表放大器内部通常具有 2 个或者更多个运放，最典型的是 3 运放结构。其他的还有 2 运放结构、电流镜结构、飞电容结构等。

关于仪表放大器更多的细节，我会在后续内容中细说。

图 1.5 左边是 ADI 公司生产的 AD8221 的管脚图，可以看出它有两个输入端 –IN 和 +IN，一个输出端 V_{OUT}，2 脚和 3 脚之间需要用户连接一个电阻，以决定仪表放大器的电压增益。图 1.5 右边电路中给出了 AD627 的电压增益公式，电阻 R_G 越小，增益越大。

图 1.5 右边电路中，电阻桥组成的传感器感知被测信息，产生 V_{DIFF}，以电压差的形式反映被测信息。AD627 的两个输入端有极高的输入阻抗，几乎不会从传感器侧取用电流，因此传感器输出阻抗的变化不会带来额外的影响，保证 $V_{OUT}=V_{REF}+GV_{DIFF}$。

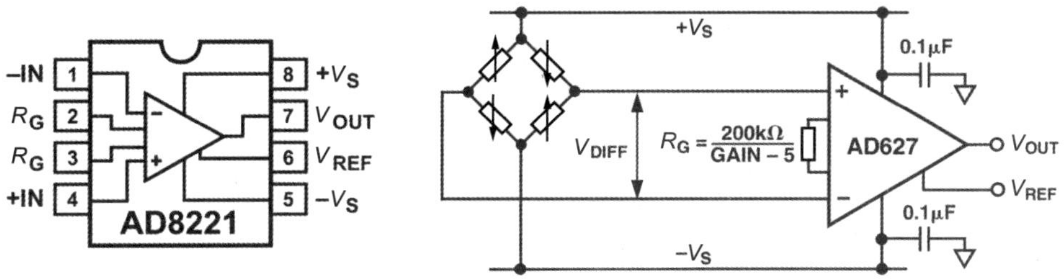

图 1.5 仪表放大器及其常见应用电路
（来源：A Designer's Guide to Instrumentation Amplifiers 3RD Edition /by Charles Kitchin and Lew Counts/Analog Devices,Inc.2006）

差动放大器

由一个运放和若干个激光校准电阻对集成在一起的放大电路，其中的电阻值选择均以容易形成差动放大器为目的。

多数差动放大器如 AD8276 一般，包含 4 个激光校准的电阻，也有 5 个电阻、6 个电阻甚至更多电阻的，主要用于信号减法（比如电流检出）、精确增益、信号的差分转单端、电平移位等。

生产厂家提供各式各样的差动放大器，主要目的是为用户提供高质量运放和激光校准电阻对的组合。用户更看重的是那几个精密匹配的电阻。

以图 1.6 所示的 AD8270 为例，可以看出它内部由 2 个独立的差动放大器组成，每个差动放大器都有 7 个电阻，用户可以在芯片外部对它们进行合适的连接，以实现不同的功能。图 1.6 仅是一种连接方式，作为 AD 转换器 AD7688 的前级驱动电路。

除此之外，如果你想实现一个单纯的减法电路 $U_{15}=U_{+IN}-U_{-IN}$，可以把 1 脚、5 脚、6 脚悬空。要实现 $U_{15}=0.5(U_{+IN}-U_{-IN})$，可以把 4 脚、5 脚、6 脚都接地，1 脚和 15 脚接到一起。要实现 $U_{15}=2(U_{+IN}-U_{-IN})$，可以把 1 脚和 2 脚接在一起，3 脚、4 脚接在一起，5 脚、6 脚接地。

此时，你应该明白 AD8270 外围的 7 个电阻为什么选择这样的阻值了吧？众多的排列组合，可以实现多种功能。

关于差动放大器更多的细节，我会在后续内容中细说。

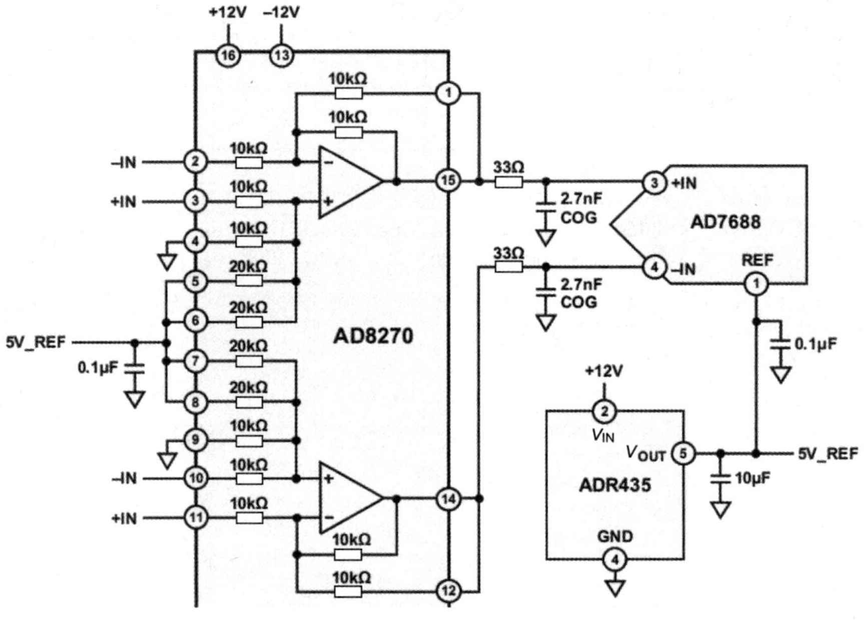

图 1.6　差动放大器 AD8270 的一种应用——驱动 ADC

程控增益放大器

一种集成放大器，其增益可以由用户通过数字信号设定，或者说可以用处理器程序实施设定，因此叫 Programmable，可程控，或者叫 Digital Controlled Variable Gain Amplifier。通常缩写为 PGA 或者 DVGA。

程控增益放大器的增益设定，有多个管脚配合设定二进制增益的，也有通过数字通信接口给放大器写入命令的。

主要用于被测信号幅度变化较大且不可事先预知的情况：程控增益放大器的输出经过 ADC 进入处理器，处理器分析所得数据，如果发现信号变化范围太小，可以发出指令，用程序增大 PGA 的增益；如果信号变化范围过大，可以用程序实现增益的缩减，最终使得放大器处于随时可调的最佳增益状态。

ADI 公司生产的程控增益放大器主要分为两类：低频段的精确增益型，以及高频段的。图 1.7 是低频段的 AD8231 和高频段的 AD8366。

低频段追求精确增益以及其他优秀的直流性能，AD8231 靠 3 根线实现 8 种增益 1 倍、2 倍……128 倍，15μV 失调电压，G=1 时仅有 0.08% 的增益误差。但是它的带宽只有 2.7MHz。

AD8366 的 –3dB 带宽可以达到 600MHz，平坦区可达 100MHz 以上。但是它的增益准确度只有 ±0.25dB，约为 0.97~1.03，±3% 的误差。

AD8366 的增益控制很灵活，可以单独控制 2 路中的 1 路，也可以同步控制；可以并行控制，也可以用 SPI 实施串行控制。

AD8231 内部是一个可以改变增益的仪表放大器，因此它既是程控增益放大器，又是仪表放大器。

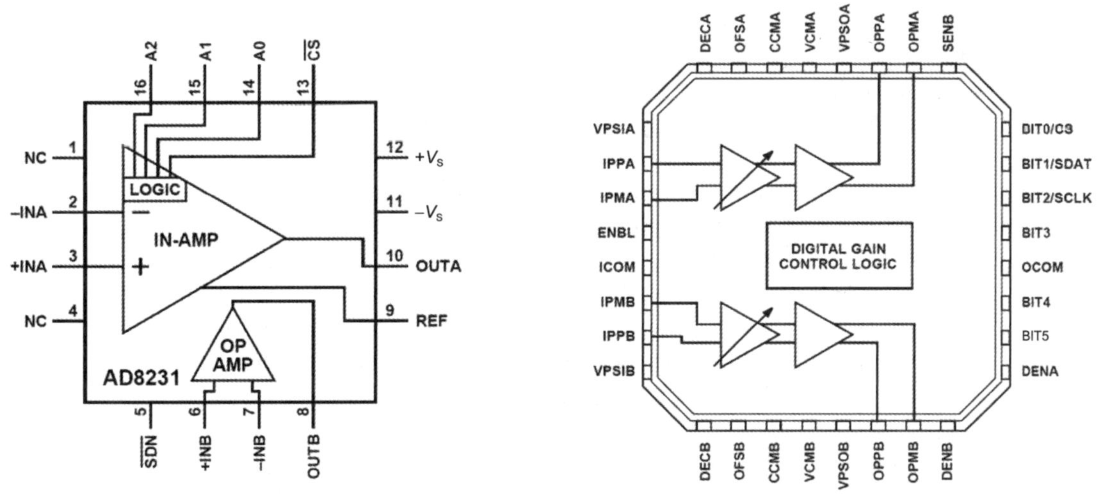

图 1.7　AD8231 和 AD8366

压控增益放大器

一种集成放大器，其增益由外部施加的电压 V_G 连续控制。ADI 公司称之为 Variable Gain Amplifier, VGA。有 dB 线性和 V/V 线性两种。有的是正控制——V_G 越大，增益越大；有的是负控制——V_G 越大，增益越小。

用途很广泛。其中一个主要应用是自动增益控制——AGC。有些芯片为此还内嵌了输出有效值检测环节，以直流电压表征输出幅度，此电压如果回送到负控制的压控增益放大器 V_G 脚，可以方便实现 AGC 功能：输入幅度大范围改变时，输出幅度几乎不变。录音笔一般都具备这种功能：距离说话者远也罢、近也罢，录下的声音大小几乎是一致的。

dB 线性：以 dB 为单位的放大器增益，与控制电压 V_G 呈线性关系。即每施加相同的控制电压增量，获得相同的以 dB 为单位的增益改变。此类用途更广，芯片种类也多。

V/V 线性：电压增益（倍数，即 V/V），与控制电压 V_G 呈线性关系。即每施加相同的控制电压增量，获得相同的增益倍数改变。

如图 1.8 所示，AD602 是一款应用较为广泛的独立双通道压控增益放大器。每个通道由压控衰减环节、固定增益环节级联组成，C1HI 和 C1LO 的差分输入作为控制电压 V_G，可实现 −10~30dB 的 dB 线性，DC~35MHz 的压控增益放大。

AD8367 功能更强大，500MHz 内实现 −2.5~42.5dB 的 dB 线性压控放大，且正、负控制靠 MODE 脚设定，内嵌输出有效值检测。

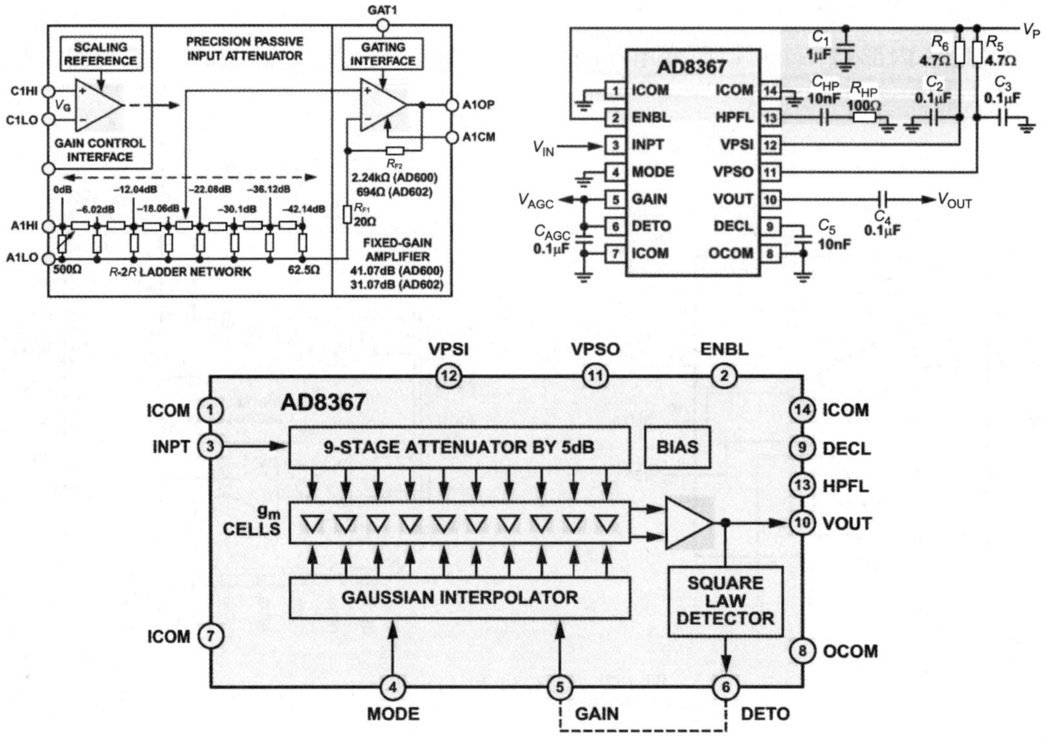

图 1.8　AD602 和 AD8367

隔离放大器

一种集成放大器，实现放大器输入信号与输出信号之间的电气隔离。根据实现方法有3类：变压器型、光电耦合器型、电容型。ADI的产品主要是变压器型。

图1.9所示是AD202，一款我念书时就存在并持续发售的隔离放大器。左边是信号输入区域，右边是输出区域，两个区域是完全隔离的，仅能通过上部的信号变压器、下部的电源变压器实现信号和能量的传递（即耦合）。两个区域之间的隔离电压可以高达2000V。

信号通路：左侧有一个独立的运放（图中左上角），以及随后的调制环节，把低频信号变成25kHz的调制信号，通过隔离变压器传递到右侧，随后解调输出。

为了实现隔离，还需要给信号输入侧提供单独的隔离电源。AD202图中下部是能量传递，由右侧给左侧提供电力。这为用户提供了方便。但是，这种电源即图中的 ±7.5V，一般仅能提供微弱的电力。

需要特别注意的是，隔离放大器只能放大低频信号，像AD202只有2kHz的带宽。

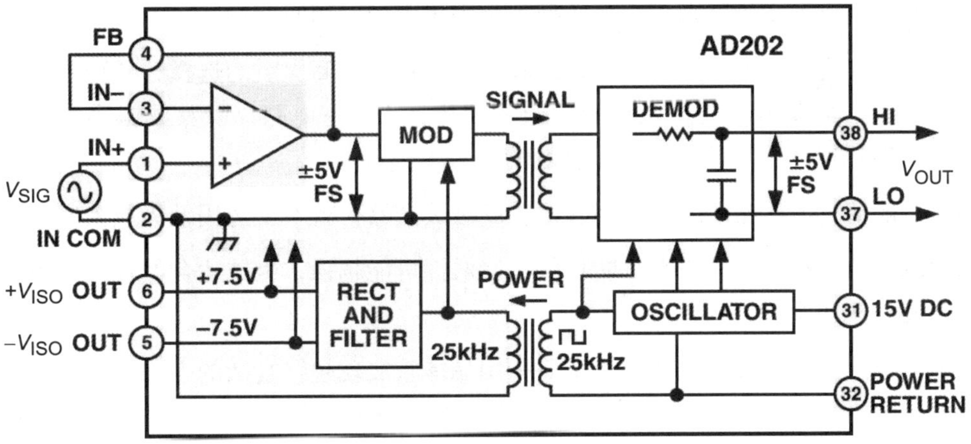

图1.9　AD202

1.3　选择放大器的原则

要实现某个要求确定的放大电路，到底该选择晶体管、运放还是功能放大器呢？为了陈述方便，我们先定义晶体管放大器为最低级，功能放大器为最高级。

任何一个运算放大器或者功能放大器，内部都以若干个晶体管为主组成。所以，要实现某个放大电路，如果高级放大器能够实现，那么低级放大器也一定能够实现。

比如一个仪表放大器，用 3 个独立的运放加一些电阻就可以实现，虽然性能可能会差点。如果你愿意，用好多个晶体管也可以自己搭出来，毕竟那些运放内部就是一堆晶体管的集合。

但是，反过来是不成立的。用一些晶体管实现的某个放大电路，你可能找不到合适的运放，或者合适的功能放大器来替换它们。

因此，实现同样的某个放大功能，用户可能面临多种选择。

选择放大器有以下原则可以遵循。

（1）没有一成不变的原则，所有选择都是因事而异、因时而异的。

（2）一般情况下，多数人选择的，或者大的芯片生产商提供的选择，是正确的。请初学者特别注意，收集各大芯片生产商的应用手册、实验室电路，以及数据手册中给出的应用实例，对迅速开展设计，是非常有效的。

（3）一般情况下，如果能够采用合适的高级放大器，就不要选用低级放大器。

（4）越低级的放大器，成本可能越低，针对性可能越强，也越适合你自己的要求，但设计难度和体积都会增加。

（5）不要迷信。有人以全分立为荣——用晶体管实现超级复杂的电路，以彰显自己的水平高；有人抨击分立元器件，以使用最新出品的高级功能放大器为荣，似乎自己见识渊博。这些都不好。心态平和，该用什么就用什么，是最合适的。

第 2 章 运算放大器的关键性能指标详解

不懂指标，就不要奢谈对放大器的理解，也无法用好放大器。它看起来非常枯燥，但是深不可测，回味无穷。

运放的指标种类很多，有用表格陈述的，也有用图陈述的；而且各大芯片生产商在某些指标上也有自己的名称和定义，并不完全相同，仅仅是 ADI 公司运放的全部指标，就足以占据本书的大部分篇幅。因此，本书仅对 ADI 公司运放的一些关键指标进行较为详尽的解释。这一章，无论如何，硬着头皮也要细读。特别是噪声部分，只有嚼碎，才知味道。

2.1 输入失调电压（Offset Voltage，V_{OS}）

定义：在运放开环使用时，加载在两个输入端之间的直流电压，使得放大器直流输出电压为 0。也可定义为，当运放接成跟随器且正输入端接地时，输出存在的非 0 电压。

优劣范围：1μV 以下，属于极优秀的；100μV 以下，属于较好的；最大的有几十毫伏。

理解：任何一个放大器，无论开环连接或者反馈连接，当两个输入端都接地时，理论上输出应该为 0，但运放内部 2 输入支路无法做到完全平衡，导致输出永远不会是 0。保持放大器负输入端不变，在正输入端施加一个可调的直流电压，调节它直到输出直流电压变为 0V，此时正输入端施加的电压的负值即为输入失调电压，用 V_{OS} 表示。但是，多数情况下，输入失调电压不分正负，生产厂家会以绝对值表示。

任何一个实际运放都可理解为正端内部串联了一个 V_{OS}，然后进入一个理想运放，如图 2.1 所示。如左图，正端引入一个 $-V_{OS}$，则输出为 0，符合标准定义。如右图，跟随器正端接地，实际输出即为 V_{OS}，也符合标准定义。

后果：当一个放大器被设计成 A_F 倍闭环电压增益（同相输入放大增益，也称为噪声增益）时，如果放大器的失调电压为 V_{OS}，则放大电路零输入时，输出存在一个等于 A_FV_{OS} 的直流电平，此输出被称为输出失调电压。闭环增益越大，则输出失调电压也越大。

对策：如果被测信号包含直流量且你关心这个直流量，就必须选择 V_{OS} 远小于被测直流量的放大器，或者通过运放的调零措施消除这个影响。如果你仅关心被测信号中的交变成分，可以在输入端和输出端增加交流耦合电路，将其消除。

调零方法：有些运放有两个调零端，按照数据手册提供的方法接电位器调零即可。对于没有调零端的运放，可采用外部的输出调零或者输入调零，有标准电路可以参考。

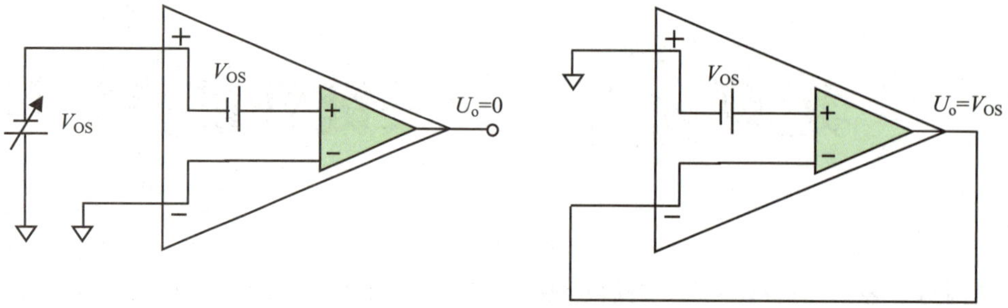

图 2.1　对运放输入失调电压的图解

2.2　失调电压漂移（Offset Voltage Drift）

定义：当温度变化、时间持续、供电电压等自变量变化时，输入失调电压会发生变化。输入失调电压随自变量变化的比值，称为失调电压漂移。

因此，有 3 种漂移量存在。

（1）输入失调电压变化相对于温度变化的比值。是指定温度范围内的平均值，以 μV/℃为单位，用符号 $\Delta V_{OS}/\Delta T$ 或者 dV_{OS}/dT 表示。

（2）相对于时间的比值，以 μV/MO 为单位，含义是每月变化多少微伏。没有明确的符号，通常用文字表示。本文暂用 dV_{OS}/dMO 表示。

（3）相对于电源电压变化的比值，以 μV/V 为单位，含义是调好的放大器，电源电压发生 1V 变化会引起的失调电压的变化值。没有明确的符号，常用文字表示。此数值在很多放大器数据手册中没有体现。

优劣范围：以失调电压随温度变化为例，为 2nV/℃到几十 μV/℃。

理解：失调电压漂移量，与数据手册上标注的失调电压（或称之为初始失调电压）本身有密切关系。初始失调电压小的，其漂移量也小。从多种放大器手册指标看，有以下规律。

（1）温度变化 40~500℃可能带来的失调电压变化，等同于初始失调电压。

（2）10~100 个月带来的失调电压变化，等同于初始失调电压。

因此，要衡量失调电压漂移量，最好能和初始失调电压进行对比。我提出了新指标，称之为偏移量等效温度 $T_{OD}=V_{OS}/dV_{OS}/dT$，它描述温度变化多少度会带来一个新的失调电压；偏移量等效时间 $M_{OD}= V_{OS}/dV_{OS}/dMO$，它描述持续多少个月会带来一个新的失调电压。

比如，两个不同的芯片 AD8675 和 OP177F，V_{OS} 均为 10μV，但是温度漂移量：AD8675 是 0.2μV/℃，而 OP177F 为 0.1μV/℃。于是，T_{OD_AD8675}=10μV/0.2μV/℃=50℃，

说明 50℃即可产生一个新的 10 μV 失调；而 T_{OD_OP177F}=10μV/0.1μV/℃=100℃，说明 100℃才会产生一个新的 10 μV 失调。显然，后者比前者好些。

举例说明，一个失调电压为 100μV 的运放，它的温度漂移为 2μV/℃，时间漂移是 5μV/MO，你在某一天用电位器完成了调零。那么就在当天，你用加热器提高运放的工作温度 10℃，就会出现新的 20μV 的失调；提高 50℃，就会出现 100μV 的失调电压，等于你前面的调零完全作废了。

如果你很善良，不去这么搞温度破坏，这个电路也会随着时间的流逝产生新的失调。大约 20 个月后，就可能出现 100μV 的失调，你又得再次调零。

后果：很严重。因为它不能被调零端调零，即便调零完成，它还会带来新的失调。在高精度、高稳定性要求的场合，选择漂移系数较小的放大器，比失调电压大小更为重要。

对策：第一，就是选择高稳定性，也就是上述漂移系数较小的运放；第二，有些运放具有自归零技术，它能不断地测量失调并在处理信号过程中把当前失调电压减掉，这就可以抑制温度变化、时间流逝、电源电压变化引起的新的失调。这很好。但是这种运放内部都有高频的切换动作，会产生该频率噪声，使用时应该注意。对此，请参考本书 3.1.1 节。

2.3　输入偏置电流（Input Bias Current，I_B）

定义：当输出维持在规定的电平时，两个输入端流进电流绝对值的平均值。

优劣范围：60fA~100μA。数量级相差巨大，这取决于运放输入端结构，FET 输入的会很小。

理解：运放的两个输入端并不是绝对高阻的，本项指标主要描述输入端流进电流的数量级，一般不强调电流方向。比如某个运放接成跟随器且正输入端接地，正输入端存在流进电流 1.3nA，即图 2.2 中 I_{B1}=1.3nA；负输入端存在流进电流 0.6nA，即图 2.2 中 I_{B2}=0.6nA，那么该运放的输入偏置电流 I_{IB} 即为 0.95nA。

$$I_{IB}=\frac{I_{B1}+I_{B2}}{2}=\frac{1.3+0.6}{2}=0.95\ (\text{nA})$$

特别需要注意的是，两个输入端偏置电流方向相反时，不要指望两者的均值为 0。比如 ADA4528-1，一款超低失调电压运放，它的正输入端偏置电流约为 90pA，负输入端偏置电流约为 −90pA，我们不会说其输入偏置电流等于 0，而会说其偏置电流为 90pA。

记住，输入偏置电流，主要描述输入端流进或者流出电流的大小数量级。

后果：第一，当用放大器接成跨阻放大测量外部微小电流时，过大的输入偏置电流会分掉被测电流，使测量失准。第二，当放大器输入端通过一个电阻接地时，这个电流将在电阻上产生不期望的输入电压。

对策：为避免输入偏置电流对放大电路的影响，最主要的措施是选择 I_B 较小的放大器。有很多 FET 输入运放可以实现这个要求。但是需要注意，高速运放且 I_B 较小的运放比较难选择，数量极少。ADI 公司的 ADA4817-1/-2，带宽为 1050MHz，I_B 约为 2pA，单位增益稳定，给我留下了深刻印象。

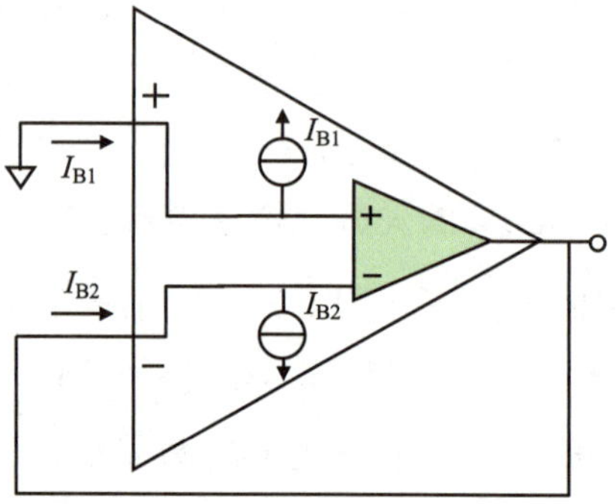

图 2.2　对运放输入偏置电流和失调电流的图解

2.4　输入失调电流（Input Offset Current，I_{OS}）

定义：当输出维持在规定的电平时，两个输入端流进电流的差值。

优劣范围：20fA~100μA。数量级相差巨大，这取决于运放输入端结构，FET 输入的会很小。

理解：需要注意的是，这个数值的大小一般与该芯片的偏置电流相当。这很像一个班级的考试分数，平均分为 70，那么最大值与最小值差值大约也是 70 分（100 ~30 分）。我们很少见到奇怪的现象：偏置电流是失调电流的 10 倍，说明其一致性太好了，即平均分为 70，最高分和最低分的差值为 7 分（74 ~67 分）。当然，有些运放是具有这样的特点的，比如 ADA4528-1。

后果：失调电流的存在，说明 2 个输入端客观存在的电流有差异，后面将要讲述的，用外部电阻实现匹配抵消偏置电流影响的措施，在此就失效了。

对策：没有别的方法，只有选择输入偏置电流、输入失调电流均较小的运放。

2.5 关于失调和偏置的总结

这里涉及3个关键指标，输入失调电压 V_{OS}、输入偏置电流 I_B、输入失调电流 I_{OS}。它们3个都是调皮鬼，理论上都应该为0，但是实际上总是不为0，影响放大器的正常工作。它们的影响主要表现在两个方面：第一，在放大器零输入电压时，导致输出不为0，这来自于输入失调电压，以及某些情况下的偏置电流和失调电流；第二，在进行电流检测时，影响检测精度，这主要来自于输入偏置电流。

2.5.1 零输入时怎么计算放大器的实际输出？

放大电路的输入电压为0时，导致输出不为0的原因一般有3个：输入失调电压 V_{OS}、输入偏置电流 I_B、输入失调电流 I_{OS}，其中后两个的影响依赖于放大电路外部的电阻。

以我们常见的运放OP07为例说明。图2.3是OP07数据手册提供的指标，以及一个OP07的应用电路。

Table 1.

Parameter	Symbol	Conditions	Min	Typ	Max	Unit
INPUT CHARACTERISTICS						
T_A = 25°C						
Input Offset Voltage[1]	V_{OS}			30	75	μV
Long-Term V_{OS} Stability[2]	V_{OS}/Time			0.3	1.5	μV/Month
Input Offset Current	I_{OS}			0.5	3.8	nA
Input Bias Current	I_B			±1.2	±4.0	nA

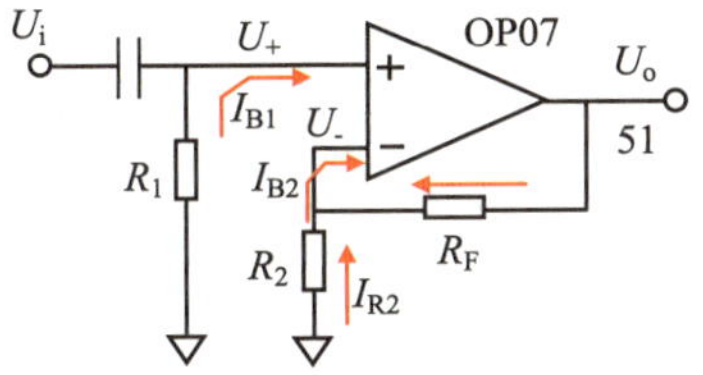

图2.3 OP07失调和偏置指标，以及待分析的原始电路

电路中的运放正输入端电位用 U_+ 表示，负输入端电位用 U_- 表示，正输入端流进的电流为 I_{B1}，负输入端流进的电流为 I_{B2}，则输入偏置电流 I_B 和输入失调电流 I_{OS} 分别为

$$\begin{cases} I_B = \dfrac{I_{B1}+I_{B2}}{2} \\ I_{OS} = I_{B1} - I_{B2} \end{cases}$$

根据图2.1和图2.2以及对应的标准定义，可以得到：

$$U_o = (U_+ + V_{OS} - U_-) \times A_{uo}$$
$$U_+ = -I_{B1}R_1$$
$$U_- = -I_{R2}R_2 = -\left(I_{B2} - \frac{U_o - U_-}{R_F}\right)R_2$$

根据上述方程组，可以解得：

$$U_o = \frac{A_{uo}}{1+\dfrac{R_2}{R_2+R_F}A_{uo}}(V_{OS}+I_{B2}R_2//R_F-I_{B1}R_1)$$
$$=G_N(V_{OS}+I_{B2}R_2//R_F-I_{B1}R_1) \tag{2.1}$$

其中，G_N 被称为噪声增益，在噪声计算、输出失调计算中应用很广泛。其含义如下。

对于一个同相（Non-Inverting）放大电路，其电压增益为

$$A_{uf\_NI} = \frac{A_{uo}}{1+\dfrac{R_2}{R_2+R_F}A_{uo}} \approx 1+\frac{R_F}{R_2}$$

对于一个反相（Inverting）放大电路，其电压增益为

$$A_{uf\_I} = \frac{-\dfrac{R_F}{R_2+R_F}A_{uo}}{1+\dfrac{R_2}{R_2+R_F}A_{uo}} \approx -\frac{R_F}{R_2}$$

但是，这两个电路在输入端接地时，电路结构变得一模一样。受偏置和失调的影响，其输出是完全一样的。定义它们的同相输入电压增益为噪声增益：

$$G_N = A_{uf\_NI} = \frac{A_{uo}}{1+\dfrac{R_2}{R_2+R_F}A_{uo}} \approx 1+\frac{R_F}{R_2}$$

之所以定义同相放大器增益为噪声增益，原因是，噪声源、失调电压源在运放分析中都被定义在了同相输入端，它们确实会被放大$1+\dfrac{R_F}{R_2}$倍。

从式（2.1）可以看出，当输入端接地时，实际的输出与输入失调电压 V_{OS} 有关，与输入电流 I_{B1}、I_{B2} 有关，与外接的电阻有关。能得出如下结论。

（1）如果 $I_{B1}=I_{B2}$，那么选择 $R_1=R_2//R_F$，可以使电流形成的失调电压项消失。这就是教科书上教给大家的电阻匹配方法。但这种方法的根基并不牢靠，$I_{B1}=I_{B2}$ 的可能性不大。

（2）外部电阻越大，电流引起的输出失调越明显。尽管某些运放输入偏置电流很小，只要外部电阻足够大，总能让电流项在输出失调中显现作用。

小试牛刀，用 Multisim12.0 对 OP07AH 进行仿真，电路图和测试结果如图 2.4 所示。

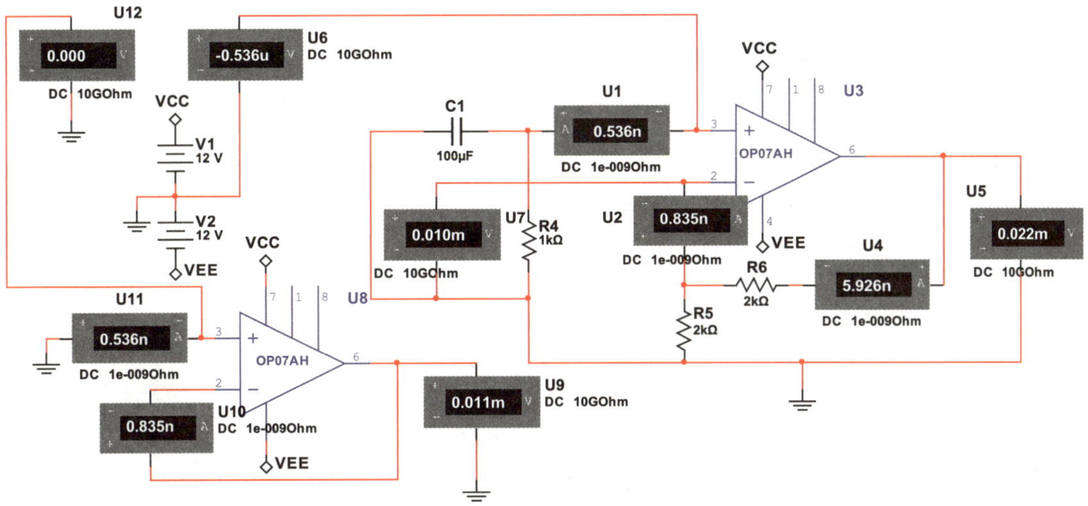

图 2.4 Multisim 实现的 OP07 失调和偏置演示电路

首先用图中左下角电路，一个跟随器来近似测量 OP07AH 的失调电压和电流，得 V_{OS}=0.011mV，I_{B1}=0.536nA，I_{B2}=0.835nA。解得 I_B=0.6855nA，I_{OS}=−0.299nA。

对比图 2.3 中的 Table 1，V_{OS} 典型值为 30μV，最大 75μV，显然仿真软件中测得的 11μV 符合这个指标；I_B 为 ±1.2nA，I_{OS} 为 0.5nA，显然仿真软件测得的结果也符合这个指标。

按照式（2.1），结合图 2.4 右上角电路，可以计算出如下结果：

$$U_o = G_N(V_{OS} + I_{B2}R_2 // R_F - I_{B1}R_1) = 0.022\text{mV}$$

与仿真测试结果完全吻合。

增大图 2.4 电路中的 R_4，即图 2.3 或者式（2.1）中的 R_1，显然可以将输出失调变为 0：由 1kΩ 变为 21.5kΩ，仿真实测输出只有 0.068μV。但是，这种方法仅仅能够满足我们的虚荣心，在实际操作中是万万不可能的——毕竟同一批运放，其参数分散性也是巨大的，受时漂、温漂的影响也不以我们的意志转移。

2.5.2　易受影响的电路

失调电压和偏置电流以一种直流形式存在，最终结果是在运放的输出端出现不该有的直流分量，简称它们为直流意外，DC Undesirable——我实在想不出更好的汉语名词，倒是英文更贴切一些。有以下结论需要牢记：

（1）在多数交流耦合电路中，无需考虑这些直流意外的存在；

（2）单级增益较大的交流耦合电路，需要注意直流意外会降低输出端的动态范围；

（3）在直接耦合电路中，特别是对直流精度要求较高的电路中——比如电子秤，需要格外注意这些直流意外。

图 2.5（a）图是一个电流检测电路。理论上 $u_O = -i_I R_F$，而实际得到的输出是：

$$u_O = -i_I R_F + V_{OS} + I_{IB-} R_F$$

后两项即直流意外。要想让直流意外远小于理论输出，必须保证：

（1）$I_{IB-} \ll i_I$，即选用输入偏置电流非常小的运放，这取决于被测电流最小分辨率。

（2）$V_{OS} \ll i_I R_F$，即选用失调电压很小的运放，这取决于被测电流最小分辨率以及电阻的选择。

（3）为保证宽温度范围的正常工作，还需要考虑直流意外随温度的变化。

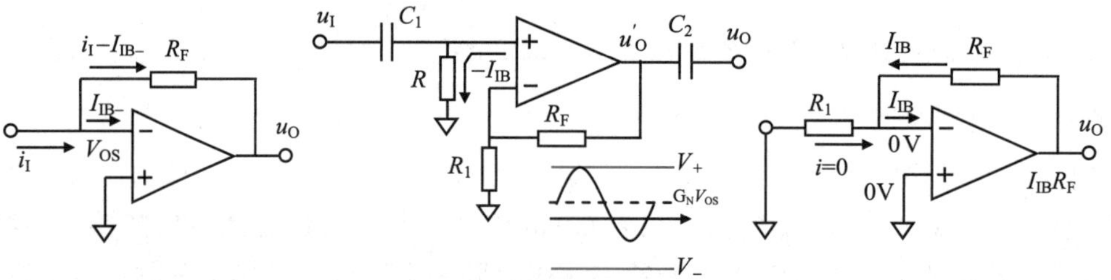

图 2.5　输入偏置电流 I_{IB} 对放大电路的影响 3 例

图 2.5（b）是一个交流耦合放大电路，多用于高频放大。多数情况下，因前后级均有电容隔直，直流意外似乎不会成为什么问题，这容易使得设计者在此放松警惕。但某些不细致的设计会使得直流意外影响正常工作。

（1）当 R_F 远大于 R_1，设计者原本希望实现单级较高增益时，直流意外将被放大 G_N 倍，这使得 $G_N V_{OS}$ 会明显偏离零点，会降低输出信号摆幅，如图 2.5（b）右下角所示。多数高频放大器具有几毫伏的输入失调电压，100 倍放大即可产生几百毫伏的偏移，这是不可忽视的。

（2）为了降低下限截止频率，设计者可能会无休止地增大电阻 R，这使得偏置电流对直流意外的贡献占据主导地位。比如 R=10kΩ，运放的偏置电流 I_{IB}=50μA，那么正输入端在静默时就存在一个 0.5V 的直流电压，这是一个非常严重的情况，它已经远远超出了输入失调电压几毫伏的范畴。

因此，面对输入偏置电流较大的运放（几微安到几百微安），谨慎选择外部电阻是非常重要的。

图 2.5（c）是反相比例器，同样也会受直流意外的影响。

2.5.3 如何克服直流意外的影响

克服直流意外对电路的影响，有以下方法。

选择合适的运放

这是最靠谱的方法。一般来说，我们的设计不会逃脱前人的设计，我们遇到的问题前人也遇到过。芯片制造商也会针对这些问题，生产出合适的运放。我们遇到的问题，没有一款合适的运放可以选择，这种情况很少发生，除非我们站在科学的最前沿。

多数情况下，合适的运放就在那儿，只是看你能否找到。

因此，从生产商处下载具有全部参数的表格，按照初选、细看、找应用实例的步骤，一般都能找到合适的运放。只有找到一款运放，它天生就适合你的要求，才是解决问题的正道。

选择合适的外部电阻

即便选择了合适的运放，没有合适的外部电阻也是白搭。外部电阻对电路性能的影响可以分为两种：第一，选择最小的电阻，以降低电流对直流意外的贡献；第二，调配电阻值以抵消直流意外，虽然本书一再强调对此应谨慎使用。

插话：运放电路外部电阻的选择

最常见的问题是，一个 10 倍同相放大电路，老师给出的电阻是 1kΩ、9kΩ，我想用 10kΩ、90kΩ，行吗？老师说“好吧”。我得寸进尺，说“100kΩ、900kΩ 行吗……”我相信会的，老师总有忍不住的时候，说“你烦不烦？”

笑话归笑话，我们还真需要知道，在运放组成的比例器电路中，那两个电阻该怎么选择啊？

我的答案如下，请参考后自行斟酌。

（1）高速运放电路，特别是电流反馈型运放，其外部电阻选择最好遵循数据手册建议，一般都比较小，1kΩ 以下。实在找不到的情况下，以尽量减小电阻为宜。

（2）外部电阻越大，则工作时功耗越小，发热也越轻，对运放输出电流的要求也越低。这是在多种选择中选择大电阻的唯一理由（流压转换电路中，面对微弱电流必须选择很大的电阻，不属于此类）。

（3）外部电阻越大，则运放偏置电流对输出失调的贡献越大。

（4）外部电阻越大，则电阻本身产生的噪声越大。常温下，电阻的噪声密度可以用 $0.13\sqrt{2}\text{nV}/\sqrt{\text{Hz}}$ 估算，一个 10kΩ 的电阻，其噪声密度约为 $13\text{nV}/\sqrt{\text{Hz}}$，与一个中等噪声的运放等效输入噪声密度相当。而一个 100Ω 电阻，噪声密度约为 $1.3\text{nV}/\sqrt{\text{Hz}}$，等同于一个相当低噪声的运放。参阅即将到来的 2.6 节。

（5）外部电阻越大，附近的杂散电容越不可忽视，它通常会导致上限截止频率降低。

（6）外部电阻越大，则电路板造成的漏电阻越不可忽视。

（7）电阻选择，一般没有唯一的结论。

调零和控温

这是万般无奈的方法。很多运放具有调零管脚，可供用户通过电位器或者调配电阻实施调零。也有很多运放不具备这个管脚，可以采用外部增加电路实现调零，可以输入端调零，也可以输出端调零。很多数据手册上给出了芯片的调零方法。

之所以说这种方法是万般无奈的方法，是因为调零存在以下问题。

- 在某些温度下实现的调零，当温度变化后，它又不是零了。或者过了几年，时漂发挥作用了。
- 手工调零不适合大规模生产。
- 电位器存在于电路中，对可靠性来说是一个隐患——震动会使电位器出现悬断。

2.6 噪声指标（Noise）

一个正常工作的放大电路，当输入端接地时，用示波器观察输出，你看到的可能不是平直的细线，而是在一定幅度之内的杂乱无章的波形。这就是噪声（图 2.6）。你在示波器上看到的线越粗，就说明噪声幅度越大。

一个放大电路的输出端噪声，小的可以在微伏以下，大的可以到百毫伏以上，甚至可以将信号完全淹没，这完全取决于设计者的水平。很显然，我们希望自己做的放大电路，具有极小的噪声输出。但是，你能做到吗？

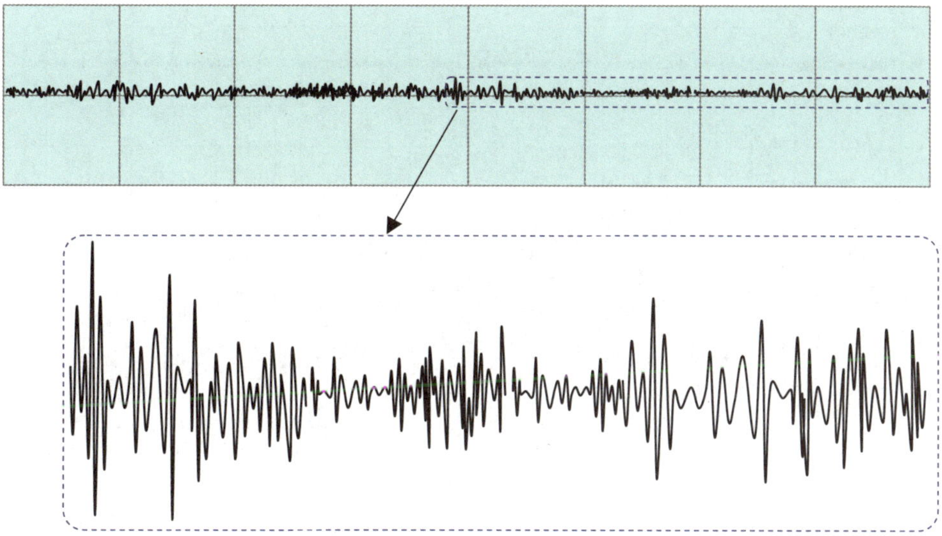

图 2.6 示波器上看到的噪声波形以及局部放大（作者手绘波形，勿细看）

噪声的数学定义、产生机理有大量理论，在此不宜展开。与本书相关的，有以下几个特性来约束噪声定义。

- 它的波形在任意时刻都是不确定的，因此它是广谱的，有低频也有高频。
- 它的幅度又是有限制的，这与数学上的高斯分布近似但不完全一致。
- 它具有无限积分趋零性。

运放组成的放大电路，在正常工作时，其输出必然包含具有确定有效值的噪声。有的电路输出噪声大，有的很小，这取决于器件的选择、电路的设计，以及环境。对于一个给定的电路以及确定的环境，其输出噪声的大小是可以计算出来的。

本节的最终目的是，教会大家如何通过查阅数据手册，正确估算出输出噪声。

2.6.1 初识噪声

在时域构造一个看似混乱的波形

我构造了一个函数，由 19 个正弦波组成，其幅度均为 1，初相角均为 0，但是在角频率选择上是随意的，角频率分别为 0.0105rad/s、0.059rad/s、0.11rad/s、1.03rad/s、2.14rad/s、3.1416rad/s、4.04rad/s、5.002rad/s、6.241rad/s、7.01rad/s、8.027rad/s、9.18rad/s、10.23rad/s、31.11rad/s、72.14rad/s、130.01rad/s、440.05rad/s、1150.19rad/s、3608.2rad/s。把它们叠加，得到一个看似混乱的波形，如图 2.7 所示。

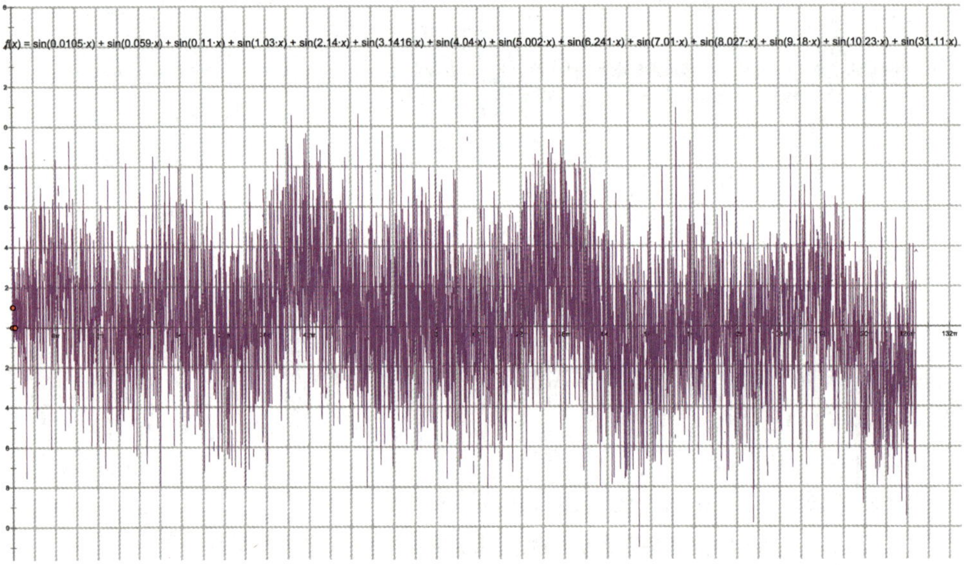

图 2.7 用 19 个标准正弦波形成的看似混乱的“噪声”波形

注意，这只是我用 19 个离散频率点就模拟出的“噪声”波形，尽管如此粗略，它已经与我们常见的噪声波形非常类似。但是，它不是噪声，因为它是确定的，任何时刻的幅度都可以计算获得。

用傅里叶变换分析噪声

对一段很长的噪声波形以一定的采样率实施采样，然后对获得的数据进行傅里叶变换，就可以得到图 2.8 所示的幅频特性图。段 1 表示在波形数据中截取第 1 段数据获得的傅里叶结果，段 2、段 3 表示等长的第 2 段、第 3 段数据结果，这 3 段的起点位置没有必然联系。可以看出，每一段的傅里叶结果都不相同，说明在每个时间段内噪声波形包含的频率分量是不同的，但是差别并不大。将这 3 段的结果取平均，得到波动较小的幅频特性均值。此后再取若干段重复进行，发现平均值趋于更稳定。这印证了噪声特征：短时波动性，以及长期稳定性。

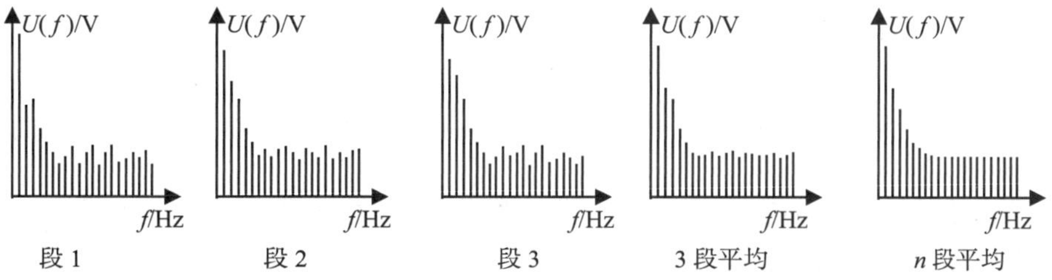

图 2.8 对分段噪声进行傅里叶变换得到的结果示意图

怎样衡量噪声的大小

对噪声有了初步的认识后，我们急切想知道，怎么衡量一个噪声的大小呢？最好的方法就是获得噪声的有效值。并且，2.6.6 节会告诉大家，噪声峰峰值是我们肉眼能够观察到的，它和噪声有效值之间存在固定的 6.6 倍比例。这很好。

回顾有效值

重温一下有效值的物理概念。所谓的有效值，常用于描述一个波动电压 $u(t)$ 的大小，当它加载到固定的阻性负载 R 上时，电阻 R 会消耗功率发热并和环境温度最终达到一种平衡，形成稳定的表面温度。用另一个直流电压 U 代替波动电压 $u(t)$，能使同样的电阻 R 产生相同的温度，也就是发热量完全相同，则该直流电压 U 即波动电压 $u(t)$ 的有效值。

波动电压作用在 R 上，瞬时功率为

$$P(t)=\frac{u^2(t)}{R}$$

一个微分时间 $\mathrm{d}t$ 内，做功为

$$\mathrm{d}W(t)=\frac{u^2(t)}{R}\mathrm{d}t$$

在一个较长时间 T 内，做功为

$$W=\int_0^T\frac{u^2(t)}{R}\mathrm{d}t$$

此做功与一个直流电压 U_{RMS} 在时间 T 内在 R 上的做功相等：

$$W=T\frac{U_{\mathrm{rms}}^2}{R}$$

则得到：

$$E_{\mathrm{P}}=U_{\mathrm{rms}}^2=\frac{1}{T}\int_0^T u^2(t)\mathrm{d}t \tag{2.2}$$

其中，E_{P} 仅作为一个新指标，暂称之为电能力，即有效值的平方。

而波动电压的有效值为

$$U_{\rm rms}=\sqrt{\frac{1}{T}\int_0^T u^2(t)\,{\rm d}t}={\rm rms}\left[u(t)\right] \tag{2.3}$$

电压有效值是对波动电压大小的描述，而电能力是对波动电压可能做功大小的描述——客观存在的电压有效值的平方，它们与负载是否接入毫无关系。套用仓央嘉措的诗歌来形容最为贴切：你接，或者不接我，我就在那里，不增不减。

独立信号的电能力具备可加性

可能在此已经有读者开始疑惑了，有效值和电能力其实都是对一个客观存在的波动电压信号大小的描述，只不过后者是前者的平方而已，为什么要引出“电能力”这个物理学并未单独定义过的指标呢？

核心在于，电能力具备可加性，而有效值不具备。可加性对后期将噪声在频率上拆解和合并，具有重要意义。

两个正弦信号 $u_1(t)$、$u_2(t)$，具有不等的频率，则各自的有效值和电能力为

$$U_{\rm rms1}={\rm rms}\left[u_1(t)\right],\qquad E_{P1}=U_{\rm rms1}^2$$

$$U_{\rm rms2}={\rm rms}\left[u_2(t)\right],\qquad E_{P2}=U_{\rm rms2}^2$$

将两个信号在时域相加得一个新信号，这描述两个电压信号的串联：

$$u(t)=u_1(t)+u_2(t)$$

新信号有效值为

$$U_{\rm rms}=\sqrt{\frac{1}{T}\int_0^T u^2(t){\rm d}t}=\sqrt{\frac{1}{T}\int_0^T\left[u_1(t)+u_2(t)\right]^2{\rm d}t}=\sqrt{\frac{1}{T}\int_0^T\left[u_1^2(t)+u_2^2(t)+2u_1(t)u_2(t)\right]{\rm d}t}$$

在最小公倍周期 T 内，正弦波具备正交性，不同频率的正弦波相乘的积分为 0。则

$$U_{\rm rms}=\sqrt{\frac{1}{T}\int_0^T u_1^2(t){\rm d}t+\frac{1}{T}\int_0^T u_2^2(t){\rm d}t}=\sqrt{U_{\rm rms1}^2+U_{\rm rms2}^2} \tag{2.4}$$

即两个独立正弦波信号在时域内相加，总有效值等于各自有效值的平方和开方，不具备可加性。

但是，电能力具备可加性。由式（2.4）和式（2.2）得：

$$E_{\rm P}=U_{\rm rms}^2=U_{\rm rms1}^2+U_{\rm rms2}^2=E_{\rm P1}+E_{\rm P2} \tag{2.5}$$

这太棒了。它说明了这样一个事实：当一个噪声信号由若干个独立的噪声源相加组成时，每个噪声源的电能力之和，即总噪声波形的电能力。这为后期在频域先微分、后积分打下了基础。

噪声总有效值计算的核心思路

一个噪声信号由广谱的、随机发作的正弦波组成。可以表示成

$$u(t)=\sum \mathrm{rd}[U_{\mathrm{rms\_f_i}}\sqrt{2}\sin(f_i)]$$

其中 rd 表示内嵌的函数会在不确定的时刻随机发作，而内嵌函数是很多个频率为f_i，有效值为 $U_{\mathrm{rms\_fi}}$ 的正弦波。

在起始频率为f_a，终止频率为$f_b=f_a+\Delta f$的频率区间，噪声信号可以表示为

$$u_{f_a}^{f_b}(t)=\sum_{f_i=f_a}^{f_b}\mathrm{rd}[U_{\mathrm{rms\_f_i}}\sqrt{2}\sin(f_i)]$$

虽然这个新的波动电压做功能力只占原始噪声信号的很小一部分，但它仍具有可测量的电能力和有效值[理论测量方法是，让原始噪声信号 $u(t)$ 经过一个中心频率为 $0.5(f_a+f_b)$，宽度为 Δf 的带通滤波器，然后实施有效值测量]：

$$U_{\mathrm{rms}}(f_a,f_b)=\mathrm{rms}\left[u_{f_a}^{f_b}(t)\right]$$

$$E_{\mathrm{P}}(f_a,f_b)=U_{\mathrm{rms}}^2(f_a,f_b)$$

此时，用你的想象力而不是实验，不断缩小 Δf，就可以定义噪声信号 $u(t)$ 在频率 f_a 处的电能力密度为

$$D_{\mathrm{E}}(f_a)=\lim_{\Delta f\to 0}\frac{E_{\mathrm{P}}(f_a,f_b)}{\Delta f}$$

当 Δf 趋于 0 时，其实就是表征单一频率为 f_a 的正弦信号，其贡献的电能力为

$$E_{\mathrm{P}}(f_a)=D_{\mathrm{E}}(f_a)\mathrm{d}f$$

噪声由无穷多个独立正弦波随机相加而成，且电能力具备可加性，则总的电能力为各频率贡献电能力在频域的积分：

$$E_{\mathrm{P}}=\int_0^{\infty}D_{\mathrm{E}}(f)\mathrm{d}f \tag{2.6}$$

因此，只要获得了噪声在各个频率处的电能力密度 $D_{\mathrm{E}}(f)$，即可通过式（2.6）得到噪声的总电能力。再根据式（2.7），即可得到噪声的总有效值。

$$U_{\mathrm{rms}}=\sqrt{E_{\mathrm{P}}}=\sqrt{\int_0^{\infty}D_{\mathrm{E}}(f)\mathrm{d}f} \tag{2.7}$$

各个频率处的电能力密度，组成了电能力随频率变化的曲线——电能力密度曲线，其横轴为频率，单位是 Hz；纵轴为电能力密度，单位是 $\mathrm{V^2/Hz}$。

至此，我们应该高兴：只要获得了某个器件的噪声电能力密度曲线，哪怕我们用手工求和的数值计算方式，也能够计算出某个频率范围内噪声的电能力，然后用计算器开根，就获得了该频率范围内噪声的有效值。

但是我们还得寸进尺，希望电能力密度曲线是一个简单的、与频率相关的、可积分的函数，那样我们的高等数学就不会白学了。幸运的是，对运放和电阻来讲，确实如此。

噪声的电压密度曲线

一个频率区段内，如果噪声的电能力密度为常数 D_E，则据式（2.7）：

$$U_{rms}(f_a,f_b)=\sqrt{\int_{f_a}^{f_b}D_E\mathrm{d}f}=\sqrt{D_E}\sqrt{f_b-f_a}$$

这引出了一个新定义——$\sqrt{D_E}$，称为噪声电压密度，用 D_U 表示，单位是 $V/\sqrt{Hz}$。

$$D_U=\sqrt{D_E}$$

这个概念的出现，会给我们后期计算带来方便。因此，在多数运放生产厂家的数据手册中，只提供噪声电压密度曲线。至于为什么能给我们带来方便，见着了再说吧。

2.6.2　最简单的运放的噪声模型

运放组成的放大电路，输出噪声计算非常复杂，它与运放电路结构相关，还与外部电阻大小有关，并且运放内部还具有多个噪声源，有电压的，还有电流的，2.6.7 节和 2.6.8 节将详细讲述。对于运放内部多种噪声源，我们先讲最重要的一个，等效输入电压噪声源。

运放的正输入端存在一个噪声电压源，如图 2.9 左图所示。这个噪声电压源用 U_{N_I} 表示，称为等效输入噪声，用电压有效值表示其大小，单位是 V，很多场合用 V_{rms} 表示单位。

如果不考虑其他噪声源，那么只要算出 U_{N_I}，图 2.9 中的两个电路的输出噪声就可以解得，如图 2.9 中输出端表示的值。

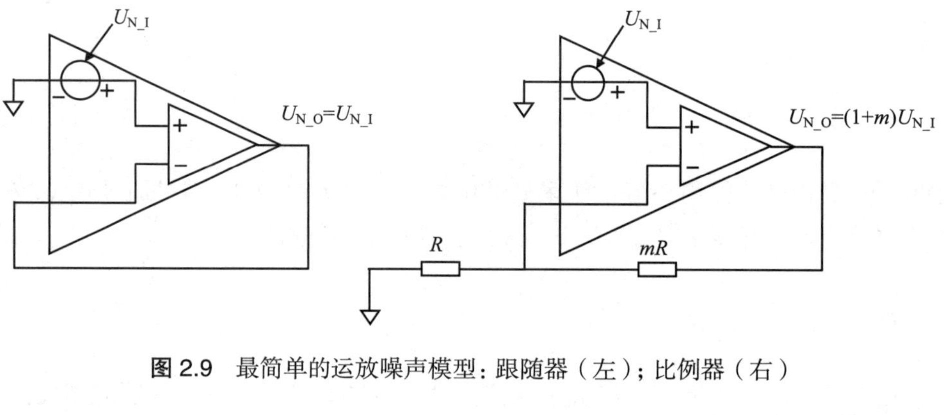

图 2.9　最简单的运放噪声模型：跟随器（左）；比例器（右）

要计算等效输入噪声 U_{N_I}，得首先知道这个噪声源的噪声电能力密度，然后将它们在一定频段内进行积分，就能得到噪声源的电能力，对其开方，就得到了噪声有效值。

因此，我们先得知道运放的噪声电能力密度曲线。很显然，不同的运放具有不同的曲线。

2.6.3 U_{N_I} 的噪声密度及噪声有效值计算

要了解运放等效输入噪声的电能力密度曲线，得先了解产生噪声的根源。每个噪声源都可能由多种噪声根源合并生成。电学系统中，产生噪声的根源很多，像热噪声、散粒噪声等。不同噪声根源具有不同的电能力密度曲线。

运放常见的噪声根源有两类，一类为 1/*f* 噪声，其电能力密度曲线随着频率的上升而下降；一类为白噪声，或者叫平坦噪声，其电能力密度曲线是一条直线，与频率无关。有时在 100MHz 以上还存在一种分配噪声，本书不介绍。这两种噪声根源，都是数学上可积分的简单函数。图 2.10 和图 2.11 是我造的假想运放的噪声密度，前者是电能力密度曲线，后者是电压密度曲线。

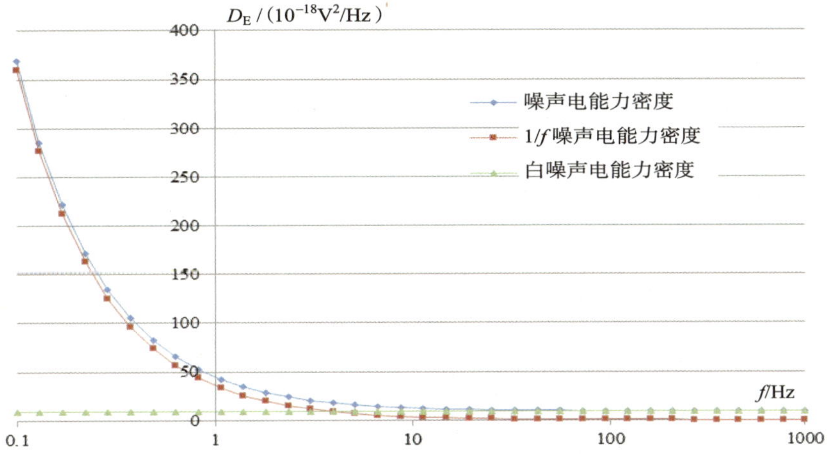

图 2.10　某运放等效输入噪声的电能力密度曲线

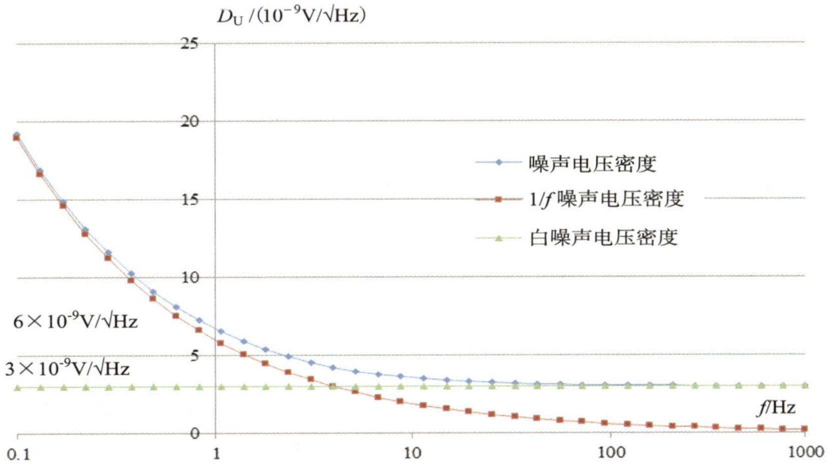

图 2.11　某运放等效输入噪声的电压密度曲线

这两张图是同源冗余的。只要获得其中任意一张，我们都能够用下述方法，计算出指定频率范围内 $1/f$ 噪声有效值 $U_{\mathrm{N\_1f}}$，以及白噪声有效值 $U_{\mathrm{N\_wh}}$，然后用平方和开方得到总的噪声有效值，即 $U_{\mathrm{N\_I}}$。

$1/f$ 噪声密度及噪声有效值计算

顾名思义，所谓的 $1/f$ 噪声，是说电能力密度曲线与频率之间的关系满足 $1/f$ 规律。在 1Hz 处，$1/f$ 噪声的电能力密度为 C^2，则其电能力密度随频率变化的表达式为

$$D_{\mathrm{E\_1f}}(f)=C^2\frac{1\mathrm{Hz}}{f}$$

C^2 的单位是 $\mathrm{V^2/Hz}$，C 的单位是 V/√Hz。其中 √Hz 即 $\sqrt{\mathrm{Hz}}$，仅为文字输入方便，有时也表示为 sHz。对应的，$1/f$ 噪声的电压密度表达式为

$$D_{\mathrm{U\_1f}}(f)=\sqrt{C^2\frac{1\mathrm{Hz}}{f}}$$

在一个规定的频率范围内，其噪声电能力和噪声电压有效值分别为

$$E_{\mathrm{N\_1f}}=\int_{f_a}^{f_b}D_{\mathrm{E\_1f}}(f)\mathrm{d}f=C^2 1\mathrm{Hz}\int_{f_a}^{f_b}\frac{1}{f}\mathrm{d}f=C^2\times 1\mathrm{Hz}\times\ln\frac{f_b}{f_a}$$

$$U_{\mathrm{N\_1f}}=\sqrt{E_{\mathrm{N\_1f}}}=C\times\sqrt{1\mathrm{Hz}}\times\sqrt{\ln\frac{f_b}{f_a}} \tag{2.8}$$

这里用到了一个高等数学中的积分公式，如果记不得了，自己去查书。

白噪声密度及噪声有效值计算

所谓的白噪声，是指噪声电能力密度恒定，与频率无关。其电能力密度表达式为

$$D_{\mathrm{E\_wh}}(f)=K^2$$

单位是 $\mathrm{V^2/Hz}$。对应的，其噪声电压密度为

$$D_{\mathrm{U\_wh}}(f)=K$$

单位是 V/√Hz。

在一个规定的频率范围内，其噪声能量和噪声电压有效值分别为

$$E_{\mathrm{N\_wh}}=\int_{f_a}^{f_b}D_{\mathrm{E\_wh}}(f)\mathrm{d}f=K^2(f_b-f_a)$$

$$U_{\mathrm{N\_wh}}=\sqrt{E_{\mathrm{N\_wh}}}=K\sqrt{f_b-f_a} \tag{2.9}$$

此时，我们能看出，要计算白噪声的电压有效值，需要使用噪声电压密度 K，而不是噪声电能力密度 K^2。同样的，在计算 $1/f$ 噪声时，需要使用噪声电压密度 C，而不是电能力密度 C^2。这就是我们在数据手册中总是看见 V/√Hz 的原因。

总噪声密度和总有效值计算

运放的等效输入噪声由 1/*f* 噪声和白噪声合并形成，它们是不相关的。利用式（2.4）得

$$U_{\mathrm{N\_I}}=\sqrt{U_{\mathrm{N\_1f}}^{2}+U_{\mathrm{N\_wh}}^{2}}=\mathrm{sum2}\left(U_{\mathrm{N\_1f}},\ U_{\mathrm{N\_wh}}\right) \tag{2.10}$$

此处使用了一个新表达方式，后面会频繁使用。

$$\mathrm{sum2}(a,b,c\cdots)=\sqrt{a^{2}+b^{2}+c^{2}+\cdots} \tag{2.11}$$

2.6.4 从噪声电压密度曲线中获得 *C* 和 *K*

运放生产厂家提供的数据手册中，只有总的噪声电压密度曲线。图 2.12 是我从 ADI 公司运放库中随机找的几个运放的数据手册截图。

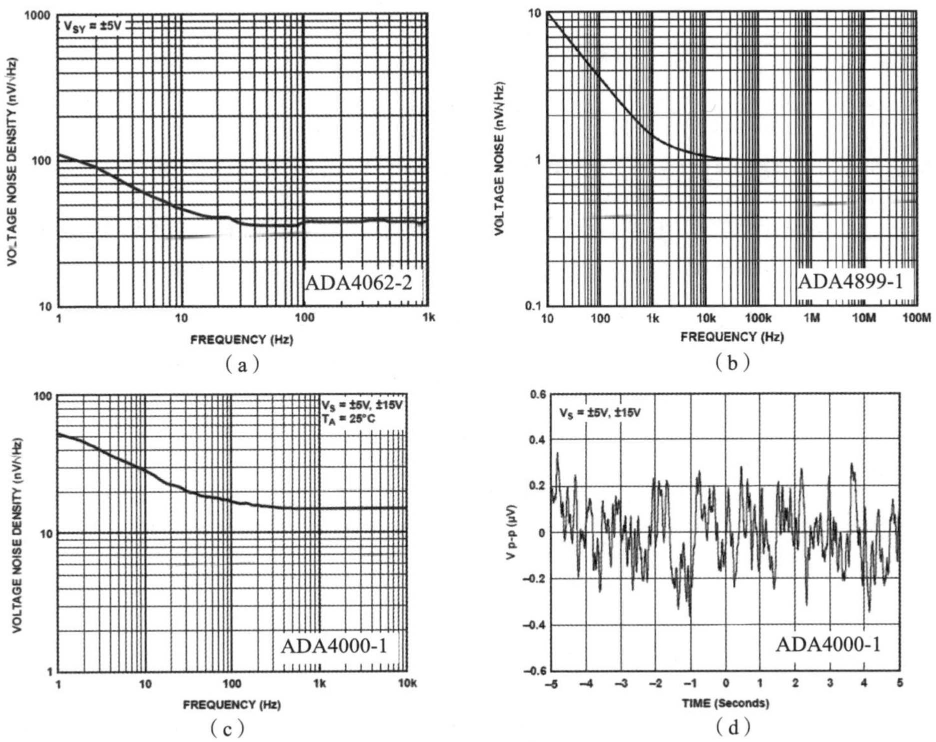

图 2.12 几个运放数据手册中关于噪声的截图

可以看出，厂家仅给出了包含 1/*f* 噪声和平坦区噪声的噪声电压密度曲线，它们都有这样的特征：低频段以 1/*f* 噪声为主，且随着频率的上升而下降，渐渐的，1/*f* 噪声没有了，呈现出平坦区噪声。

问题是，厂家的图中并没有区分 *C* 和 *K* 的概念，需要我们自己去确定。

插话：数据手册中的实测噪声波形

有些运放的数据手册中，还有如图 2.12（d）所示的噪声波形图。对于不想计算还想得到噪声大小的用户，可以直接读图，获得规定频率范围（一般都是 0.1~10Hz）内的等效输入噪声峰峰值。图中为

$$U_{N\_I}（0.1\sim10Hz）=710nV_{pp}$$

很显然，直接用示波器是看不到如此小的波形的。生产厂家用 ADA4000-1 组成一个增益为 G_1 的放大器，输入端接地，然后对其输出进行 0.1~10Hz 的带通滤波，且实施增益为 G_2 的放大，再用示波器或者数据采集系统记录，然后在纵轴上除以 $G_1\times G_2$ 得到的。

按照前述结果，结合本书 2.6.6，也可计算出此值：

$$U_{N\_I}(0.1\sim10Hz)=6.6\times C\times\sqrt{\ln\frac{10}{0.1}}=6.6\times48.4\times\sqrt{\ln100}=686nV_{pp}$$

这与图中肉眼观察的结果是基本一致的。

K 的确定

K 指电压密度曲线中白噪声的电压密度。两种方法可以获得 K。

第一种读图法：显然，频率越高，$1/f$ 噪声影响越小，电压密度中就仅包含白噪声的 K 了。因此方法很简单，找到图中最高频率点，直接读数值即可：ADA4000-1，16nV/√Hz 左右；ADA4899-1，1nV/√Hz 左右；ADA4062-2，37nV/√Hz 左右。

第二种数据法：多数数据手册会在指标表里以 e_n 为指标给出，如图 2.13 所示。

ADA4000-1

NOISE PERFORMANCE				
Voltage Noise	$e_{n\,p\text{-}p}$	0.1 Hz to 10 Hz	1	μV p-p
Voltage Noise Density	e_n	f = 1 kHz	16	nV/√Hz
Current Noise Density	i_n	f = 1 kHz	0.01	pA/√Hz

ADA4899-1

NOISE/DISTORTION PERFORMANCE			
Harmonic Distortion, HD2/HD3 (dBc)	f_C = 500 kHz, V_{OUT} = 1 V p-p	−100/−113	dBc
	f_C = 10 MHz, V_{OUT} = 1 V p-p	−89/−100	dBc
Input Voltage Noise	f = 100 kHz	1.0	nV/√Hz
Input Current Noise	f = 100 kHz, $\overline{\text{DISABLE}}$ pin floating	2.6	pA/√Hz
	f = 100 kHz, $\overline{\text{DISABLE}}$ pin = $+V_S$	5.2	pA/√Hz

ADA4062-2

Parameter	Symbol	Conditions	Min	Typ	Max	Unit
NOISE PERFORMANCE						
Voltage Noise	e_n p-p	f = 0.1 Hz to 10 Hz		1.5		μV p-p
Voltage Noise Density	e_n	f = 1 kHz		36		nV/√Hz
Current Noise Density	i_n	f = 1 kHz		5		fA/√Hz

图 2.13　一些数据手册中的 e_n

这与我们肉眼读出的数据基本吻合。

C 的确定

C 指 $1/f$ 噪声在 1Hz 处的噪声电压密度。多数情况下，需要从噪声电压密度曲线图中间接获得。

（1）曲线涵盖 1Hz。

如果电压密度曲线中 1Hz 处的值 D_U（1Hz）可以读到，那么它是 $1/f$ 噪声和白噪声的合并。

$$D_U(1\text{Hz}) = \sqrt{D_{U\_1f}^2(1\text{Hz}) + D_{U\_wh}^2(1\text{Hz})} = \sqrt{C^2 + K^2}$$

可解得：

$$C = \sqrt{D_U^2(1\text{Hz}) - K^2} \qquad [2.12(a)]$$

图 2.12（a）为 ADA4062-2 的密度图，读得 D_U（1Hz）=105nV/√Hz，且已知 K=36nV/√Hz，可解得 C=99nV/√Hz。图 2.12（c）为 ADA4000-1 的密度图，读得 D_U（1Hz）=51nV/√Hz，且已知 K=16nV/√Hz，可解得 C=48.4nV/√Hz。

（2）曲线不涵盖 1Hz。

某些数据手册，特别是高速运放，其电压密度曲线并未涵盖 1Hz，也就读不到 D_U（1Hz）。比如 ADA4899-1，如图 2.12（b）所示，仅能读到 D_U（10Hz）=10nV/√Hz，怎么办呢？请先找到图中最小频率 f_{min}，则有：

$$D_U(f_{min}) = \sqrt{D_{U\_1f}^2(f_{min}) + D_{U\_wh}^2(f_{min})} = \sqrt{D_{E\_1f}(f_{min}) + K^2}$$
$$= \sqrt{C^2 \frac{1\text{Hz}}{f_{min}} + K^2}$$

可解得：

$$C = \sqrt{\frac{f_{min}}{1\text{Hz}}\left[D_U^2(f_{min}) - K^2\right]} \qquad [2.12(b)]$$

代入数值可解出 $C_{ADA4899\text{-}1}$=31.5nV/√Hz。显然，式［2.12（b）］相对于式［2.12（a）］更为普适。

但是，细心的读者可能会发现，对于同一张图用上述两种方法解得的 C 并不完全一致，甚至会出现较大的差异，比如图 2.12（c）。这是为什么呢？

其实这就是数据手册中不给出 C 和 K 的原因：我们上面讲的，都是简化的模型，实际的运放噪声密度曲线，不是简单用 $1/f$ 噪声和白噪声合并就可以准确得到的，最终还得依赖于实测结果。厂家尊重实测结果，是无可厚非的。

幸运的是，多数情况下，$1/f$ 噪声的影响力远小于白噪声，这点误差算不了什么。

（3）从转角频率获得。

有些数据手册会明确给出噪声转角频率，我们称之为 f_{corner}，定义为此频率处 $1/f$ 噪声和白噪声的电压密度相等。即：

$$D_{U\_1f}(f_{corner}) = D_{U\_wh}(f_{corner}) = K$$

而根据 1/*f* 噪声定义：

$$D_{U\_1f}(f_{corner}) = C\sqrt{\frac{1Hz}{f_{corner}}}$$

得：

$$C = K\sqrt{\frac{f_{corner}}{1Hz}} \qquad [2.12(c)]$$

2.6.5　噪声计算中频率的起点 f_a 和终点 f_b

终点：等效带宽 f_b

当我们获知了 1/*f* 噪声的关键参数 *C*，白噪声的关键参数 *K*，就可以利用式（2.8）和式（2.9）计算 1/*f* 噪声有效值 U_{N_1f}、白噪声的有效值 U_{N_wh}。

其中关键是两个频率点 f_a 和 f_b 的确定。对白噪声来说，重要的是 f_b。

白噪声是广谱的，f_b 通常远大于 f_a，因此：

$$U_{N\_wh} = K\sqrt{f_b - f_a} \approx K\sqrt{f_b}$$

问题是，当一个运放电路摆在你的面前，你如何获得 f_b 呢？

首先，任何一个放大电路，都有上限截止频率 f_H，找到它。

如果放大电路是一个明确的低通滤波器，自然有上限截止频率 f_H，这很简单。

如果放大电路表面看不是一个滤波器，受运放的增益带宽积 GBW 限制，它仍有上限截止频率。它们之间的关系，会在本书 4.7 节介绍，在此我们先借用一下结论：一个运放的单位增益带宽为 GBW，由它组成的一个放大电路，其反馈系数为 *F*，那么该放大电路的上限截止频率为

$$f_H = F \times GBW \qquad [2.13(a)]$$

即一个表面看似纯粹的放大电路，也可以视同为一个截止频率为 $F \times$ GBW 的一阶低通滤波器。

其次，如果滤波器属于砖墙型的，或者近似砖墙型，则 f_b=f_H。

所谓的砖墙型滤波器，是指若输入信号频率小于 f_H，则电路增益为 1；而一旦输入信号频率大于 f_H，增益立即变成 0。噪声信号经过这样的滤波器，超过 f_H 的噪声信号都将被干干净净地滤除，因此积分上限（等效带宽）就是 f_H，即 f_b=f_H。

世上没有这样的砖墙式滤波器，滤波器阶数越高，其表现越接近砖墙滤波。一般情况

下，如果我们发现电路是一个二阶以上的低通滤波器，则可以近似认为f_b=f_H。

第三，对于一阶低通滤波器或者表面看不是滤波器的放大电路，则f_b=1.57f_H。

如图 2.14 所示，一个无穷大频率噪声源，经过一个截止频率为f_H的一阶低通滤波器，等同于经过一个砖墙式截止频率为f_b的理想低通滤波器——即通带内噪声电压密度不变，而噪声积分上限变为f_b的一个新噪声源。

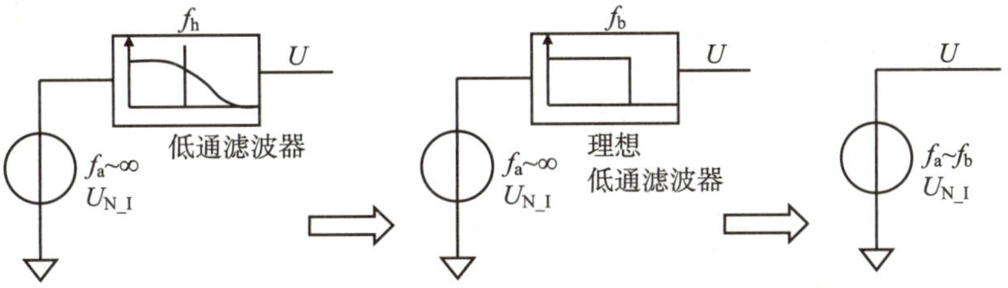

图 2.14 经过低通滤波器的噪声计算中f_b的演变过程

问题是，第一，这种等同是否成立；第二，如果成立，f_b和f_H的关系如何？

对于一阶低通滤波器，其幅度平方曲线如图 2.15 所示，截止频率为 100Hz，在截止频率处幅度平方衰减为 0.5 倍。如果能够计算等效带宽f_b，使得蓝色面积（实际的电能力积分）等于红色面积（等效带宽乘以恒定的白噪声电能力密度），就可以使用式（2.9）计算等效输入噪声。可以证明，对于一阶滤波器，f_b是f_H的 =1.57 倍，即 π/2。

$$f_b = 1.57 f_H \qquad [2.13(b)]$$

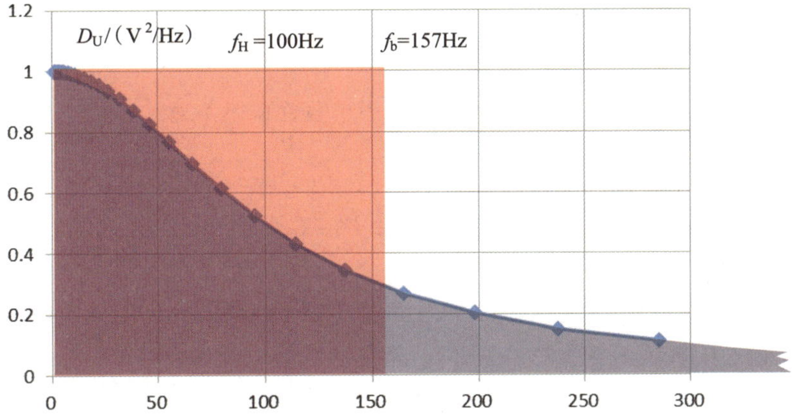

图 2.15 一阶低通的等效带宽f_b

实际低通滤波器的阶数越高，其效果越接近理想低通滤波器，f_b越接近f_H。对于四阶滤波器，如图 2.16 所示，截止频率还是 100Hz，但等效带宽与截止频率很接近。

因为高阶滤波器的等效带宽越来越接近于截止频率，其公式计算的必要性越来越小，可以假设等效带宽就是上限截止频率。

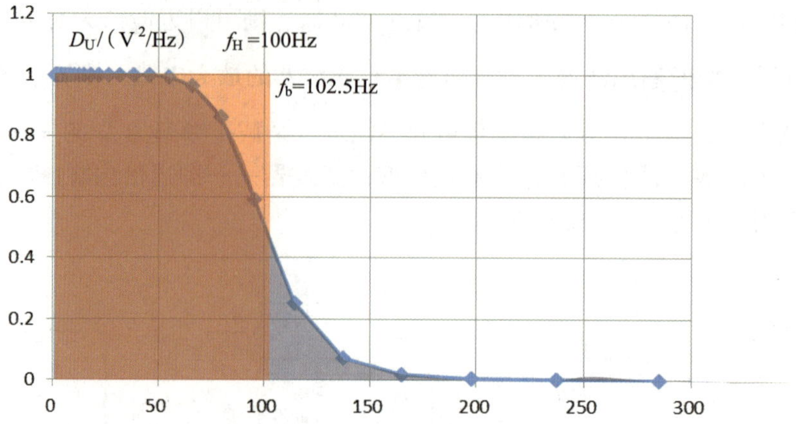

图 2.16　某四阶低通的等效带宽 f_b

插话：一阶低通等效带宽的推导

一阶低通滤波器的模随频率 x 变化的表达式为

$$|\dot{A}|=\frac{1}{\sqrt{1+\left(\frac{x}{f_H}\right)^2}}$$

其电能力密度随频率 x 变化的表达式为

$$y(x)=|\dot{A}|^2=\frac{1}{1+\left(\frac{x}{f_H}\right)^2}$$

在全频率范围内，其电能力的总量（图中蓝色面积）为

$$S_{蓝}=\int_0^\infty y(x)\mathrm{d}x=\int_0^\infty\frac{1}{1+\left(\frac{x}{f_H}\right)^2}\mathrm{d}x=\int_0^\infty\frac{f_H^2}{f_H^2+x^2}\mathrm{d}x$$

这个积分式，需要查找积分表。参见 *Teubner-Taschenbuch der Mathematik* 中译本《数学指南—实用数学手册》，李文林等译，北京：科学出版社，2012，p151。

$$S_{蓝}=\int_0^\infty\frac{f_H^2}{f_H^2+x^2}\mathrm{d}x=c\frac{2}{\sqrt{D}}\arctan\frac{2ax}{\sqrt{D}}\bigg|_0^\infty$$

其中，a=1，b=0，c=f_H^2，D=$4ac-b^2$，代入得：

$$S_{蓝}=f_H(\arctan\infty-\arctan 0)=f_H\frac{\pi}{2}=1.5708f_H$$

而红色电能力总量为

$$S_{红} = \int_0^{f_b} 1^2 \, \mathrm{d}x = f_b$$

据此两者电能力总量相等，可以得到：

$$f_b = 1.5708 f_H$$

起点频率 f_a

$1/f$ 噪声计算中，如果已知 C，那么同样涉及两个频率的选取。

虽然噪声是广谱的，最低频率 f_a 可以是 0Hz，但是式（2.8）中，不可能让 f_a=0，这样的话，根号内就是无穷大了。

$$U_{N\_1f} = \sqrt{E_{N\_1f}} = C \times \sqrt{1\text{Hz}} \times \sqrt{\ln \frac{f_b}{f_a}}$$

工程上认为，当噪声频率低于 0.1Hz，即 10s 以上发作一次的事件，一般可以被认为是人为的、环境因素带来的扰动，比如我们在电路旁边来回走动引起的气流变化，这可能与运放电路本身无关。因此，绝大多数情况下，计算 $1/f$ 噪声，f_a 选为 0.1Hz。

在 $1/f$ 噪声计算中，f_b 的选择看似重要，其实也不重要。表 2.1 给出了计算结果。

表 2.1 f_b 的选择

x	10	10^2	10^3	10^4	10^5	10^6	10^7	10^8	10^9
$\sqrt{\ln x}$	1.517	2.146	2.628	3.035	3.393	3.717	4.015	4.292	4.552

也就是说，当 f_a=0.1Hz 时，选 f_b=10Hz，则 x=100，U_{N_1f}=2.146C；选 f_b=10000Hz，则 x=10^5，U_{N_1f}=3.393C，总噪声也仅增大了不到 1 倍。这源自可怕的指数——ln 的结果超过 30，就是我们难以计数的；而 30 再开方，不过是 5 多点而已。记得古印度那个和国王打赌的棋士吧，他要求国王给他的奖励是，第 1 个格子 1 粒谷子，下一个格子是前一个的 2 倍，总共 64 个格子，填满即可。可怜的国王……

2.6.6　噪声的有效值和峰峰值的关系

前面讲述的，都是教大家如何计算运放电路的输出噪声有效值。但是在示波器上，我们看到的噪声，是一个混乱无比的波形，用肉眼得出其有效值是极其困难的。幸运的是，我们能通过肉眼观察到噪声波形的峰峰值。

既然噪声是具备统计学规律的，那么它的有效值和峰峰值之间可能就存在某种规律。结论是

$$U_{N\_pp} = 6.6U_{N\_rms} \tag{2.14}$$

即噪声峰峰值为噪声有效值的 6.6 倍。或者定义信号的峰值与信号有效值的比值为峰值因数,那么白噪声的峰值因数为 3.3。这来源于白噪声在纵轴上的分布满足正态分布（对于 1/f 噪声，其峰值因数有不同的说法，一般可以认定也近似为 3.3）。

正态分布的标准差 σ 定义，与离散数值计算有效值定义非常近似。

$$\sigma = \sqrt{\frac{\sum_{i=1}^{n}\left[y(i)-Y\right]^2}{n-1}}$$

$$U_{N\_rms} = \sqrt{\frac{\sum_{i=1}^{n}\left[y(i)-Y\right]^2}{n}}$$

其中，$y(i)$ 代表对噪声采样获得的 n 个样点值，Y 代表这 n 个样点的平均值。方差计算中 n 个样点差的平方和，除以 $n-1$，而有效值计算中是除以 n，这是唯一差别。当 n 较大时，这个差别可以忽略。

在正态分布中，$\pm 3\sigma$ 的区间可以包容 99.7% 的出现概率，而 $\pm 3.3\sigma$ 的区间可以包容 99.9% 的出现概率。这说明你要看到超过 $\pm 3.3\sigma$ 的事件，只有 0.1% 的概率。因此，一般认为，肉眼能够看到的最大值和最小值，一般不会超过 $\pm 3.3\sigma$，也就是不会超过有效值的 ± 3.3 倍。

图 2.17 绘出了噪声波形、有效值（近似为 σ），以及峰峰值之间的关系。

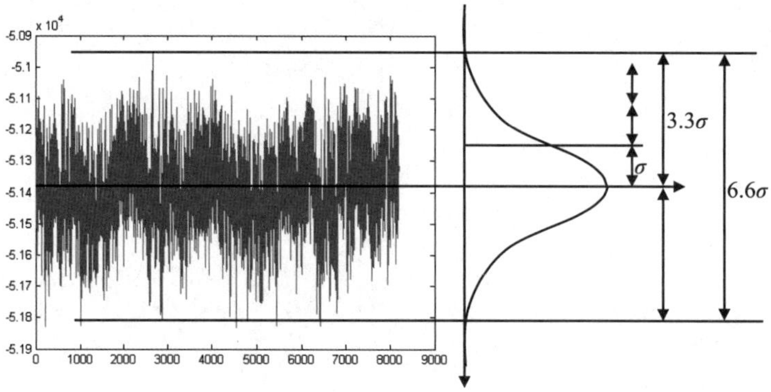

图 2.17　噪声峰峰值为什么是有效值的 6.6 倍?

2.6.7 OP27 噪声计算实例

OP27 是一款经典的高性能运放，低噪、低失调，稳定性很好。本节以 OP27 为例，利用前述知识，小试牛刀。

看 OP27 数据手册，得到关键参数

OP27 的数据手册中有图 2.18 显示的截图。

INPUT NOISE VOLTAGE[3, 4]	$e_{n\,p\text{-}p}$	0.1 Hz to 10 Hz	0.08	0.18	0.09	0.25	μV p-p
INPUT NOISE Voltage Density[3]	e_n	f_O = 10 Hz	3.5	5.5	3.8	8.0	nV/√Hz
		f_O = 30 Hz	3.1	4.5	3.3	5.6	nV/√Hz
		f_O = 1000 Hz	3.0	3.8	3.2	4.5	nV/√Hz
INPUT NOISE Current Density[3]	i_n	f_O = 10 Hz	1.7	4.0	1.7		pA/√Hz
		f_O = 30 Hz	1.0	2.3	1.0		pA/√Hz
		f_O = 1000 Hz	0.4	0.6	0.4	0.6	pA/√Hz

图 2.18　OP27 数据手册中的关键参数

第 1 行“INPUT NOISE VOLTAGE，$e_{n\,p\text{-}p}$ 0.1Hz to 10Hz”典型值为 0.08μ$V_{P\text{-}P}$。请注意，各大公司的数据手册标注，多数都没有注意到单位与符号的一致性，电压和电压密度均使用了“e”，这不好。我对它的翻译是，在 0.1~10Hz 之间的噪声电压峰峰值为 80nV。即

$$U_{N\_Ipp}(0.1\sim10\text{Hz})=80\text{nV}$$

第 2~4 行是描述噪声电压密度的“INPUT NOISE Voltage Density”，即

$$D_U(10\text{Hz})=3.5\text{V}/\sqrt{\text{Hz}}$$

$$D_U(30\text{Hz})=3.1\text{V}/\sqrt{\text{Hz}}$$

$$D_U(1000\text{Hz})=3.0\text{V}/\sqrt{\text{Hz}}$$

第 5 行开始，是噪声电流密度，以后再讲。

OP27 数据手册还给出了图 2.19 所示的噪声密度曲线图。其中实线是噪声密度曲线 $D_U(f)$，它是由两部分噪声源相加构成的：低频段的 1/*f* 噪声，以及高频段的白噪声。

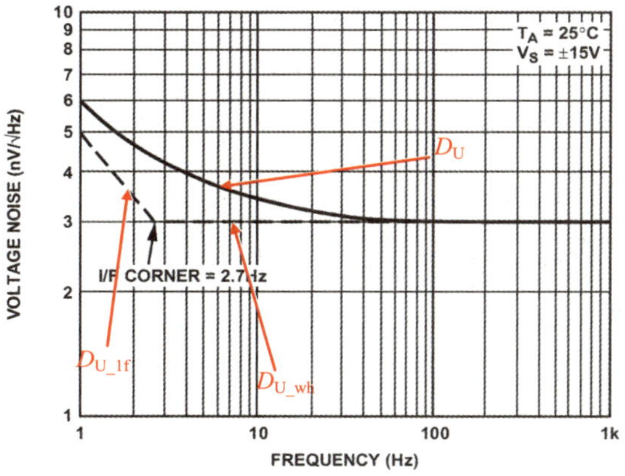

图 2.19　OP27 数据手册中的噪声密度曲线图

1Hz 到 2.7Hz 之间的虚线代表 1/*f* 噪声电压密度 D_{U_1f}，图中没有画出大于 2.7Hz 的，但我们应该知道这条虚线将持续走低。

2.7Hz 到 1kHz 之间的虚线代表白噪声电压密度 D_{U_wh}，图中没有画出小于 2.7Hz 的，但我们应该知道这条虚线将持续到 1Hz 甚至更低。

关于 1/*f* 噪声，当 f=1Hz 时，可从图中获得 C=5nV/√Hz。

关于白噪声，从图中可以获得，K=3nV/√Hz。

至此，我们已经获得了 1/*f* 噪声的关键参数 C，也获得了白噪声的关键参数 K，就可以利用式（2.8）和式（2.9）计算任意频段内的 1/*f* 噪声和白噪声电压有效值。

在已有信息中，进行初步验证

让我们先从已有信息中，验证理论的正确性。

（1）按照公式绘制曲线，与 OP27 实测曲线对比。

用 1/*f* 噪声表达式 C=5nV/√Hz 和白噪声表达式 K=3nV/√Hz 在 Excel 中绘制电压密度曲线，得到的结果与 ADI 公司 OP27 数据手册的曲线非常近似，如图 2.20 所示。

（2）转角频率是否吻合。

图 2.19 标注了一个转角频率 2.7Hz。转角频率的标准定义是，该频率处白噪声和 1/*f* 噪声的电压密度相同。

$$D_U(f_{corner}) = \frac{C}{\sqrt{f_{corner}}} = 3\text{nV}/\sqrt{\text{Hz}}$$

可以解得 f_{corner}=2.778 Hz，与数据手册的 2.7Hz 非常近似。

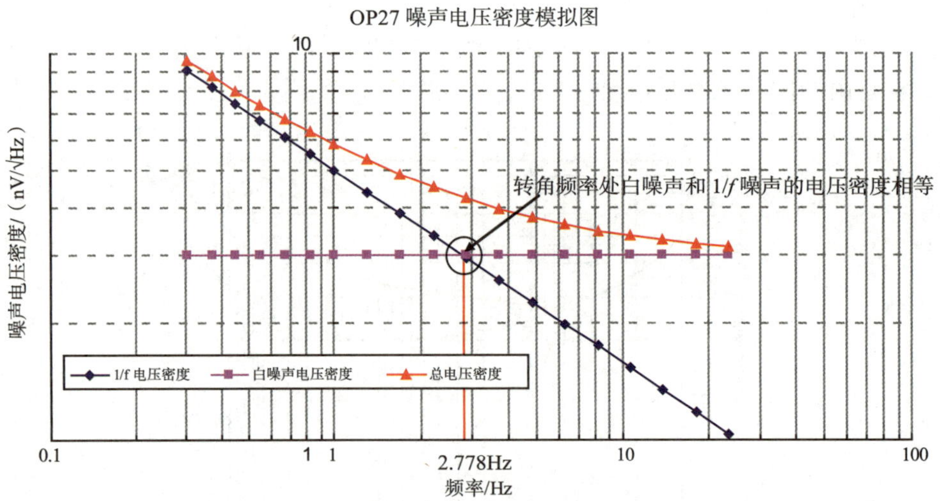

图 2.20　利用 C=5nV/sHz 和 K=3nV/sHz 绘制的 OP27 噪声电压密度曲线图

（3）低频段噪声峰峰值是否吻合。

数据手册中给出了 0.1~10Hz 噪声电压峰峰值典型值为 80nV，最大值为 180nV。现在我们利用已经学过的知识，试着计算 0.1~10Hz 区间内的噪声有效值，然后利用有效值与峰峰值的关系换算，看结论是不是在 80nV 附近，且不超过 180nV。

已知在 0.1~10Hz 内有两部分噪声源，其一是 1/*f* 噪声，C=5nV/√Hz；其二是白噪声，K=3nV/√Hz。则：

$$U_{\mathrm{N\_1f}}=C\sqrt{\ln\frac{f_\mathrm{b}}{f_\mathrm{a}}}=5\sqrt{\ln\frac{10}{0.1}}=10.73(\mathrm{nV_{rms}});\ U_{\mathrm{N\_wh}}=K\sqrt{f_\mathrm{b}-f_\mathrm{a}}=3\sqrt{10-0.1}=9.49(\mathrm{nV_{rms}})$$

$$U_\mathrm{N}=\mathrm{sum2}(U_{\mathrm{N\_1f}},\ U_{\mathrm{N\_wh}})=14.32\ (\mathrm{nV_{rms}});\ U_{\mathrm{N\_pp}}=6.6\times U_\mathrm{N}=94.5\ (\mathrm{lnV_{pp}})$$

计算结果与厂家实测结果是基本吻合的。

2.6.8　完整运放电路的噪声计算

前面介绍了噪声计算的最基本方法：运放的等效输入噪声源，通常由白噪声、1/*f* 噪声组成，数据手册会给出描述它们的噪声电压密度曲线，在确定了上下限频率后，可以求解出等效输入噪声电压源的噪声有效值。然而，这并不是运放电路的输出噪声。运放输出端的噪声，还包括各个电阻产生的噪声、电流源产生的噪声等。在此基础上，本节介绍一个完整运放电路的输出噪声计算。

运放电路噪声全模型及其输出噪声计算方法

图 2.21 是一个包含 4 个电阻的差动放大电路，它的输出噪声包含 3 类噪声源：运放等效输入电压噪声 1 个、电阻噪声 4 个、运放等效输入电流噪声 2 个。包含各类噪声源的等效模型如图 2.22 所示。

不同教科书传授的方法不一致，但结果是一致的。本书方法如下。

（1）获得等效带宽 f_b，确定 f_a，可能是 0.1Hz 或者 0.01Hz。

（2）根据前述方法，结合带宽计算运放等效输入噪声电压 $U_{\mathrm{N\_I}}$。

（3）结合带宽计算各个电阻的热噪声 $U_{\mathrm{N\_R}i}$，式（2.18）。马上就会讲到。

（4）查找数据手册，获得等效输入电流噪声的关键参数 C_I 和 K_I，结合带宽计算等效输入电流噪声 $I_{\mathrm{N\_1}}$ 和 $I_{\mathrm{N\_2}}$。下面就讲。

（5）以上 3 类共 7 个源，分别计算在输出端的结果 $U^\mathrm{O}{}_m$，m 代表不同的源。其中上标 O 代表该噪声源在运放输出端呈现的噪声电压有效值。

（6）对各个 $U^\mathrm{O}{}_m$ 实施平方式叠加，最终输出噪声为

$$U_{\mathrm{N\_O}}=\mathrm{sum2}\left(U_{\mathrm{UI}}^\mathrm{O},\ U_{\mathrm{UR1}}^\mathrm{O},\ U_{\mathrm{UR2}}^\mathrm{O},\ U_{\mathrm{UR3}}^\mathrm{O},\ U_{\mathrm{UR4}}^\mathrm{O},\ U_{\mathrm{I1}}^\mathrm{O},\ U_{\mathrm{I2}}^\mathrm{O}\right) \tag{2.15}$$

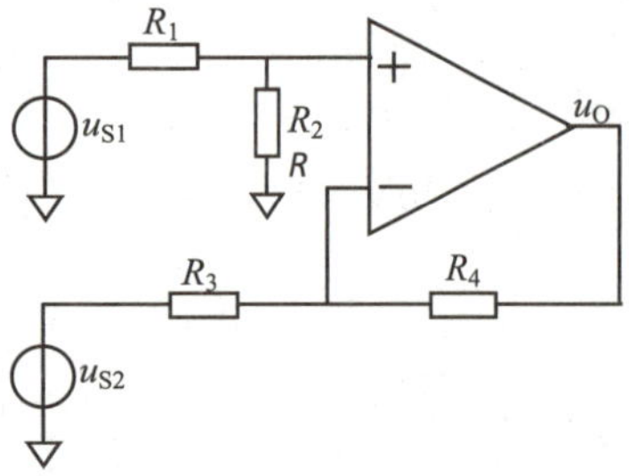

图 2.21　运放实现的减法器

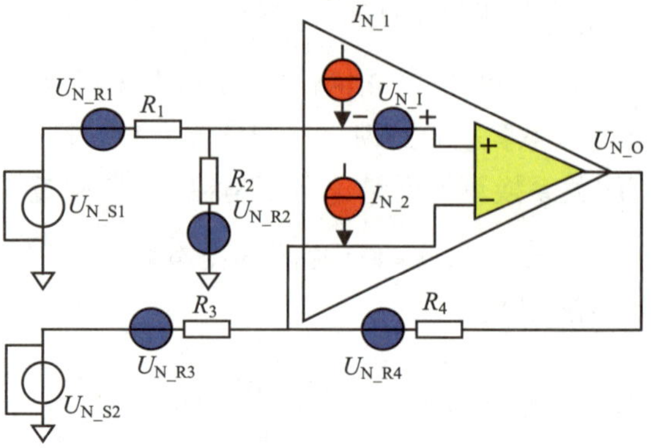

图 2.22　减法器电路的噪声全模型

电阻的热噪声

电阻噪声计算较为复杂，包含热噪声、接触噪声和散粒噪声等。在特殊电路，比如音响放大电路中，要考虑很多问题来减少噪声，比如降低均值电流、增大电阻体积等。但是在运放电路中，一般仅考虑电阻的热噪声。

电阻热噪声源于受温度影响产生的布朗运动发生的电子碰撞。它与温度、阻值有关。温度越高、阻值越大，会引起更大的热噪声。电阻热噪声电压密度为一个与频率无关的量，表达式为

$$D_{U\_R}(f)=\sqrt{4kTR} \tag{2.16}$$

k=1.38×10^{-23}J/K，为玻尔兹曼常数。其中，1J=1sV^2/Ω=1V^2/（Ω•Hz）。

常温 27℃时，T=300K，电阻值为 R，代入得：

$$D_{U\_R}(f)=\sqrt{4kTR}=\sqrt{4\times300\text{K}\times R\times1.38\times10^{-23}\frac{\text{V}^2}{\text{K}\times\Omega\times\text{Hz}}}$$

$$=0.1287\sqrt{\frac{R}{\Omega}}\text{nV}/\sqrt{\text{Hz}} \tag{2.17}$$

式（2.17）比较常用，100Ω 电阻的热噪声电压密度，等效于一个 1.29nV/√Hz 的低噪声电压密度运放；而 1MΩ 电阻的热噪声电压密度，等效于一个 129nV/√Hz 的高噪声运放。且，随着温度的升高，电阻噪声增大并不明显——温度为 1200K（927℃）时，电阻噪声变为常温下的 2 倍。当然，这是仅考虑热噪声表达式的情况。

高频放大器带宽较大，输出噪声相应也较大。其噪声电压密度一般为几个 nV/√Hz 甚至更小，此时如果外部接的电阻大于 1000Ω，一个电阻产生的噪声就与运放等同了。这也是我们常见高频运放电路外部电阻较小的其中一个原因。

已知等效带宽为 f_b，一个电阻值为 R 的电阻在 27℃时产生的噪声电压有效值为 U_{N_R}：

$$U_{N\_R}=0.1287\sqrt{\frac{R}{1\Omega}}\sqrt{\frac{f_b}{1\text{Hz}}}\text{nV} \tag{2.18}$$

运放的等效输入电流噪声

运放的输入端存在偏置电流，且这个偏置电流上还存在电流的随机性波动。这个波动就是等效输入电流噪声，其有效值用 I_{N_1} 表示正端的，I_{N_2} 表示负端的。

这个电流噪声只有经过外部电阻才能演变成电压噪声，否则它不会对电路输出噪声产生任何影响。

与电压噪声相似，生产厂家也会给出电流噪声密度曲线，通常它也是由 $1/f$ 噪声电流和白噪声电流共同形成。因此，从图中或者指标表格中可以获得 C_I 和 K_I，然后按照类似的算法计算出电流噪声有效值。其中，f_b、f_a 与噪声电压计算中的选择一致。

从 ADI 公司 OP27 数据手册中可以得到图 2.23 所示的与电流噪声密度相关的信息。

INPUT NOISE Current Density[3]	i_n	f_O = 10 Hz	1.7	4.0	1.7		pA/√Hz
		f_O = 30 Hz	1.0	2.3	1.0		pA/√Hz
		f_O = 1000 Hz	0.4	0.6	0.4	0.6	pA/√Hz

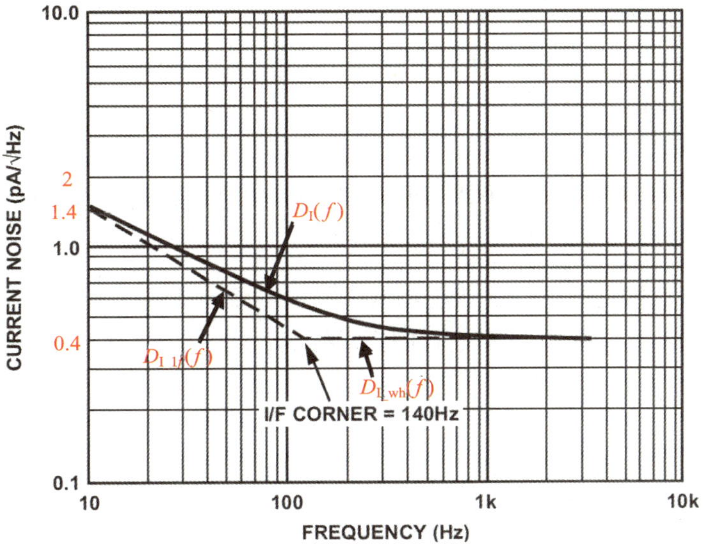

图 2.23 OP27 数据手册中的电流噪声密度曲线

获取 K_I 的方法很简单，无论是表格中出现的最大频率点 1000Hz，还是图中找到的最大频率点 3.1kHz，该点处的电流噪声密度即为白噪声的电流密度 K_I，因为该处的 $1/f$ 电流密度太小了，可以忽略。得 K_I=0.4pA/√Hz。

$1/f$ 噪声中 C_I 的获取方法与 2.6.4 节中 C 的确定相同。

$$C_I=\sqrt{\frac{f_{\min}}{1\text{Hz}}\left[D_I^2(f_{\min})-K_I^2\right]} \tag{2.19}$$

图 2.23 中，可以读到 $f_{\min}$=10Hz，D_I（$f_{\min}$）=1.4pA/√Hz，K_I=0.4pA/√Hz，代入式（2.19）得：

$$C_{\mathrm{I}}=\sqrt{10\left(1.4^{2}-0.4^{2}\right)}=4.24\mathrm{pA}/\sqrt{\mathrm{Hz}}$$

参照 2.6.4 节利用转角频率获得 C，也可获得 C_{I}。数据手册中给出了转角频率 f_{corner}，则：

$$D_{\mathrm{I_{1f}}}\left(f_{\mathrm{corner}}\right)=\sqrt{C_{\mathrm{I}}^{2}\frac{1\mathrm{Hz}}{f_{\mathrm{corner}}}}=K_{\mathrm{I}}$$

即转角频率处的 $1/f$ 电流噪声密度等于白噪声电流密度，可解得：

$$C_{\mathrm{I}}=K_{\mathrm{I}}\sqrt{\frac{f_{\mathrm{corner}}}{1\mathrm{Hz}}}$$

图 2.23 显示，f_{corner}=140Hz，则 $C_{\mathrm{I}}=0.4\sqrt{140}=4.73\mathrm{pA}/\sqrt{\mathrm{Hz}}$，与前述方法得到的 4.24 pA/√Hz 基本一致。

参照式（2.8），得：

$$I_{\mathrm{N\_1f}}=C_{\mathrm{I}}\sqrt{1\mathrm{Hz}}\sqrt{\ln\frac{f_{\mathrm{b}}}{f_{\mathrm{a}}}} \tag{2.20}$$

参照式（2.9），得：

$$I_{\mathrm{N\_wh}}=K_{\mathrm{I}}\sqrt{f_{\mathrm{b}}-f_{\mathrm{a}}} \tag{2.21}$$

运放正端或者负端的噪声电流有效值 I_{N} 为 $1/f$ 噪声和白噪声的总和：

$$I_{\mathrm{N}}=\mathrm{sum2}\left(I_{\mathrm{N\_1f}}-I_{\mathrm{N\_wh}}\right) \tag{2.22}$$

在没有特殊标注的情况下，运放正输入端噪声电流与负输入端噪声电流有效值是一致的，都是 I_{N}。但是，千万不要试图把它们抵消掉。

独立噪声源的输出计算

按照上述方法，我们已经获得了 7 个噪声源的电压或者电流有效值，包括等效输入噪声电压 $U_{\mathrm{N\_I}}$，电阻噪声电压 $U_{\mathrm{N\_R1}}$、$U_{\mathrm{N\_R2}}$、$U_{\mathrm{N\_R3}}$、$U_{\mathrm{N\_R4}}$，电流噪声 I_{N1} 和 I_{N2}。现在需要研究的是，以图 2.24 为例，各独立噪声源独立作用时，在输出端产生的噪声大小。

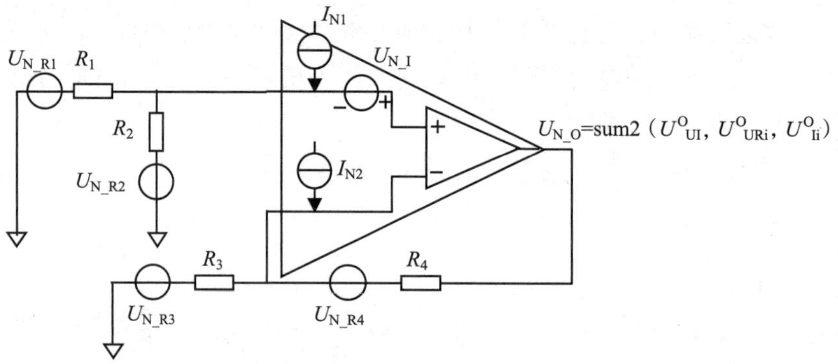

图 2.24　运放电路噪声全模型

计算方法是，要计算哪个噪声源产生的输出噪声，则在图 2.24 中保留该噪声源，让其他噪声源失效——电压源短路、电流源开路，然后按照电路基本原理计算输出。

可得到如下表达式：

$$U_{\text{UI}}^{\text{O}}=\left(1+\frac{R_4}{R_3}\right)U_{\text{N\_I}} \tag{2.23}$$

$$U_{\text{UR1}}^{\text{O}}=U_{\text{N\_R1}}\times\frac{R_2}{R_1+R_2}\times\left(1+\frac{R_4}{R_3}\right) \tag{2.24}$$

$$U_{\text{UR2}}^{\text{O}}=U_{\text{N\_R2}}\times\frac{R_1}{R_1+R_2}\times\left(1+\frac{R_4}{R_3}\right) \tag{2.25}$$

$$U_{\text{UR3}}^{\text{O}}=-U_{\text{N\_R3}}\times\frac{R_4}{R_3} \tag{2.26}$$

$$U_{\text{UR4}}^{\text{O}}=U_{\text{N\_R4}} \tag{2.27}$$

$$U_{\text{I1}}^{\text{O}}=I_{\text{N1}}\times\frac{R_1R_2}{R_1+R_2}\times\left(1+\frac{R_4}{R_3}\right) \tag{2.28}$$

$$U_{\text{I2}}^{\text{O}}=I_{\text{N2}}R_4 \tag{2.29}$$

最终的输出噪声电压为

$$U_{\text{N\_O}}=\text{sum2}\left(U_{\text{UI}}^{\text{O}},\ U_{\text{UR1}}^{\text{O}},\ U_{\text{UR2}}^{\text{O}},\ U_{\text{UR3}}^{\text{O}},\ U_{\text{UR4}}^{\text{O}},\ U_{\text{I1}}^{\text{O}},\ U_{\text{I2}}^{\text{O}}\right)$$

为了方便多级放大电路的噪声求解，定义一个新的指标，称为电路等效输入噪声 U_{NI}，它的含义是前述计算完毕的总输出噪声电压除以电路的电压增益，如下：

$$U_{\text{NI}}=\frac{U_{\text{N\_O}}}{A}$$

其中，A 为电路的电压增益。注意，此处不使用噪声增益。

电路的等效输入噪声 U_{NI}，不同于运放的等效输入电压噪声 $U_{\text{N\_I}}$。

运放的等效输入电压噪声 $U_{\text{N\_I}}$，是指运放本身内部具有的一个噪声根源的电压有效值，它将和运放本身具有的电流噪声、外部电阻等共同作用，形成输出噪声电压。

电路的等效输入噪声 $U_{\text{N\_I}}$，是不管输出噪声怎么来的，把输出噪声除以本电路的电压增益。此时，运放本身不再具有任何噪声，输出噪声视同为信号输入端加载了一个噪声源 $U_{\text{N\_I}}$。

2.6.9 多级放大电路的噪声计算

一个多级放大电路结构如图 2.25 上部所示，源接地。求输出噪声。

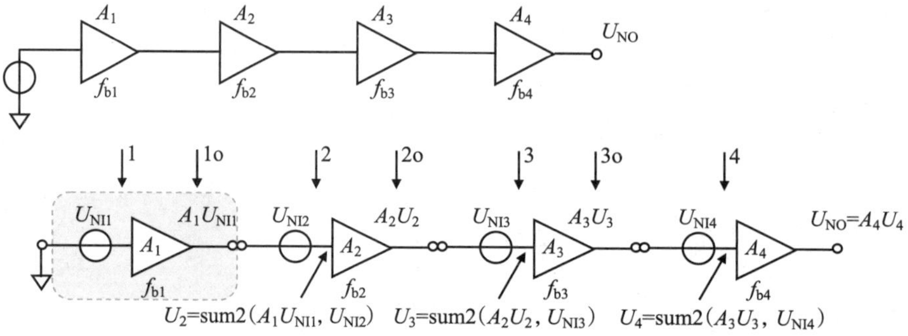

图 2.25 多级放大电路噪声计算方法

首先将多级放大电路拆分成若干个串联的单元，对其中的每个单元，依据前述方法得到 3 个值，如图 2.25 左下处浅蓝色虚框所示。

（1）本级通带内电压增益 A_i。

（2）本级等效带宽 f_{bi}。

（3）本级电路等效输入噪声 U_{NI1}。

计算本级等效输入噪声时，需要从每一个噪声源算起，每个噪声源都有一个等效带宽。注意，它不是本级等效带宽，而是该噪声源后续经过的所有环节中，等效带宽最小的。比如，上述放大电路中 A_4 是一个一阶无源 RC 低通滤波器，其截止频率 f_{h4} 远低于前面 3 级中的任何一个等效带宽，那么第一可以确定本级等效带宽为 $f_{b4} = 1.57f_{h4}$，第二在 A_4 前面的所有噪声源计算时，均应使用 f_{b4} 作为等效带宽。

完成了上述每一级独立的 3 个参数求解，即可按照下述规律性步骤求解总噪声输出。

（1）确定前级输出噪声 $U_{o(i-1)}$，对第一级为 0。

（2）本级实际输入为 $U_i = \text{sum2}$（前级输出噪声，本级等效输入噪声）。

（3）本级输出噪声为实际输入噪声 U_i 的 A_i 倍。

（4）从第一级开始，直至最后一级的输出，即为总噪声输出。

2.6.10 噪声计算总结

（1）利用2.6.5内容，确定噪声计算的等效带宽f_b，待用。

（2）计算运放的等效输入噪声有效值U_{N_I}。

- 查找数据手册，获得噪声电压密度曲线。
- 从噪声电压密度曲线中获得白噪声电压密度K。
- 从曲线中利用式［2.12（b）］获得$1/f$噪声1Hz处噪声电压密度C。

$$C=\sqrt{\frac{f_{\min}}{1\text{Hz}}\left[D_U^2(f_{\min})-K^2\right]}$$

- 根据C、f_b，取$f_a=0.1$Hz，利用式（2.8）求解$1/f$噪声电压U_{N_1f}。

$$U_{N\_1f}=C\times\sqrt{1\text{Hz}}\times\sqrt{\ln\frac{f_b}{f_a}}$$

- 根据K、f_b，利用式（2.9）求解白噪声电压U_{N_wh}。

$$U_{N\_wh}=K\sqrt{f_b-f_a}$$

- 根据式（2.11）得到U_{N_I}。

$$U_{N\_I}=\sqrt{U_{N\_1f}^2+U_{N\_wh}^2}=\text{sum2}(U_{N\_1f},\ U_{N\_wh})$$

（3）计算外部各电阻的噪声有效值U_{N_R}。

- 直接利用式（2.18）求解一个确定电阻的噪声电压。

（4）计算运放的输入噪声电流有效值I_{N1}和I_{N2}。

- 查找数据手册，获得噪声电流密度曲线。
- 从噪声电流密度曲线中获得白噪声电流密度K_I。
- 从曲线中利用式（2.19）获得$1/f$噪声1Hz处噪声电流密度C_I。

$$C_I=\sqrt{\frac{f_{\min}}{1\text{Hz}}\left[D_I^2(f_{\min})-K_I^2\right]}$$

- 根据C_I、f_b，取$f_a=0.1$Hz，利用式（2.20）求解$1/f$噪声电压I_{N_1f}。

$$I_{N\_1f}=C_I\times\sqrt{1\text{Hz}}\times\sqrt{\ln\frac{f_b}{f_a}}$$

- 根据K、f_b，利用式（2.21）求解白噪声电压I_{N_wh}。

$$I_{N\_wh}=K_I\sqrt{f_b-f_a}$$

- 根据式（2.22）得到I_{N_1}，无特殊说明则$I_{N2}=I_{N1}$。

$$I_N = \sqrt{I_{N\_1f}^2 + I_{N\_wh}^2} = \text{sum2}(I_{N\_1f}, I_{N\_wh})$$

（5）以图 2.24 所示全模型为例，对全部噪声源实施独立运算，得到各独立噪声源产生的输出噪声。然后对它们实施平方和开方。参照式（2.23）~式（2.29）。

（6）按照多级计算方法，得到最终的输出噪声。

举　例

电路如图 2.21 所示。运放为 AD8675，电阻分别为 $R_1 = 1\text{k}\Omega$、$R_2 = 5\text{k}\Omega$、$R_3 = 1\text{k}\Omega$、$R_4 = 5\text{k}\Omega$，求电路的输出噪声电压有效值。

解：第 1 步，确定电路的 f_a 和 f_b。

（1）没有特殊要求，确定 $f_a = 0.1\text{Hz}$。

（2）确定 f_b：查找 AD8675 的数据手册，得其 GBW = 10MHz，且电路的反馈系数为

$$F = \frac{R_3}{R_3 + R_4} = \frac{1}{6}$$

据式［2.13（a）］和式［2.13（b）］，有：

$$f_b = 1.57 \times f_H = 1.57 \times F \times \text{GBW} = 1.57 \times \frac{1}{6} \times 10\text{MHz} = 2.617\text{MHz}$$

第 2 步，确定运放的等效输入电压噪声 U_{N_I}。

查找 AD8675 数据手册，得图 2.26 所示与噪声相关的截图。

NOISE PERFORMANCE				
Voltage Noise	$e_{n\,p\text{-}p}$	0.1 Hz to 10 Hz	0.1	μV p-p
Voltage Noise Density	e_n	f = 1 kHz	2.8	nV/√Hz
Current Noise Density	i_n	f = 10 Hz	0.3	pA/√Hz

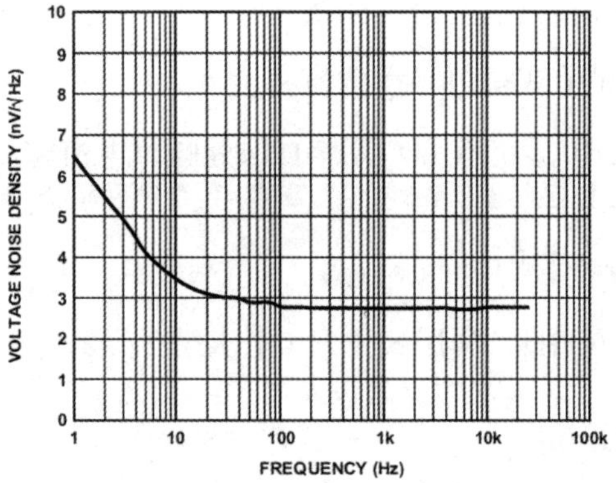

图 2.26　AD8675 数据手册中的电压噪声密度截图

可知，$K = 2.8\text{nV}/\sqrt{\text{Hz}}$，利用式［2.12（b）］：

$$C=\sqrt{\frac{f_{\min}}{1\text{Hz}}\left[D_{\text{U}}^{2}(f_{\min})-K^{2}\right]}=\sqrt{6.4^{2}-2.8^{2}}=5.75\text{nV}/\sqrt{\text{Hz}}$$

据此，利用式（2.8）得：

$$U_{\text{N\_1f}}=C\times\sqrt{1\text{Hz}}\times\sqrt{\ln\frac{f_{\text{b}}}{f_{\text{a}}}}=5.75\text{nV}\times\sqrt{\ln\frac{2.617\text{MHz}}{0.1\text{Hz}}}=23.76\text{nV}_{\text{rms}}$$

利用式（2.9）得：

$$U_{\text{N\_wh}}=K\sqrt{f_{\text{b}}-f_{\text{a}}}=2.8\times\sqrt{2.617\text{MHz}-0.1\text{MHz}}=4.53\,\mu\text{V}_{\text{rms}}$$

利用式（2.11）得：

$$U_{\text{N\_I}}=\sqrt{U_{\text{N\_1f}}^{2}+U_{\text{N\_wh}}^{2}}=\text{sum2}(U_{\text{N\_1f}},\ U_{\text{N\_wh}})=4.53\,\mu\text{V}_{\text{rms}}$$

可见，白噪声的贡献远远小于平坦区噪声贡献。

第 3 步，确定各个电阻的噪声电压，利用式（2.18）得：

$$U_{\text{N\_R1}}=U_{\text{N\_R3}}=0.1287\sqrt{\frac{R_{1}}{1\Omega}}\sqrt{\frac{f_{\text{b}}}{1\text{Hz}}}\text{nV}=6.55\,\mu\text{V}_{\text{rms}}$$

$$U_{\text{N\_R2}}=U_{\text{N\_R4}}=0.1287\sqrt{\frac{R_{1}}{1\Omega}}\sqrt{\frac{f_{\text{b}}}{1\text{Hz}}}\text{nV}=14.64\,\mu\text{V}_{\text{rms}}$$

第 4 步，确定输入端等效输入电流噪声有效值 I_{N1} 和 I_{N2}。

因 AD8675 数据手册中没有给出 $1/f$ 电流噪声，可以认为其值很小，可忽略。我们只计算平坦区电流噪声。从图 2.26 所示截图中可以看到，平坦区从 10Hz 开始，其电流噪声密度 K_{I} 为 0.3pA/√Hz，据式（2.21）得：

$$I_{\text{N1}}=I_{\text{N2}}=I_{\text{N1\_wh}}=K_{\text{I}}\sqrt{f_{\text{b}}-f_{\text{a}}}=0.3\text{pA}\times\sqrt{2.617\text{M}}=485\,\text{pA}_{\text{rms}}$$

第 5 步，对各个独立噪声源在输出端的表现进行计算：

$$U_{\text{UI}}^{\text{O}}=\left(1+\frac{R_{4}}{R_{3}}\right)U_{\text{N\_I}}=6\times4.53\,\mu\text{V}_{\text{rms}}=27.18\,\mu\text{V}_{\text{rms}}$$

$$U_{\text{UR1}}^{\text{O}}=U_{\text{N\_R1}}\times\frac{R_{2}}{R_{1}+R_{2}}\times\left(1+\frac{R_{4}}{R_{3}}\right)=6.55\,\mu\text{V}_{\text{rms}}\times\frac{5}{6}\times6=32.75\,\mu\text{V}_{\text{rms}}$$

$$U_{\text{UR2}}^{\text{O}}=U_{\text{N\_R2}}\times\frac{R_{1}}{R_{1}+R_{2}}\times\left(1+\frac{R_{4}}{R_{3}}\right)=14.64\,\mu\text{V}_{\text{rms}}\times\frac{1}{6}\times6=14.64\,\mu\text{V}_{\text{rms}}$$

$$U_{\text{UR3}}^{\text{O}}=-U_{\text{N\_R3}}\times\frac{R_{4}}{R_{3}}=-6.55\,\mu\text{V}_{\text{rms}}\times\frac{5}{1}=-32.75\,\mu\text{V}_{\text{rms}}$$

$$U_{\text{UR4}}^{\text{O}}=U_{\text{N\_R4}}=14.64\,\mu\text{V}_{\text{rms}}$$

$$U_{\text{I1}}^{\text{O}}=I_{\text{N1}}\times\frac{R_{1}R_{2}}{R_{1}+R_{2}}\times\left(1+\frac{R_{4}}{R_{3}}\right)=485\times\frac{5000}{6}\times6=2.425\ (\mu\text{V}_{\text{rms}})$$

$$U_{I2}^{O}=I_{N2}R_4=485\times5000=2.425\ (\mu V_{rms})$$

第 6 步，也是最后一步，将这些独立输出实施平方和加法，得：

$$U_{N\_O}=\text{sum2}\left(U_{UI}^{O},\ U_{UR1}^{O},\ U_{UR2}^{O},\ U_{UR3}^{O},\ U_{UR4}^{O},\ U_{I1}^{O},\ U_{I2}^{O}\right)$$

$$=\sqrt{27.18^2+32.75^2+14.64^2+(-32.75)^2+14.64^2+2.425^2+2.425^2}$$

$$=57.66\ (\mu V_{rms})$$

即图 2.21 所示电路，按照本例参数，其输入端短接接地时，输出端会呈现出有效值为 57.66μV 的噪声，其峰峰值约为 $57.66\mu V\times6.6=380.5\mu V$。

可以发现，一般情况下，$1/f$ 噪声的影响非常微弱。在输出端起主要作用的还是运放本身的平坦区噪声电压密度，以及电阻噪声，还有电路增益。当选择运放为低噪声运放时，电阻噪声不可忽视，有时甚至比运放起的作用还大。

2.6.11　噪声计算中的一些有趣问题

2 个 1kΩ 电阻串联，与 1 个 2kΩ 电阻噪声一致吗？

问题如图 2.27 所示。严格来说这个问题是无法回答的，实际电阻的噪声极为复杂。但对于我们常用的以热噪声为主的电阻，这个问题的答案是清晰的：无论并联、串联，都不会改变电阻的热噪声。对于图 2.27 中的 3 种接法，其噪声是完全相同的。

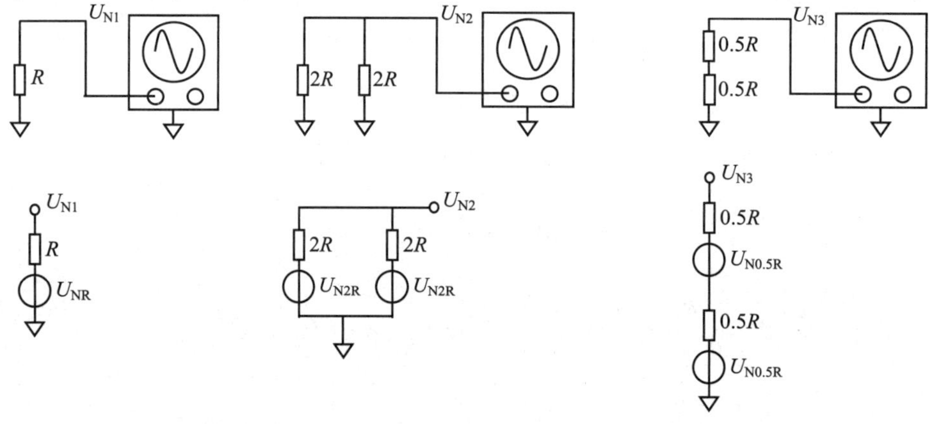

图 2.27　3 种形式电阻均为 R，产生的噪声相同吗？

对于 U_{N1}，有

$$U_{N1}=0.128\sqrt{R}\sqrt{f_b}\,nV_{rms}$$

对于 U_{N2}，单个电阻增大了，每个电阻产生的噪声为

$$U_{N2R}=0.128\sqrt{2R}\sqrt{f_b}\,nV_{rms}=\sqrt{2}U_{N1}$$

输出端瞬时值为两个噪声源瞬时值的平均值：

$$u(t)_{\mathrm{N2}}=0.5\left[u(t)_{\mathrm{N2R左}}+u(t)_{\mathrm{N2R右}}\right]$$

左右两个表达式不相关，则利用式（2.4），得

$$U_{\mathrm{N2}}=0.5\sqrt{U_{\mathrm{N2R左}}^2+U_{\mathrm{N2R右}}^2}=0.5\sqrt{2U_{\mathrm{N1}}^2+2U_{\mathrm{N1}}^2}=U_{\mathrm{N1}}$$

对于 U_{N3}，单个电阻减小了，每个电阻产生的噪声为

$$U_{\mathrm{N0.5R}}=0.128\sqrt{0.5R}\sqrt{f_{\mathrm{b}}}\mathrm{nV_{rms}}=\frac{\sqrt{2}}{2}U_{\mathrm{N1}}$$

在输出端瞬时表达上是叠加，则

$$u(t)_{\mathrm{N3}}=u(t)_{\mathrm{N0.5R下}}+u(t)_{\mathrm{N0.5R上}}$$

$$U_{\mathrm{N3}}=\sqrt{U_{\mathrm{N0.5R下}}^2+U_{\mathrm{N0.5R上}}^2}=\sqrt{0.5U_{\mathrm{N1}}^2+0.5U_{\mathrm{N1}}^2}=U_{\mathrm{N1}}$$

可以看出，三者完全相同。

降低电路输出噪声的方法

如果输出噪声的主要根源在电路本身，有如下措施可以采取。

（1）尽量降低放大电路带宽，噪声表达式中，等效带宽对噪声的影响是巨大的。

（2）选择等效带宽内噪声密度小的运放，一般注重电压噪声密度。在外部电阻较大的情况下，特别要选择电流噪声密度小的运放。一般注重白噪声密度 K，在极低频率范围内，还要特别注意 $1/f$ 噪声 C。

（3）选择较小的外部电阻。

（4）对于多级放大电路，合理分配各级增益，会对整个电路的输出噪声产生影响。尽量使得第一级增益较高，且选用最小噪声指标的运放，是根本原则。但是在实际设计中，还需要考虑其他因素的影响。

（5）合理布置滤波器位置和滤波器类型。后面讲解。

浑身解数使尽了，还不满意，可以考虑图 2.28 所示的方法。

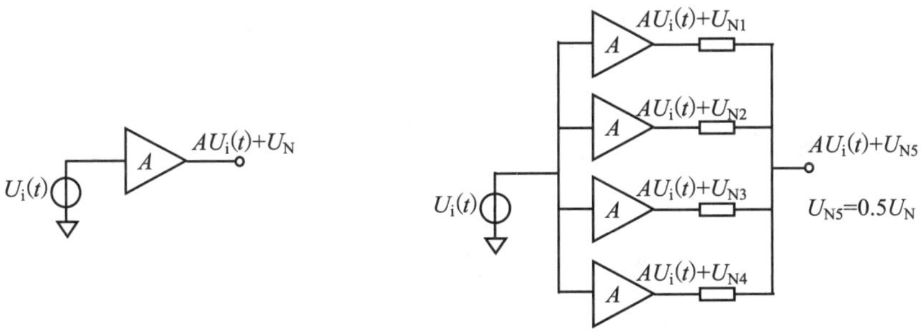

图 2.28 放大器并联输出可以有效降低输出噪声

原来使用一个放大器，输出存在噪声，我们不满意，可以考虑制作 4 个并联的放大器，在输出端用很小的电阻将它们并联。结果是 n 个并联，信号输出没有变化，而噪声变为原先的 $1/\sqrt{n}$ 倍：2 个并联，0.707 倍；4 个，0.5 倍；8 个，0.354 倍；16 个，0.25 倍。

以 4 个放大器并联为例，用 4 个很小的电阻实施并联，分析如下。

对噪声来说，输出端瞬时表达式：

$$u_{N5}(t)=0.25\left[u_{N1}(t)+u_{N2}(t)+u_{N3}(t)+u_{N4}(t)\right]$$

因 4 个瞬时表达式不相关，可以使用式（2.4），得

$$U_{N5}=0.25\text{sum2}(U_{N1}, U_{N2}, U_{N3}, U_{N4})=0.25\sqrt{4U_N}=0.5U_N$$

即并联后噪声输出变为单一放大器噪声输出的 0.5 倍。而对信号来说，最终输出端瞬时表达式仍为 4 个放大器输出的平均值，但是由于 4 个放大器输出完全相同，最终输出与单一放大器输出完全相同。

但是，这种方法的缺点也是明显的，功耗增加、成本增加。分析中没有考虑电阻带来的新的噪声，因此电阻必须很小，太小的电阻容易导致上电时各放大器输出不匹配，产生很大的瞬时电流。

因此，不到万不得已，不会考虑这种方法。但至少，这种思路是值得思考的。

先滤波还是先放大？

信号链路中，一般有阻抗匹配、增益、滤波和驱动等环节，各自有不同的目的，一般情况下也有规定的链路位置。比如入端阻抗匹配，一定是置于链路的第一级，而驱动电路则肯定置于链路的最后。但是，对滤波环节和增益环节，有时候并没有明确的要求。问题是，先放大再滤波，还是先滤波再放大呢？

严格说，应该具体问题具体分析。但是，在一般情况下，从噪声角度考虑，还是把滤波器放在后面好些。这源自 2.6.9 节中的多级电路噪声计算方法。

每个单元的等效带宽，是其后全部单元等效带宽的最小值。如果按照滤波器在前的接法，后级放大器 A_2 的噪声计算中，其等效带宽就不能利用滤波器的较低频率，导致图 2.29（a）中的 U_{NI2} 较大。而滤波器置于最后的接法，前级所有放大器的噪声计算，都可以使用滤波器本身的截止频率作为等效带宽，导致图 2.29（b）的电路中 U_{NI2} 较小。

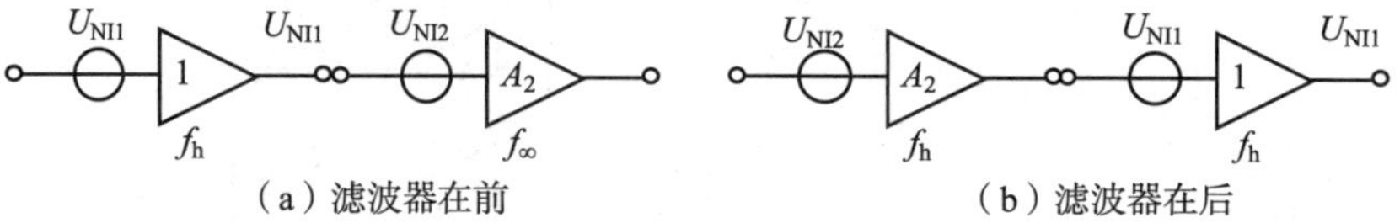

图 2.29　滤波器和放大器的顺序

低噪声设计中的技巧

噪声问题在两个领域会显得格外重要。

第一是微弱信号提取中。如果电路噪声淹没了有用的微小信号，而信号又没有明显的频率特征或者其他特征，你就再也没有办法把信号恢复出来了。

第二是宽带高频放大中。由于频带很宽，导致噪声计算时等效带宽很大，设计中稍有不慎，就会导致输出噪声很大。

学会并灵活应用一些减小噪声的技巧，看来是有用的。

（1）知道并合理选择低噪声器件。

（2）选择尽量小的电阻。

（3）将整个电路的频带压至最低。

（4）选择放大器时，需要注意电压噪声密度、电流噪声密度的合理搭配。有些运放的电压噪声密度低、而电流噪声密度大，就不适合外部电阻较大的场合。

（5）设计电路时，注意各单元的位置，比如前述的放大器在前、滤波器在后的原则。

（6）设计电路时，需要注意器件的布放位置，同样的 3 个级联放大器，噪声越小的越应该置于最前级，而各级的增益也需要仔细分配。

（7）仿真软件可以帮助我们进行优化设计。

（8）注意屏蔽，它可以有效减小外部干扰对系统的影响。

（9）注意电源，再好的设计遇到糟糕的电源都将白费劲，去耦很关键。

（10）注意基准，数据采集系统中，噪声在很大程度上来源于基准。

（11）数据采集系统中，特别要注意数字系统和模拟系统的分离，要尽最大努力将数字系统对模拟系统的干扰降至最小。

好了，让我们喘口气吧，2.6 节长达几十页的描述，解决了运放电路的输出噪声计算问题。这对于一般运放电路的输出噪声，都是适用的。还有一些电路我们至今无法计算，比如二阶滤波器等，以后找机会再给大家讲。

2.7 输入电压范围（Input Voltage Range）

定义：保证运算放大器正常工作的最大输入电压范围，也称为共模输入电压范围。

优劣评定：一般运放的输入电压范围比电源电压范围窄 1V 到几伏，比如 ±15V 供电，输入电压范围在 −12~13V。较好的运放输入电压范围和电源电压范围相同，甚至超出范围 0.1V。比如 ±15V 供电，输入范围在 −15.1~15.0V，这会使得放大器设计具有更大的输入动态范围，提高电路的适应性。

当运放最大输入电压范围与电源范围比较接近时，比如相差 0.1V 甚至相等、超过，都可以叫“输入轨至轨”，表示为 Rail-to-Rail Input，或 RRI。

理解：运放的两个输入端，任何一个的输入电压超过此范围，都将引起运放的失效。注意，超出此范围并不代表运放会被烧毁，但绝对参数中出现的此值是坚决不能超过的。

之所以叫共模输入电压范围，是因为运放正常工作时，两个输入端之间的差压是很小的，某个输入端的电压与两个输入端电压的平均值（共模）是基本相同的。

图 2.30 给出了输入电压范围和输出电压范围的示意。在图 2.31 所示的 OP07 数据手册截图中，可以看出它的供电电压范围在 ± 15V 时，其输入电压范围只有 ± 14V。

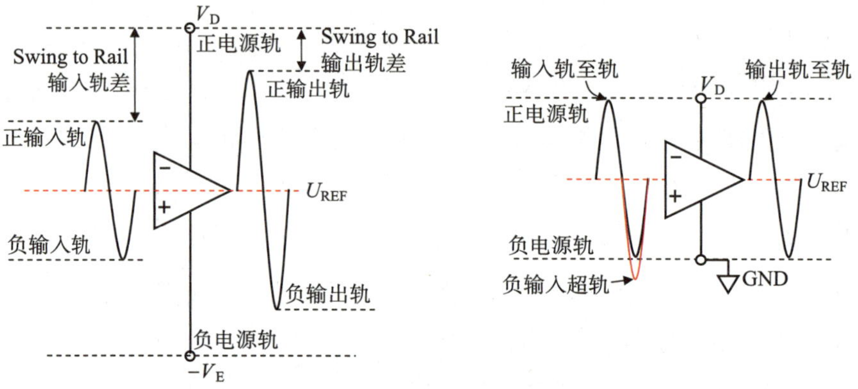

图 2.30　双电源供电、单电源供电以及轨定义示意图

SPECIFICATIONS

OP07E ELECTRICAL CHARACTERISTICS

V_S = ±15 V, unless otherwise noted.

Table 1.

Parameter	Symbol	Conditions	Min	Typ	Max	Unit
INPUT CHARACTERISTICS						
T_A = 25°C						
Input Offset Voltage[1]	V_{OS}			30	75	μV
Long-Term V_{OS} Stability[2]	V_{OS}/Time			0.3	1.5	μV/Month
Input Offset Current	I_{OS}			0.5	3.8	nA
Input Bias Current	I_B			±1.2	±4.0	nA
Input Noise Voltage	e_n p-p	0.1 Hz to 10 Hz[3]		0.35	0.6	μV p-p
Input Noise Voltage Density	e_n	f_O = 10 Hz		10.3	18.0	nV/√Hz
		f_O = 100 Hz[3]		10.0	13.0	nV/√Hz
		f_O = 1 kHz		9.6	11.0	nV/√Hz
Input Noise Current	I_n p-p			14	30	pA p-p
Input Noise Current Density	I_n	f_O = 10 Hz		0.32	0.80	pA/√Hz
		f_O = 100 Hz[3]		0.14	0.23	pA/√Hz
		f_O = 1 kHz		0.12	0.17	pA/√Hz
Input Resistance, Differential Mode[4]	R_{IN}		15	50		MΩ
Input Resistance, Common Mode	R_{INCM}			160		GΩ
Input Voltage Range	IVR		±13	±14		V

图 2.31　OP07 的输入电压范围

2.8 输出电压范围（V_{OH}/V_{OL} 或者 Swing from Rail）

定义：在给定电源电压和负载情况下，输出能够达到的最大电压范围。或者给出正向最大电压 V_{OH} 以及负向最小电压 V_{OL}——相对于给定的电源电压和负载；或者给出与电源轨（Rail）的差距。

优劣范围：一般运放的输出电压范围要比电源电压范围略窄 1V 到几伏。较好的运放输出电压范围可以与电源电压范围非常接近，比如几十毫伏的差异，这被称为“输出至轨电压”。这在低电压供电场合非常有用。当厂家觉得这个运放的输出范围已经接近电源电压范围时，就自称“输出轨至轨”，表示为 Rail-to-Rail Output，或 RRO。

理解：在没有额外的储能元件的情况下，运放的输出电压不可能超过电源电压范围，随着负载的加重，输出最大值与电源电压的差异会越大。这需要看数据手册中的运行图。

输出电压范围，或者输出至轨电压有如下特点。

（1）正至轨电压与负至轨电压的绝对值可能不一致，但一般情况下数量级相同。

（2）至轨电压与负载密切相关，负载越重，至轨电压越大。

（3）至轨电压与信号频率相关，频率越高，至轨电压越大，甚至会突然大幅度下降。

（4）至轨电压在 20mV 以内，属于非常优秀的。

图 2.32 摘自 2.7V 供电的 80MHz，RRIO（输入输出均轨至轨）放大器 AD8031 的数据手册。我把参数表和运行图放在了一起，方便对照。我们重点看输出特性，顺便看看输入特性：输入共模电压范围（表中第 1 行）为典型值 –0.2~2.9V，而电源电压为 0~2.7V。即在正负两端，都超过了电源电压 0.2V，非常棒的轨至轨输入特性——不仅轨至轨，都超轨了。

再看输出电压范围：从表中“OutputVoltage Swing Low”（低端输出电压摆幅）行看出，在负载电阻为 10kΩ 情况下，输出可以低到 0.02V（典型值），最差也能低到 0.05V（最小值）。此时你能理解，最小值 0.05V，比典型值 0.02V 还大，看似不合理，其实很合理。

同样是 10kΩ 负载，其“OutputVoltage Swing High”（高端输出电压摆幅）行，典型值为 2.68V，最差不会小于 2.6V。由此得出，无论正负端，其至轨电压典型值只有 20mV——在负载等于 10kΩ 的情况下。

负载越重（即输出电流越大，也就是负载电阻越小），至轨电压一定也会增大。运行图中给出了至轨电压随负载电阻变化的规律——左图是正电源至轨电压，右图是负电源至轨电压。以最差情况给出，是较为厚道的公司的做法。

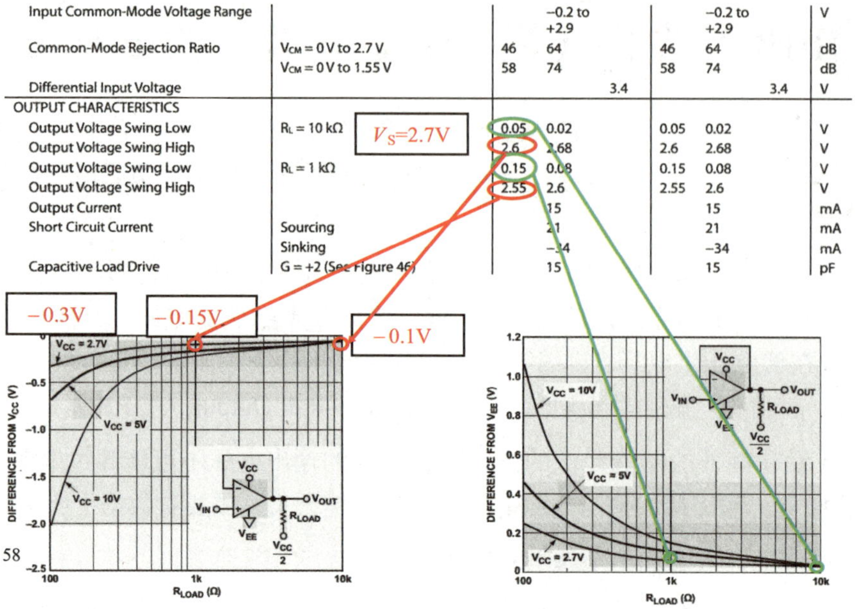

Parameter	Conditions	Min	Typ	Max	Min	Typ	Max	Unit
Input Common-Mode Voltage Range			−0.2 to +2.9			−0.2 to +2.9		V
Common-Mode Rejection Ratio	V_{CM} = 0 V to 2.7 V	46	64		46	64		dB
	V_{CM} = 0 V to 1.55 V	58	74		58	74		dB
Differential Input Voltage				3.4			3.4	V
OUTPUT CHARACTERISTICS								
Output Voltage Swing Low	R_L = 10 kΩ		0.05	0.02		0.05	0.02	V
Output Voltage Swing High			2.6	2.68		2.6	2.68	V
Output Voltage Swing Low	R_L = 1 kΩ		0.15	0.08		0.15	0.08	V
Output Voltage Swing High			2.55	2.6		2.55	2.6	V
Output Current				15			15	mA
Short Circuit Current	Sourcing			21			21	mA
	Sinking			−34			−34	mA
Capacitive Load Drive	G = +2 (See Figure 46)			15			15	pF

图 2.32　AD8031 的输出电压范围

2.9　共模抑制比（Common-Mode Rejection Ratio，CMRR）

定义：运放的差模电压增益与共模电压增益的比值，用 dB 表示。

$$\mathrm{CMRR}=20\log\left(\frac{A_{\mathrm{d}}}{A_{\mathrm{c}}}\right)$$

优劣范围：一般运放都有 60dB 以上的 CMRR，高级的可达 140dB 以上。

理解：运算放大器在单端输入使用时，共模抑制比对输出的影响是存在的，但是非常微弱，一般不存在这个概念。只有把运放接成类似于减法器的形式，使得运放电路具备两个可变的输入端时，此指标才会发挥重要作用。

图 2.33 所示电路中，放大电路的差模增益 $A_{\mathrm{d}}={}^{R_2}/_{R_1}$，假设给电路的两个输入端施加相同的输入电压 U_{ic}，且两对儿电阻完全一致。如果运放本身的共模抑制比为无穷大，则输出端理论上应为 0 输出，实际会测量到由 U_{ic} 引起的输出 U_{oc}，运放的共模抑制比为

$$\mathrm{CMRR}=20\log\left(\frac{A_{\mathrm{d}}}{A_{\mathrm{c}}}\right)=20\log\left(\frac{R_2/R_1}{U_{\mathrm{oc}}/U_{\mathrm{ic}}}\right)$$

生产厂家更习惯于下面的写法，其实就是先将输出电压按照放大电路差模增益折算到输入端，再让输入电压除以它——共模输入被抑制了多少倍。

$$\mathrm{CMRR}=20\log\left(\frac{U_{\mathrm{ic}}}{\frac{U_{\mathrm{oc}}}{A_{\mathrm{d}}}}\right)$$

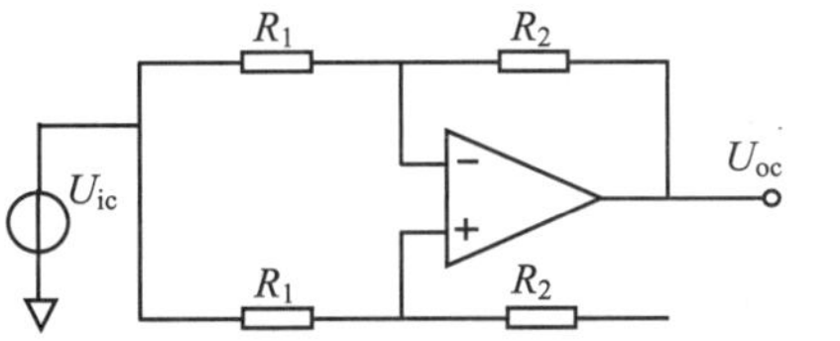

图 2.33 共模抑制比演示电路

影响电路共模抑制比的因素有两个，一是运放本身的共模抑制比，二是对称电路中各个电阻的一致性。其实更多情况下，实现这类电路的高共模抑制比，关键在于外部电阻的一致性。此时，分立元件实现的电路，很难达到较高的 CMRR，运放生产厂家提供的差动放大器就显现出了优势。

仔细分析会发现,上式出现了偷换概念:“运放的差模增益”被我用“电路的差模增益”替代了。运放的共模抑制比的定义是，运放本身的差模增益，除以运放本身的共模增益，而前述公式是电路的差模增益，除以电路的共模增益，两者显然不能轻易说相等。

但是，按照运放的标准定义严格分析，结论仍是一样的，分析过程如下。

包含共模增益、差模增益的运放标准模型如图 2.34 所示。

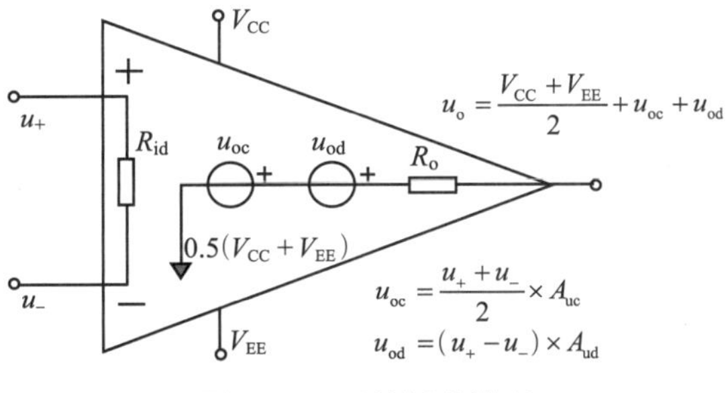

图 2.34 运放标准模型

注意，图 2.33 中大写的 U_{ic} 代表给差动放大电路加载的输入信号，大写的 U_{oc} 代表差动放大电路的实际输出。而图 2.34 中小写的 u_{oc} 代表运放内部的共模信号电压源，它等于实际加载到输入端的共模信号乘以运放的共模增益 A_{uc}。在多数场合下，我们使用的运放内部简化模型，不包含这个共模受控电压源。

在图 2.33 所示电路中，两个输入端电压分别为

$$u_- = \frac{R_1}{R_1+R_2}U_{oc} + \frac{R_2}{R_1+R_2}U_{ic}$$

$$u_+ = \frac{R_2}{R_1+R_2}U_{ic}$$

因此，运放内部的两个受控电压源分别为

$$u_{od} = A_{ud}(u_+ - u_-) = -A_{ud} \times \frac{R_1}{R_1+R_2}U_{oc}$$

$$u_{oc} = A_{uc}\frac{(u_+ + u_-)}{2} = A_{uc}\frac{R_2}{R_1+R_2}U_{ic} + A_{uc}\frac{R_1}{2(R_1+R_2)}U_{oc}$$

考虑到一般情况下，正电源和负电源的绝对值相等，在标准运放模型中，两个电源的中心电位为 0V，加之它本身是静态值，也不参与变化量运算。因此，电路的输出可以写为

$$U_{oc} = u_{od} + u_{oc} = -A_{ud} \times \frac{R_1}{R_1+R_2}U_{oc} + A_{uc}\frac{R_2}{R_1+R_2}U_{ic} + A_{uc}\frac{R_1}{2(R_1+R_2)}U_{oc}$$

将含有 A_{ud} 的项放在等式一侧，含有 A_{uc} 的项放在等式另一侧

$$A_{ud} \times \frac{R_1}{R_1+R_2}U_{oc} = A_{uc}\left(\frac{R_2}{R_1+R_2}U_{ic} + \frac{R_1}{2(R_1+R_2)}U_{oc} - \frac{U_{oc}}{A_{uc}}\right)$$

可以得到运放的差模增益和共模增益的比值，即 CMRR 为

$$\mathrm{CMRR} = \frac{A_{ud}}{A_{uc}} = \frac{\dfrac{R_2}{R_1+R_2}U_{ic} + \dfrac{R_1}{2(R_1+R_2)}U_{oc} - \dfrac{U_{oc}}{A_{uc}}}{\dfrac{R_1}{R_1+R_2}U_{oc}} \approx \frac{R_2}{R_1} \times \frac{U_{ic}}{U_{oc}}$$

显然，分子后两项远比第一项小得多，可以忽略，就得到了前述的共模抑制比测量公式。区别仅在于是否用 dB 表示而已。

此可谓，一波三折：先给读者一个公式，看起来是正确的，举手赞成；细细一分析，发现偷换了概念，举手反对；再仔细一推导，发现结论还是正确的，再次举手赞成。

只有这样学习，才能扎扎实实进步。

2.10　开环电压增益（Open-Loop Gain，AVO）

定义：运放本身具备的输出电压与两个输入端差压的比值，用 dB 表示。

优劣范围：一般在 60~160dB 之间。越大的，说明其放大能力越强。

理解：开环电压增益是指放大器在闭环工作时，实际输出除以运放正负输入端之间的压差，类似于运放开环工作——其实运放是不能开环工作的。

A_{VO} 随频率升高而降低，通常从运放内部的第一个极点开始，其增益就以 –20dB/10 倍频的速率开始下降，第二个极点开始加速下降。图 2.35 为 OP07 开环增益与信号频率之间的关系。

一般情况下，说某个运放的开环电压增益达到 100dB，是指其低频最高增益。多数情况下，很少有人关心这个指标，而去关心它的下降规律，即后续讲述的单位增益带宽，或者增益带宽积。

在特殊应用，比如高精密测量、低失真度测量中需要注意此指标。在某个频率处，实际的开环电压增益，将决定放大器的实际放大倍数与设计放大倍数的误差，也将决定放大器对自身失真的抑制，还将影响输出电阻等。

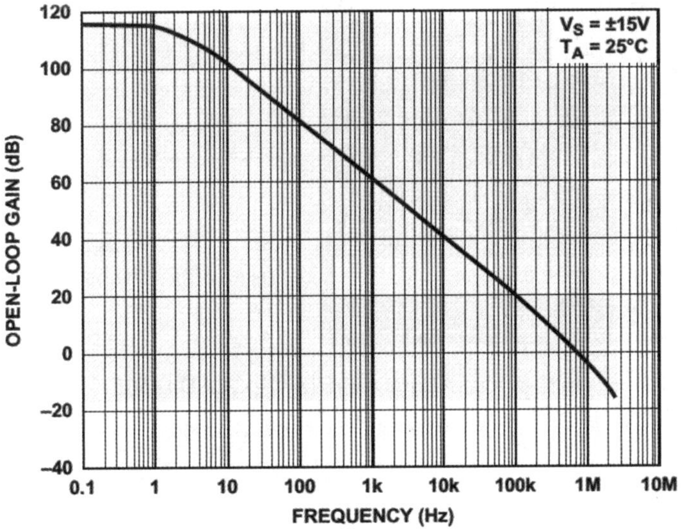

图 2.35　OP07 的开环增益与信号频率的关系

2.11　压摆率（Slew Rate，SR）

定义：闭环放大器输出电压变化的最快速率，用 V/μs 表示。

优劣范围：2mV/μs~9000V/μs。

理解：此值显示运放正常工作时，输出端所能提供的最大变化速率，当输出信号欲实现比这个速率还快的变化时，运放就不能提供了，导致输出波形变形——原本正弦波就变成了三角波。

对一个正弦波来说，其最大变化速率发生在过零点处，且与输出信号幅度、频率有关。设输出正弦波幅度为 A_m，频率为 f_{out}，过零点变化速率为 D_V，则

$$D_V = 2\pi A_m f_{out}$$

要想输出完美的正弦波，则正弦波过零点变化速率必须小于运放的压摆率，即

$$SR > D_V = 2\pi A_m f_{out} \tag{2.30}$$

这个指标与后面讲述的满功率带宽有关。

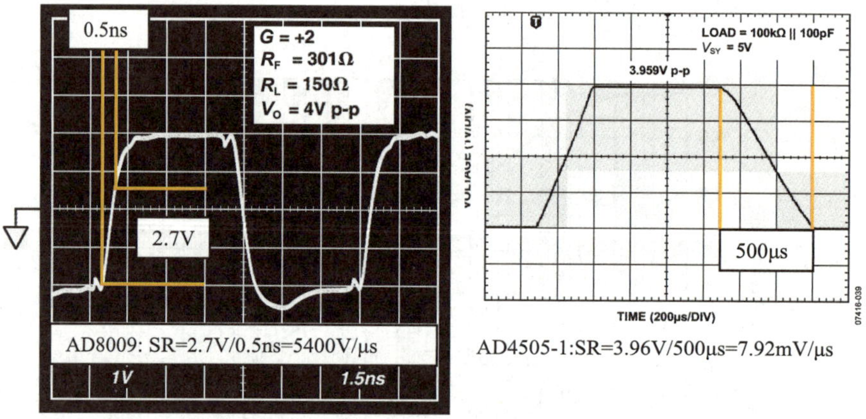

图 2.36　压摆率大的 AD8009 和压摆率小的 ADA4505，天壤之别

2.12 带宽指标

与带宽相关的指标主要有 4 项。

单位增益带宽（Unity Gain-Bandwidth，UGBW）—— f_1

定义：运放开环增益 / 频率图中，开环增益下降到 1 时的频率。

理解：当输入信号频率高于此值时，运放的开环增益会小于 1，即此时放大器不再具备放大能力。这是衡量运放带宽的一个主要指标。

增益带宽积（Gain Bandwidth Product，GBP 或者 GBW）—— f_2

定义：运放开环增益 / 频率图中，指定频率处，开环增益与该指定频率的乘积。

理解：如果运放开环增益始终满足 –20dB/10 倍频，也就是频率提高 10 倍，开环增益变为 0.1 倍，那么它们的乘积将是一个常数，也就等于前述的“单位增益带宽”，或者“1Hz 处的增益”。

在一个相对较窄的频率区域内，增益带宽积可以保持不变，基本满足 –20dB/10 倍频的关系，我们暂称这个区域为增益线性变化区。

–3dB 带宽—— f_3

定义：运放闭环使用时，某个指定闭环增益（一般为 1 或者 2、10 等）下，增益变为低频增益的 0.707 倍时的频率，分为小信号（输出 200mV 以下）、大信号（输出 2V）两种。

理解：它直接指出了使用该运放可以做到的 –3dB 带宽。因为前述的两个指标，单位增益带宽和增益带宽积，其实都是对运放开环增益性能的一种描述，来自开环增益 / 频率图。而这个指标是对运放接成某种增益的放大电路实施实测得到的。

满功率带宽（Full Power Bandwidth）—— f_0

定义：将运放接成指定增益闭环电路（一般为 1 倍），连接指定负载，输入加载正弦波，输出为指标规定的最大输出幅度，此状态下不断增大输入信号频率，直到输出出现因压摆率限制产生的失真（变形），此频率即为满功率带宽。

理解：比 –3dB 带宽更为苛刻的一个限制频率。它指出在此频率之内，不但输出幅度不会降低，且能实现满幅度的大信号带载输出。满功率带宽与器件压摆率密切相关：

$$\mathrm{FPBW}=\frac{\mathrm{SR}}{2\pi A_{\max}}$$

其中，$A_{\max}$ 为运放能够输出的最大值（即满功率值）。深入理解，请参考图 2.38。

大小关系

注意，文中的 f_0~f_3 均为作者为便于描述而临时使用的。

一般情况下，$f_1 < f_2$，且差不多，因此很少有数据手册同时给出这两个表格型指标。f_3 可能大些，也可能小些，取决于开环特性中的相频特性，但与前两者不会差很大。

满功率带宽一般远小于前三者。

举例说明。AD8031 的开环增益图如图 2.37（a）所示，右侧纵轴是增益 GAIN/dB。注意，0dB 发生在频率约为 45MHz 的地方，说明单位增益带宽为 45MHz。

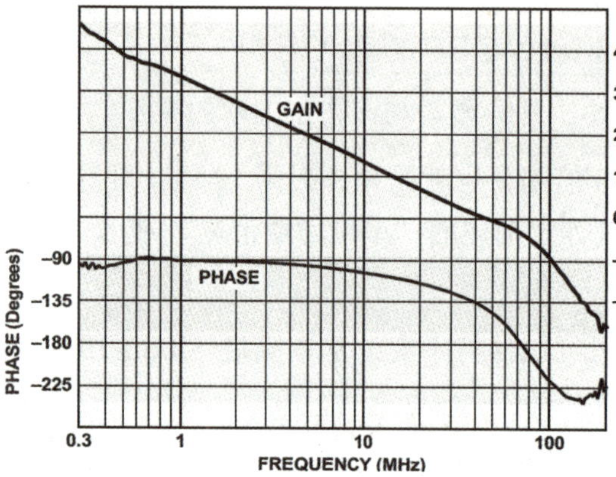

（a）

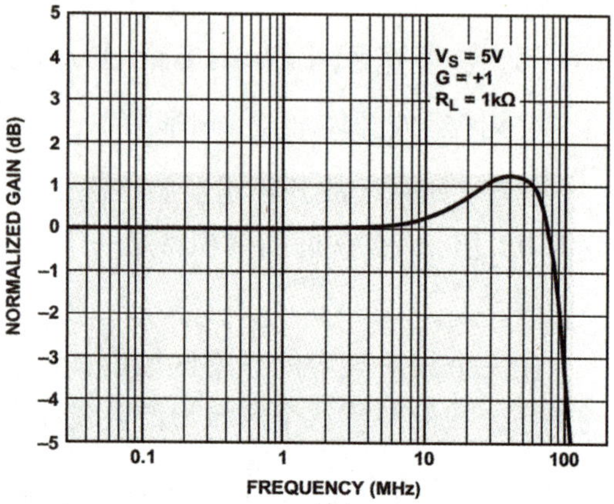

（b）

图 2.37　AD8031 的单位增益带宽 45MHz 和 –3dB 带宽 90MHz

再看增益带宽积。我从图 2.37（a）读出的数据见表 2.1。

表 2.1　AD8031 的增益带宽

频率	增益读值 /dB	增益换算 / 倍	增益带宽积 /MHz
0.3MHz	45	177.83	53.35
1MHz	33.5	47.32	47.32
10MHz	13.5	4.732	47.32
45MHz	0	1	45

这说明增益带宽积是变化的，在 45MHz 之前是大于单位增益带宽的。但是这个结论没有普适性，只是个体呈现。

而图 2.37（b）是 AD8031 组成一个 1 倍增益放大电路后的幅频特性，0dB 发生在 75MHz 处，–3dB 发生在大约 90~100MHz 之间。这说明它的 –3dB 带宽为 90MHz 左右，大于单位增益带宽。

请思考，为什么在 45MHz 处，开环增益为 1 倍，闭环增益却是 1.2dB 左右，即 1.148 倍？这个放大能力从哪里来的？

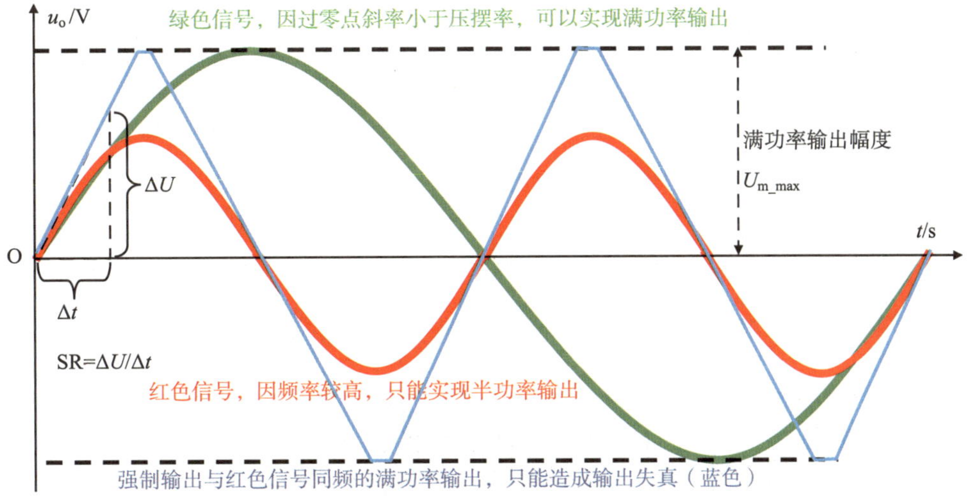

图 2.38　压摆率与满功率带宽示意图

2.13　建立时间（Settling Time）

定义：运放接成指定增益（一般为 1），从输入阶跃信号开始，到输出完全进入指定误差范围所需的时间。所谓的指定误差范围，一般有 1%、0.1% 几种。

优劣范围：几纳秒到几毫秒。

理解：建立时间由 3 部分组成，一是运放的延迟，二是压摆率带来的爬坡时间，三是稳定时间（图 2.39）。很显然，这个指标与 SR 密切相关，一般来说，SR 越大的，建立时间更小。

对运放组成的 ADC 驱动电路，建立时间是一个重要指标。

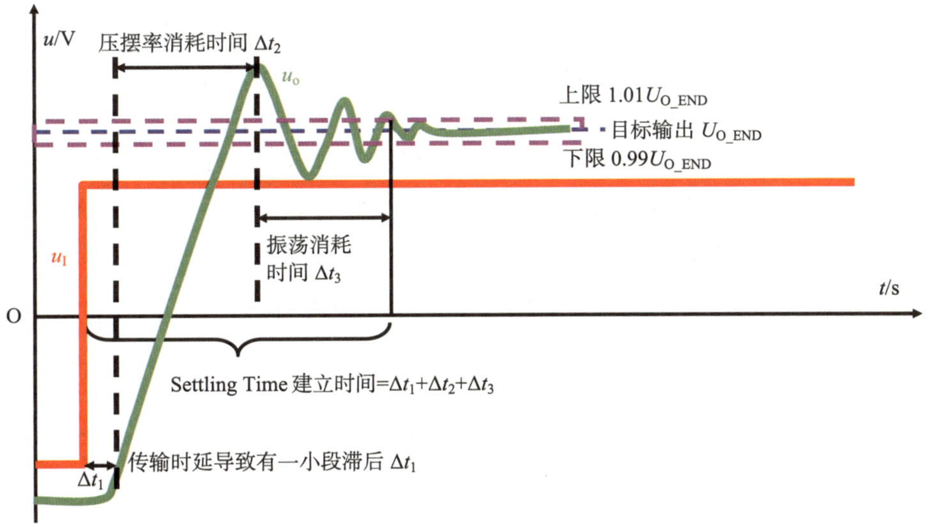

图 2.39　建立时间示意图

2.14　相位裕度（Phase Margin，φ_m）和增益裕度

相位裕度定义：在运放开环增益和开环相移图中，当运放的开环增益下降到 1 时，开环相移值减去 –180° 得到的数值（图 2.40）。

增益裕度定义：在运放开环增益和开环相移图中，当运放的开环相移下降到 –180° 时，增益 dB 值取负，或者是增益值的倒数。

理解：相位裕度和增益裕度越大，说明放大器越容易稳定。

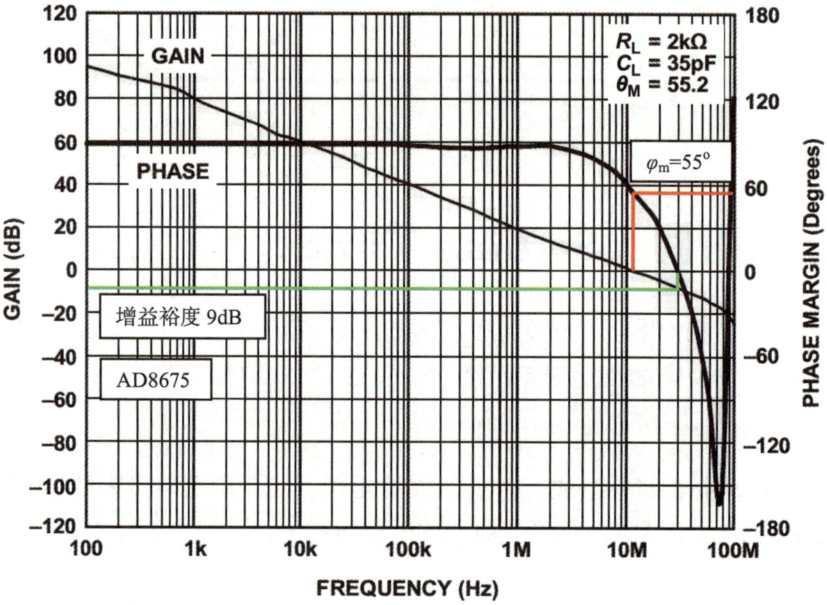

图 2.40　相位裕度和增益裕度

需要特别注意的是，很多器件在描述开环特性时，在相位图中纵轴存在定义标注不完全一致的现象，有的是正度数、有的是负度数——不同的定义有不同的解释，都合理。但容易给读者造成混乱。我们需要注意的是，所有运放，在任何频率下，都只存在滞后相移，即相移为负值。在极低频率处，相移接近于 0 且小于 0，随着频率的上升，很快相移就进入稳定的 –90°，然后走向 –180° 甚至 –270°。知道了这个规律，数据手册中无论怎么标注，你都能轻松应对了。

这样理解，相位裕度其实就是当前相移和 –180° 的距离。

2.15　电源电压抑制比（PSRR, Power Supply Rejection Ratio）

理论上，当电源电压发生改变时，运放构成的放大电路输出不应该变化。但是，实际会变化——放大电路的噪声增益 G_N 越大，由此带来的输出的变化量也越大。为了产生一个与电路增益无关的指标，电源电压抑制比定义如下。

定义：双电源供电电路中，保持负电源电压不变，输入不变，而让正电源产生变化幅度为 ΔV_S、频率为 f 的波动。那么在输出端会产生变化幅度为 ΔV_{out}，频率为 f 的波动。这等效于在电源稳定不变的情况下，在输入端施加了一个变化幅度为 ΔV_{in}，频率为 f 的波动。则

$$\mathrm{PSRR+} = 20\log\left(\frac{\Delta V_S}{\Delta V_{in}}\right)\mathrm{dB}$$

考虑到电路本身的噪声增益 G_N，则

$$\mathrm{PSRR+} = 20\log\left(\frac{\Delta V_S \times G_N}{\Delta V_{out}}\right)\mathrm{dB}$$

同样的方法，保持正电源电压不变，仅改变负电源电压，会得到 PSRR–。

有些运放在描述 PSRR 时，不区分单独改变某个电源电压，而仅给出 PSRR，这是指两个电源电压同时改变。注意，两个电源的改变方向是相反的——即保持正负电源的绝对值相等。

理解：电源电压抑制比，其含义是运放对电源上纹波或者噪声的抵抗能力。首先，正负电源具有不一定相同的 PSRR。其次，随着电源电压变化频率的提升，运放对这个变化的抵抗能力会下降。一般情况下，电源变化频率接近其带宽时，运放会失去对电源变化的抵抗——即单位增益情况下电源变化多少，输出就变化多少。

图 2.41 为 ADA4000-1 的 PSRR 图。

频率越高，运放对电源纹波或者噪声的抵抗能力越弱，这导致运放电路的输出端会出现电源上的不干净因素。旁路电容的作用就是滤除电源上的噪声或者波动，特别在高频处，更需要滤除。

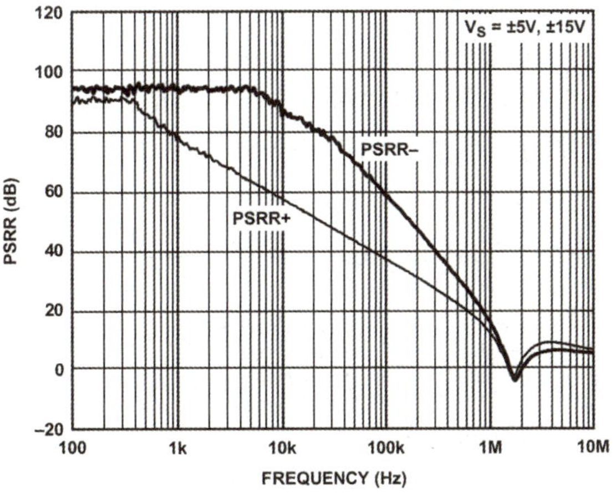

图 2.41　ADA4000-1 的 PSRR 图

2.16　全谐波失真加噪声（THD+Noise）

全谐波失真（Total Harmonic Distortion，THD）本身是衡量一个时域波形与标准正弦波的差异程度的量。原始定义为，时域波形中包含基波分量有效值 $U_{1\mathrm{RMS}}$，以及各次谐波分量 $U_{2\mathrm{RMS}}$、$U_{3\mathrm{RMS}}$、$U_{4\mathrm{RMS}}$……，则：

$$\mathrm{THD}=\frac{\sqrt{\sum_{i=2}^{\infty}U_{i\mathrm{RMS}}^2}}{U_{1\mathrm{RMS}}}$$

即全部谐波有效值(各次谐波有效值的平方和开方)与基波有效值的比值。一般用 % 表示，也可以用 dB 表示，即上述计算值取对数乘以 20。

对一个标准正弦波来说，它的 THD 等于 0，就是说它除了基波之外，没有任何谐波。但是，迄今为止还没有任何一个设备，可以产生一个 THD 等于 0 的标准正弦波。一般的信号源产生的正弦波，都具有 1%~0.01% 的全谐波失真度，或者 –40dB ~ –80dB 的 THD。

此指标也被用于衡量一个放大器的保真程度——输出是否产生了相对于输入的失真，方法：让放大器组成指定增益的放大电路，在输入端施加一个标准正弦波（尽量很小的失真度，这取决于测量要求，选用不同等级的设备），测量输出波形的失真度，即为放大器的失真度。

放大器的失真度越小，越适合放大保真度要求很高的信号，比如高档音频设备，其放大器微弱的失真都会被那些魔鬼般的耳朵听出来，此时低失真度的放大器就有了用武之地。

在实际测试中，一般都采用数字采样、数字分析方法实施失真度测量。用一个失真度很小的信号源加载到被测放大电路的输入端，用失真度很小的 AD 转换器对输出信号实施高精度采集，然后用数学分析（傅里叶变换）的方法，计算获得输出波形中的基波有效值，以及各次谐波有效值，用上述标准公式计算即可。理论上谐波次数为无穷大，但实际操作中一般取有限次谐波，比如 2~7 次谐波——更高次的谐波对总的失真度贡献不大。

谐波是有规律的，在频域中仅出现在指定频点。噪声是不可预测的，在频域中出现在广谱频域范围。两者的作用都是让输出信号与原始信号产生差异，也就是失真。因此，常用另一个指标 THD+Noise 来更加全面地表征放大器对输入信号的失真程度。

$$\mathrm{THD}+\mathrm{Noise}=\frac{\sqrt{\sum_{i=2}^{7}U_{i\mathrm{RMS}}^2+U_{\mathrm{Noise\_RMS}}^2}}{U_{1\mathrm{RMS}}}$$

其中，谐波次数值只计算到 7 次，而不是前述的理论上的无穷多次。其原因是，第一，谁也没有那么多工夫把全部谐波都计算一遍；第二，前 7 次谐波在绝大多数情况下已经占据了谐波的绝大部分。

放大器的失真度指标，与很多因素相关，最为显著的有 5 个：第一是输入信号频率，第二是输出信号幅度，第三是放大电路闭环增益，第四是输出带载大小，第五是供电电压。放大器号称很小的失真度，都是在指定供电电压、指定闭环电压增益（多数是单位增益）、指定输入频率、指定输出幅度，指定负载的情况下测得的。在不满足这些条件时，差异很大。

放大器的失真度指标，有时也用 HD2、HD3 表征。

我最近做的一个项目，要求数据采集系统整体失真度小于 –95dB，它就要求放大电路失真度、驱动器失真度、ADC 失真度都远远小于 –95dB，这才能保证其合并失真度满足要求。多数 ADC 可以提供 THD 指标，但很遗憾，多数运算放大器不提供这个指标。我感觉，只要数据手册中没有提到 THD 或者 Distortion，那么该放大器的 THD 就好不到哪里去。

另外，专用于音频领域的放大器，或者 ADC 的驱动器，一般都具有比较好的失真度指标。目前我见过的可以达到 –120dB 甚至更低。

2.17 热阻（Thermal Resistance，θ_{JA}）和温度范围

热阻是导热体阻止热量散失程度的描述，以 1W 发热源在导热路径两端形成的温度差表示，单位为℃ /W。有以下常用的两种。

θ_{JA}，是芯片热源结（Junction）与芯片周围环境（Ambient）（一般为空气）的热阻。

θ_{JC}，是芯片热源结（Junction）与芯片管壳（Case）的热阻。

理解：对芯片来说，导热路径的两端分别为自身发热体与环境空气。热阻 θ_{JA} 越大，说明散热越困难，其温差也就越大——即相同气温下，芯片内部温度越高。

比如一个热阻 θ_{JA}=150℃ /W 的芯片，说明其如果存在 1W 的热功率释放（电源提供给芯片的功率 – 芯片输出的功率），则会在芯片内核和环境空气中形成一个 150℃的温差。

若确定热功率释放为 P，则

$$\Delta T = P \times \theta_{JA}$$

其中，ΔT 是芯片工作时自身结温与环境温度的温差。如果此时环境温度为 T_A，则芯片结温 T_J 为

$$T_J = T_A + \Delta T$$

很显然，同样功耗情况下，具有不同热阻的芯片，热阻越大的，结温会越高。

当结温超过了最高容许结温（一般就是芯片数据手册中声明的存储温度，比如 150℃），芯片就可能发热损坏。

应用热阻指标可以帮助设计者估算芯片可否安全工作。如图 2.42 所示，查到 ADA4000-1 关于热阻的描述，可知 SOIC8 封装热阻为 112.38 ℃ /W，结温不得超过 150℃。假设设计者使用 SOIC8 封装，则在 –10~50℃环境下（一般气温范围），为保证结

温不超过 150℃，ΔT 须小于 100℃。因此，设计电路时，需要注意 ADA4000-1 的发热功耗不得超过：

$$P < \frac{\Delta T}{\theta_{JA}} = 889.8\text{mW}$$

而发热功耗与输出功率相关，一般情况下，输出功率越大，会带来芯片本身发热功耗的增加。当然，对 ADA4000-1 来说，产生如此大的发热功耗是不可能的，对于高频运放则很正常。可以看出，选择热阻更小的 14 脚封装的 SOIC（也就是 SO-14），具有 88.2℃ /W 的热阻，可以有效改善。

理论上说，你看看芯片的大小（就能估计出热阻），摸摸芯片的温度，通过色环读出负载电阻的大小，就可以粗略估计出输出电压幅度。看似很神奇，其实也很简单。

ABSOLUTE MAXIMUM RATINGS

Table 3.

Parameter	Rating
Supply Voltage	±18 V
Input Voltage	±V supply
Differential Input Voltage	±V supply
Output Short-Circuit Duration to GND	Indefinite
Storage Temperature Range	−65°C to +150°C
Operating Temperature Range	−40°C to +125°C
Junction Temperature Range	−65°C to +150°C
Lead Temperature (Soldering, 10 sec)	300°C

THERMAL RESISTANCE

θ_{JA} is specified for the worst-case conditions, that is, a device soldered in a circuit board for surface-mount packages.

Table 4. Thermal Resistance

Package Type	θ_{JA}	θ_{JC}	Unit
5-Lead TSOT (UJ-5)	172.92	61.76	°C/W
8-Lead SOIC (R-8)	112.38	61.6	°C/W
8-Lead MSOP (RM-8)	141.9	43.7	°C/W
14-Lead SOIC (R-14)	88.2	56.3	°C/W
14-Lead TSSOP (RU-14)	114	23.3	°C/W

图 2.42　ADA4000-1 的热阻（取自 ADI 公司 ADA4000-1 数据手册）

2.18　读懂运放数据手册

以本书介绍的运放参数一节为基础，本节以举例的形式，教会大家读懂数据手册。

2.18.1　数据手册之重要性

数据手册，就是英文的 Data Sheet。它是介绍器件最原始的资料。尽管不可避免地，或多或少都会存在一些错误，但它仍是我们使用好器件的根本。

有些人认为，对于运放这样简单的器件，看不看数据手册都能用好。他们仅习惯于看那些他们不熟悉的芯片手册——因为不看就不会用。这是一个错误的认识。

我见过不少人，错误地将 OP37 设计成跟随器——结果出现了自激振荡。我相信他们一定没有看数据手册。图 2.43 是 OP37 的数据手册的第 1 页局部，它清楚地说明，$A_{VCL} \geq 5$，即它不支持电压放大倍数小于 5 的设计，而跟随器的电压放大倍数等于 1。

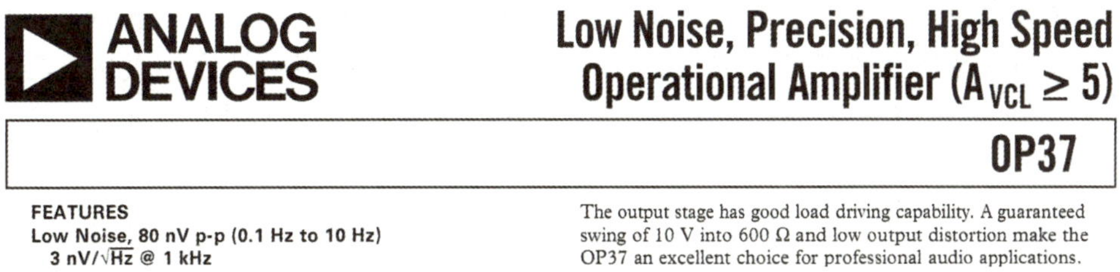
ANALOG DEVICES

Low Noise, Precision, High Speed Operational Amplifier ($A_{VCL} \geq 5$)

OP37

FEATURES

Low Noise, 80 nV p-p (0.1 Hz to 10 Hz)

3 nV/√Hz @ 1 kHz

The output stage has good load driving capability. A guaranteed swing of 10 V into 600 Ω and low output distortion make the OP37 an excellent choice for professional audio applications.

图 2.43 OP37 的数据手册第 1 页局部

类似的，不看数据手册导致设计失误的例子实在太多，以下建议请考虑。

（1）使用器件前，一定要看从厂家官网新下载的数据手册，还要注意是否有勘误资料。

（2）不是所有的器件，都需要完整阅读数据手册，粗略地看也行。研读数据手册的细致程度，取决于你对这个芯片的了解。

（3）对于设计失败的电路，细致阅读原始数据手册，帮助极大。

（4）数据手册的首页，有很多指标是用于吸引眼球的，多数是在特殊条件下测得的，不要轻信它们。要想用好芯片，还得看手册中的图表数据。

2.18.2 快速检阅的技巧

快速检阅，就是以最少的时间从数据手册中获得你想获得的信息。有以下经验供参考。

（1）看首页的特性（Features），从中可大致估测出芯片是否适合你的要求。注意，首页是厂家吸引用户的广告，言简意赅。特别是芯片独特的指标，一定会在首页出现；而在首页中压根不提及的指标，一般都比较平庸。

（2）看首页的应用场合（Applications），与你的应用场合是否一致。如果一致，希望就很大。

（3）通过单位找目标。比如找噪声描述，就在表格中找单位是 nV/√Hz 的；找输入电阻，就在单位中找 MΩ 或者 kΩ；找 CMRR，就在单位中找 dB。这个方法很有效。

（4）看图时，关心什么，一般就看纵轴。

（5）看图时，熟记一些典型图的模样，会帮助你快速找到需要的图。比如噪声密度曲线，找先下降、再平直的曲线，就会很快找到。

2.18.3 与 dB 相关的参数

任何一个放大器的数据手册，都会出现大量的 dB 符号，我们必须彻底搞懂它。

关于 dB，源于很早的一个故事。美国（加拿大）科学家 Alexander Graham Bell，就是那个大名鼎鼎的，发明电话的贝尔，在研究声强（单位面积上的声音功率）大小时发现，以人类能够听到的最小声音——一般指 3m 外蚊子的声音——产生的声强为基准，自然界最强的能够将人耳震聋的声音，是这个基准的上亿倍。如果用常规比值表达，需要的数值范围太大。因此他定义了一种新方法，用于描述两个功率或者能量的比值：

$$A_p = \frac{P_o}{P_i}\text{倍} = \lg\left(\frac{P_o}{P_i}\right)\text{B}$$

即对原有的比值取以 10 为底的对数，单位为一个无量纲单位 B，即贝尔。

在电子学领域，这个定义常用于描述一个放大器的功率放大倍数。而在其他领域，它适用于任何以功率、能量为单位物理量相互之间的比值。

比如一个功率放大器，输入功率为 1mW，输出为 1W，其功率放大倍数 $A_P = 1000$，也就可以表示为

$$A_p = \frac{1\text{W}}{1\text{mW}}\text{倍} = 1000\text{倍} = \lg\left(\frac{1\text{W}}{1\text{mW}}\right)\text{B} = \lg 1000\,\text{B} = 3\text{B}$$

这样，当我们说一个功率放大器的功率增益为 1000 倍时，也可以说它的功率增益是 3B。

后来，越来越多的实例证明，贝尔这个单位有点大，就像用“米”去衡量一个钱币的直径一样，大家更喜欢用分米（dm）。于是，贝尔的 1/10——分贝（Decibel）就诞生了，用 dB 表示。对于上述表达式，就可以写作：

$$A_p = \frac{P_o}{P_i}\text{倍} = 10\times\lg\left(\frac{P_o}{P_i}\right)\text{dB}$$

对前述的例子，可以写作：

$$A_p = \frac{1\text{W}}{1\text{mW}}\text{倍} = 1000\text{倍} = 10\lg\left(\frac{1\text{W}}{1\text{mW}}\right)\text{dB} = 10\lg 1000\text{dB} = 30\text{dB}$$

为什么电压增益是 20 倍 lg？

当一个功率放大器具有确定的功率增益时，如果输入端负载和输出端负载大小相等，则有下式成立：

$$A_p = 10\times\lg\left(\frac{P_o}{P_i}\right)\text{dB} = 10\times\lg\left(\frac{U_o^2/R}{U_i^2/R}\right)\text{dB}$$
$$= 10\times\lg\left(\frac{U_o^2}{U_i^2}\right)\text{dB} = 20\times\lg\left(\frac{U_o}{U_i}\right)\text{dB}$$

定义者希望，一个 30dB 的功率放大器，其电压增益也应该是 30dB，这样就统一了。因此，放大器的电压增益如果用 dB 表述，就应该乘以 20 而不是 10。

比如上述例子中，如果功率增益为 1000 倍，即 30dB，那么电压增益应该是 $\sqrt{1000} = 31.62$倍，用下式就可以得到电压增益也是 30dB。

$$A_u = 20 \times \lg\left(\frac{U_o}{U_i}\right)\text{dB} = 20 \times \lg(31.62)\text{dB} = 30\text{dB}$$

所以，涉及功率或者能量增益的，都用 10 倍 log 来表述分贝数；涉及幅度增益的，都用 20 倍 log 来表述分贝数，无论是电压增益，还是电流增益。

比如信噪比，是信号电压有效值与噪声电压有效值的比值，就可以用 dB 表示：

$$\text{SNR} = \frac{U_{\text{signal}}}{U_{\text{noise}}} = 20 \times \lg\left(\frac{U_{\text{signal}}}{U_{\text{noise}}}\right)\text{dB}$$

dBW 和 dBm

这是描述功率大小的值。dBW 是一个功率 P 为 1W 的倍数的分贝表述。dBm 是一个功率 P 为 1mW 的倍数的分贝表述。

$$P = 10\lg\left(\frac{P}{1\text{W}}\right)(\text{dBW})$$

$$P = 10\lg\left(\frac{P}{1\text{mW}}\right)(\text{dBm})$$

比如，200mW 功率可以表述为 23.01dBm，也可以表述为 –6.99dBW。注意，两者之间相差 30dB。

再比如，一个放大器标注输入范围：–52~8dBm 至 50Ω 负载。那么它的含义是，在 50Ω 负载上，最小功率为 –52dBm，最大功率为 8dBm，即：

$$P_{\min} = -52\text{dBm} = 10\lg\left(\frac{\frac{U_{\min}^2}{50\Omega}}{1\text{mW}}\right); \quad P_{\max} = 8\text{dBm} = 10\lg\left(\frac{\frac{U_{\min}^2}{50\Omega}}{1\text{mW}}\right)$$

可解出：

$$U_{\min} = \sqrt{10^{\frac{-52}{10}} \times 1\text{mW} \times 50\Omega} = 0.5617\text{mV}$$

$$U_{\max} = \sqrt{10^{\frac{8}{10}} \times 1\text{mW} \times 50\Omega} = 0.5617\text{V}$$

dBV 和 dBu

这是描述信号电压大小的值。dBV 是一个电压 E 是 1V 的倍数的分贝表述。dBu 是一个电压 E 是 0.775V 的倍数的分贝表述。这里的电压都指有效值。

$$E = 20 \times \lg\left(\frac{E}{1\text{V}}\right)(\text{dBV}) = 20 \times \lg\left(\frac{E}{0.775\text{V}}\right)(\text{dBu})$$

比如一个信号，其有效值电压 E 为 10V，则它可以表示成 $E = 20\text{dBV}$，也可以表示成 $E = 22.21\text{dBu}$。

为什么用 0.775V？其实这源自音频测试时的一个标准电阻，多年以来一直惯用 600Ω 作为负载，当有效值电压为 0.775V 时，其消耗功率正好为 1mW。更精确的值应为 0.6 的开方，即 0.7746V。

用 dBm 表示电压大小

有些信号源，用 dBm 表示输出电压大小；有些晶体管毫伏表，也用 dBm 表示测量的有效值电压大小。这看起来不靠谱，因为 dBm 原本是表示功率大小的。但是，如果规定了负载电阻，这种表示方法就靠谱了。

一个有效值电压为 $X\mathrm{V_{rms}}$ 的信号，加载到指定负载 R 上，产生 YdBm 的功率，关系为

$$Y = 10 \times \lg \frac{\frac{X^2}{R}}{1\mathrm{mW}} \ (\mathrm{dBm})$$

反推关系为

$$X = \sqrt{1\mathrm{mW} \times R \times 10^{\frac{Y}{10}}} \ (\mathrm{V_{rms}})$$

几乎所有使用这种表示方法的仪器，都会注明假定负载的大小，有些规定为 50Ω，有些规定为 600Ω，这取决于仪器的用户群体习惯于使用哪种表示方法。

比如某个信号源，规定负载为 50Ω，那么设定输出有效值为 $0.1\mathrm{V_{rms}}$ 的正弦波，用 dBm 表示则为

$$Y = 10 \times \lg \frac{\frac{X^2}{R}}{1\mathrm{mW}} = 10 \times \lg \frac{\frac{(0.1\mathrm{V})^2}{50\Omega}}{1\mathrm{mW}} = -6.9897\mathrm{dBm}$$

某个毫伏表，测量结果为 −11.83dBm，规定电阻是 600Ω，则用电压表示为

$$X = \sqrt{1\mathrm{mW} \times R \times 10^{\frac{Y}{10}}} = \sqrt{0.001\mathrm{W} \times 600\Omega \times 10^{\frac{-11.83\mathrm{dBm}}{10}}} = 0.198\mathrm{V_{rms}}$$

如果用前述的正规 dBV 表示，则为

$$20 \times \lg \frac{0.198\mathrm{V}}{1\mathrm{V}} = -14.05\mathrm{dBV}$$

如果你不习惯使用这些看似奇怪的表示方法，那就只使用标准的电压表示吧。遇到有人非要使用这种表示方法，你会换算即可。

dBc 和 dBFS

特别指明：相对于载波，或者相对于基波信号的分贝值，用 dBc 表示。特别指明：相对于满幅度的分贝值，用 dBFS 表示。

以 SFDR——无杂散动态范围为例。所谓的无杂散动态范围，是指一个纯净正弦波输入到测量系统中，对输出数字量实施频谱分析，如图 2.44 所示，在频谱图中找到除基波

外最大的频率分量，无论是谐波还是噪声，其有效值为 U_S，那么：

$$\mathrm{SFDR} = 20 \times \lg \frac{U_{FS}}{U_S} (\mathrm{dBFS})$$

$$\mathrm{SFDR} = 20 \times \lg \frac{U_1}{U_S} (\mathrm{dBc})$$

其中，U_{FS} 是测量系统能够输入的满幅有效值；U_1 是实际输入的基波有效值，即图中的载波 Carrier 有效值。

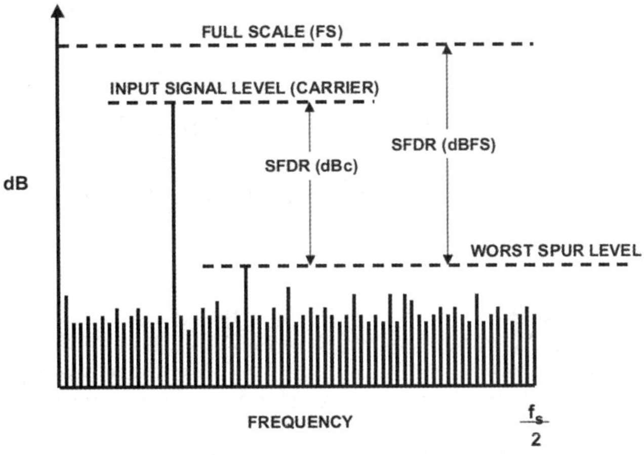

图 2.44　无杂散动态范围

比如，一个 AD 转换器，它可以接受的满幅输入有效值为 3.536V。给它的输入加载一个有效值为 1V 的标准正弦波，实施数据采集。经过对数据的分析，得到输出频谱中基波有效值为 1V，最大的谐波或者非谐波分量为 0.3mV 有效值，则：

$$\mathrm{SFDR} = 20 \times \lg \frac{3.536\mathrm{V}}{0.3\mathrm{mV}} = 81.43\,\mathrm{dBFS}$$

$$\mathrm{SFDR} = 20 \times \lg \frac{1\mathrm{V}}{0.3\mathrm{mV}} = 70.46\,\mathrm{dBc}$$

2.18.4　读懂首页

数据手册的首页，涵盖了大量信息。它主要用于初步遴选芯片。通过首页，可以剔除掉大量不合要求的放大器。

首页一般包括标题、特性、应用场合、一般描述、管脚配置等，有时还包括是否停产的信息。

标　题

标题在首页最上方。从标题描述中可看出最集中的关键信息。

图 2.45 是 ADI 公司的 ADA4000-1/-2/-4 3 种运放的数据手册首页的标题。它是廉价的、精密的、以 JFET 为输入的运算放大器。“-1-2-4”分别为单运放型、双运放型、4 运放型。

ANALOG DEVICES

Low Cost, Precision JFET Input Operational Amplifiers

ADA4000-1/ADA4000-2/ADA4000-4

图 2.45　ADA4000-1/-2/-4 的数据手册首页的标题

图 2.46 是 AD549 的标题，超低输入偏置电流运放。别的都不说了，就这一点，足以秒杀其他运放，说得多了，还淡化主题。

ANALOG DEVICES

Ultralow Input Bias Current Operational Amplifier

AD549

图 2.46　AD549 的数据手册首页的标题

特性（Features）

这是一个芯片最为关键的，有别于其他放大器的特性展示，像短篇幅广告一样（图 2.47）。几行字里面要囊括这个芯片最大的特点。一般来说，在这里不出现的参数，都属于比较平庸的。

FEATURES	
High slew rate: 20 V/μs	高压摆率：20V/μs（在此带宽下尚可）
Fast settling time	快的建立时间
Low offset voltage: 1.70 mV maximum	低失调电压：最大 1.70mV（并不是很小）
Bias current: 40 pA maximum	偏置电流：最大 40pA（还可以，比较小）
±4 V to ±18 V operation	可在 ±4V ~ ±18V 电源下工作（±18V 比较可贵）
Low voltage noise: 16 nV/√Hz	低电压噪声（密度）：16nV/√Hz（不是很低）
Unity gain stable	是单位增益稳定的（好，可作为跟随器使用）
Common-mode voltage includes +V_S	共模电压包括+V_S（输入最大可至正电源电压）
Wide bandwidth: 5 MHz	宽的带宽：5MHz（比较好的精密带宽）

图 2.47　某芯片的特性

应用场合（Applications）

这是生产厂家认为适合使用该芯片的场合。一般来自于芯片设计者的初衷，也来自于用户的实际应用。并不是说在某个场合只能使用这个芯片，也不是说这个芯片只能用于某个场合（图 2.48）。它只是一个建议。

但是，很显然，若你的应用场合在列表中，选中这个芯片的概率就大一些。

APPLICATIONS

Reference gain/buffers	参考源增益电路/缓冲器
Level shift/driving	电平移位电路/驱动器
Active filters	有源滤波器
Power line monitoring/control	电力线监测/控制
Current/voltage sense or monitoring	电流/电压感应或者监测
Data acquisition	数据采集
Sample-and-hold circuits	采样-保持电路
Integrators	积分器

图 2.48　某芯片的应用场合

一般描述（General Description）

这是对特色的进一步解释，如图 2.49 所示。

GENERAL DESCRIPTION

The ADA4000-1/ADA4000-2/ADA4000-4 are JFET input operational amplifiers featuring precision, very low bias current, and low power. Combining high input impedance, low input bias current, wide bandwidth, fast slew rate, and fast settling time, the ADA4000-1/ADA4000-2/ADA4000-4 are ideal amplifiers for driving analog-to-digital inputs and buffering digital-to-analog converter outputs. The input common-mode voltage includes the positive power supply, which makes the part an excellent choice for high-side signal conditioning.

ADA4000-1/-2/-4 是 JFET 输入的运算放大器，具有精密、低偏置电流、低功耗特点。结合高输入阻抗、低输入偏置电流、宽带、快的压摆率和建立时间，ADA4000-1/-2/-4 是驱动 ADC 输入、缓冲 DAC 输出的理想放大器。输入共模电压包含正电源，这使得它成为高侧信号处理的优良选择。

Additional applications for the ADA4000-1/ADA4000-2/ADA4000-4 include electronic instruments, ATE amplification, buffering, integrator circuits, instrumentation-quality photodiode amplification, and fast precision filters (including PLL filters). The parts also include utility functions, such as reference buffering, level shifting, control I/O interface, power supply control, and monitoring functions.

ADA4000-1/-2/-4 的其他应用包括电子仪器，自动测试设备（ATE）中的放大、缓冲、积分电路，仪器级别的光电二极管放大，快速精密滤波器（包括 PLL 滤波器）。还包括一些通用功能，比如参考源的缓冲、电平移位、控制接口、电压控制和监测等

图 2.49　某芯片的一般描述

管脚配置（Pin Configurations）

包括封装类型和管脚定义，如图 2.50 所示。

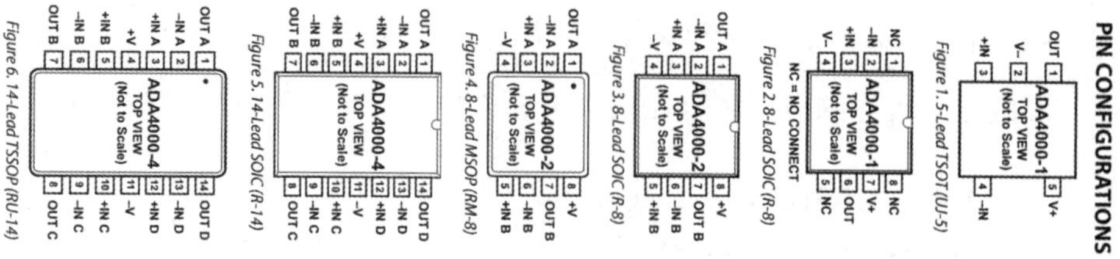

图 2.50　某芯片的管脚配置

其　他

在首页中，有时会出现浮空的“OBSOLETE”字样，说明这个芯片已经处于停产状态，保留这个数据手册是为已经使用这个芯片的用户提供帮助。通常，官网上会给出停产产品的建议替换产品。比如 AD848 尚在产，而 AD849 则停产，两个芯片使用的是同一个数据手册，在 AD849 关联的数据手册中，就会出现“停产”字样（图 2.51）。

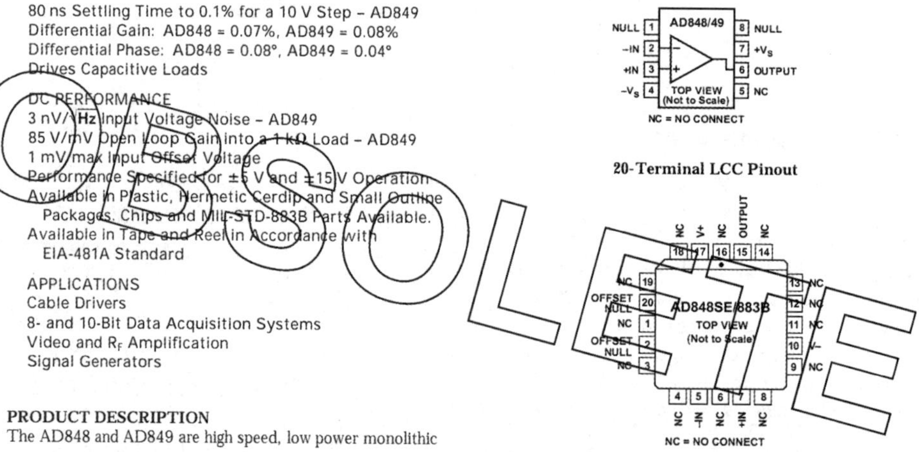

图 2.51　AD849 关联的数据手册中的“停产”字样

2.18.5 性能规格（Specifications）

主要是电气特性。这是数据手册中最核心的部分，是由参数、符号、测试条件、结果数值和单位等项目组成的表格。如图 2.52 所示，截图中红色部分为作者增加的解释。

SPECIFICATIONS

ELECTRICAL CHARACTERISTICS

V_S = ±15.0 V, V_{CM} = V_S/2 V, T_A = 25°C, unless otherwise specified.
供电电压为±15V，共模电压为电源中心电位，测试温度为 25℃，除非特殊说明

Table 1.

Parameter 参数	Symbol 符号	Conditions 测试条件	Min 最小值	Typ 典型值	Max 最大值	Unit 单位
INPUT CHARACTERISTICS 输入特性						
Offset Voltage 失调电压	V_{OS}			0.2	1.70	mV
		−40°C ≤ T_A ≤ +125°C			3.0	mV
Input Bias Current 输入偏置电流	I_B			5	40	pA
		−40°C ≤ T_A ≤ +85°C			170	pA
		−40°C ≤ T_A ≤ +125°C			4.5	nA
Input Offset Current 输入失调电流	I_{OS}			2	40	pA
		−40°C ≤ T_A ≤ +85°C			80	pA
		−40°C ≤ T_A ≤ +125°C			500	pA
Input Voltage Range 输入电压范围	IVR		−11		+15	V
Common-Mode Rejection Ratio 共模抑制比	CMRR	−11 V ≤ V_{CM} ≤ +15 V	80	100		dB
		−40°C ≤ T_A ≤ +125°C		100		dB
Open-Loop Gain 开环增益	A_{VO}	R_L = 2 kΩ, V_O = ±10 V	100	110		dB
Offset Voltage Drift 失调电压漂移	$\Delta V_{OS}/\Delta T$	−40°C ≤ T_A ≤ +125°C		2		μV/°C

图 2.52 性能规格

其中，测试条件中标明 $V_{CM} = V_S / 2$ V，是指在测试时，运放的两个输入端共模电压为供电电压的中心点。

对输入特性的解释

图 2.52 中第 2 行“供电电压……”的描述，目的是注明基本测试条件。

这一大块被横线隔开的区域，只是 ADA4000 的输入特性部分，它包括 7 项。有时，这个区域还包括输入电阻、输入电容等。

首先是浅绿色区域，是“失调电压”项，它有 2 行。表格中第 1 行没有任何测试条件，表明测试是在第 2 行的基本测试条件下进行的，也就是 25℃。它的典型值为 0.2mV，最大值为 1.70mV。该最大值的含义是，厂家保证在相同测试条件下，你拿到的产品，其失调电压不会超过 1.70mV，否则一定是假货，或者是受损产品。

第 2 行的测试条件变为 –40~125℃，此时没有了典型值，只有最大值 3.0mV，含义与前面相同。为什么没有典型值呢？因为没法给出。从 –40℃到 125℃，不同的温度，怎么可能有相同的典型值呢？因此，绝大多数情况下，宽温度范围测试，仅能给出边界值。

在黄色区域的“输入偏置电流”项，有 3 行。分别为基本测试条件、–40~85℃、–40~125℃。厂家单独给出 –40~85℃这一行，是一种孩子般的补充：数学考了 60 分，怕家长骂，就补

充一句，总共 10 道题，我只做了 6 道题，全都做对了，是满分，就是时间不够了。厂家的意思与此相同，别看到 125℃范围，我的偏置电流大到了 4.5nA，但是在 85℃范围内，却只有 170pA，还是不错的。

“输入电压范围”项只有 1 行，也是在标准测试条件下进行。这个最小值 –11V，是不得小于 –11V 的意思。需要注意的是，数据手册中还有一个表格，叫“绝对最大额定值”，其中规定输入电压范围不得超过供电电压，在这里也就是 ±15V，这不是矛盾了吗？

其实不矛盾。绝对最大额定值的含义是，超过这个范围就会造成器件损坏，而表中规定的不得小于 –11V，是指在 –11 ~ –15V 不会损伤器件，但是指标无法保证。要想保证表中其他指标的成立，输入电压不得小于 –11V。

“共模抑制比”项也有 2 行。第 1 行的测试条件就是共模输入在 –11~15V，共模抑制比典型值为 100dB，不会小于 80dB。注意，此时测试温度为 25℃。第 2 行单独给出了全温度范围的测试，而共模输入变为基本测试条件，其典型值为 100dB，这说明温度对共模抑制比的影响较小。但是，表格中没有给出全温度范围内共模抑制比的最小值。

“开环增益”项只有 1 行。它是在特殊电路中测试的，数据手册中没有给出电路。

“失调电压漂移”项实际只测试了温漂，即失调电压随温度变化的规律。其实，还应该包括时漂。这一项只给出了典型值 2μV/℃，属于较好的。

最小值和最大值中，学会区别“不得”和“不会”

在表格列项中，有“Min”“Typ”“Max”3 列，分别为最小值、典型值、最大值。这看起来很简单，但也不简单。比如，面对一个最小值，我们必须知道，它代表着“约束用户，在使用中不得小于该值”，还是“自我保证，我的产品不会小于这个值”。

输出特性

图 2.53 为 ADA4000 的输出特性表格截图。

OUTPUT CHARACTERISTICS						
Output Voltage High	V_{OH}	R_L = 2 kΩ to ground	13.60	13.90		V
		−40°C ≤ T_A ≤ +125°C	13.40			V
Output Voltage Low	V_{OL}	R_L = 2 kΩ to ground		−13.4	−13.0	V
		−40°C ≤ T_A ≤ +125°C			−12.80	V
Short-Circuit Current	I_{SC}			±28		mA

图 2.53　ADA4000 的输出特性

“输出电压高”项，是指规定测试条件下，输出电压所能达到的最高值。越具备输出轨至轨特性，该值越接近于正电源电压。另外，正电源电压与该值的差值，就是正输出至轨电压。从表格中可以看出，它是在负载电阻为 2kΩ 的情况下测试的，其余为基本测试条件。它的典型值为 13.90V，即正至轨电压为 15V–13.90V=1.10V。应该不属于输出轨至轨。

在全温度范围，也许是高温，也许是低温，发现最差的是13.40V。它的含义是，出厂的产品中，最差的也可以达到13.40V，不会比这个更小了。

“输出电压低”项，是指规定测试条件下，输出电压所能达到的最低值。可以看出，在负输出方向，它的至轨电压也是较大的，典型值为1.60V，最差的是2V。而在全温度范围，最差负输出至轨电压达到了2.2V，同样不属于输出轨至轨。

“短路电流”项，是指在规定测试条件下，输出所能提供的最大电流。更贴切的描述是，即便将输出端短路到最大电位差的节点，其输出端也仅能提供这么大的电流。它分为流出电流“Source”，为正值；和灌入电流“Sink”，为负值。有多种方法可以测试运放的短路电流。

对运放工作电路来说，保证其正常工作时输出电流小于短路电流，是必需的。

供　电

图2.54为供电表格截图。

POWER SUPPLY						
Power Supply Rejection Ratio	PSRR	V_S = ±4.0 V to ±18.0 V	82	92		dB
Supply Current/Amplifier	I_{SY}			1.35	1.65	mA
		−40°C ≤ T_A ≤ +125°C			1.80	mA

图2.54　供　电

电源电压抑制比，最差不会小于82dB，典型值为92dB。

供电电流是指输出不带负载的情况下，单纯运放消耗的电流，在规定的基本测试条件下测量，其典型值为1.35mA，最大不会超过1.65mA，在全温度范围也不会超过1.80mA。通常，运放供电电流是指单个运放的，如果一个运放芯片内部含有多个运放，则供电电流要乘以相应的倍数。

动态表现

图2.55为动态表现表格截图。

DYNAMIC PERFORMANCE						
Slew Rate	SR	V_I = 10 V, R_L = 2 kΩ		20		V/μs
Gain Bandwidth Product	GBP			5		MHz
Phase Margin	Φ_M			60		Degrees

图2.55　动态表现

压摆率只有典型值20V/μs，是在输入10V阶跃信号（放大器接成1倍），带负载2kΩ的情况下测试的。

增益带宽积也只有典型值5MHz。

相位裕度也只有典型值60°。其含义是开环电压增益下降到1时，其开环相移为−120°（距离−180°，相差60°）。

噪声表现

图 2.56 为噪声表现表格截图。

NOISE PERFORMANCE				
Voltage Noise	$e_{n\,p\text{-}p}$	0.1 Hz to 10 Hz	1	μV p-p
Voltage Noise Density	e_n	f = 1 kHz	16	nV/√Hz
Current Noise Density	i_n	f = 1 kHz	0.01	pA/√Hz

图 2.56　噪声表现

电压噪声，是指 0.1~10Hz 的等效输入噪声电压，其峰峰值为 1μV。

电压噪声密度，主要描述平坦区噪声电压密度，在 1kHz 处为 16nV/√Hz。如果不看噪声电压密度图，可以近似认为这个值就是本书介绍的平坦区噪声电压密度 K。

电流噪声密度，与电压噪声密度类似。可以看出，这个运放的外部电阻为 1600kΩ 时，其电流噪声产生的电压才与电压噪声相同——0.01pA × 1600kΩ = 16nV——即此运放在噪声性能方面对外部电阻的要求不高。

输入阻抗

图 2.57 为输入阻抗表格截图。

INPUT IMPEDANCE				
Differential Mode	$(R\|\|C)_{IN\text{-}DIFF}$		10||4	GΩ||pF
Common Mode	$(R\|\|C)_{INCM}$		10^3||5.5	GΩ||pF

图 2.57　输入阻抗

输入阻抗中包含电阻和电容，分为差模和共模两项。

差模是指两个输入端之间的电阻，典型值为 10GΩ；以及与该电阻并联的电容，典型值为 4pF。共模是指每个输入端对地的电阻，典型值为 1000GΩ；以及与该电阻并联的电容，典型值为 5.5pF。这里稍不清晰的地方是，共模阻抗到底是将两个输入端并接到一起测量的，还是针对单独一个输入端的。

2.18.6　绝对最大额定值（Absolute Maximum Ratings）

如图 2.58 所示，这个表格非常重要。

ABSOLUTE MAXIMUM RATINGS

Parameter	Rating
Supply Voltage	±18 V
Input Voltage	±V supply
Differential Input Voltage	±V supply
Output Short-Circuit Duration to GND	Indefinite
Storage Temperature Range	−65°C to +150°C
Operating Temperature Range	−40°C to +125°C
Junction Temperature Range	−65°C to +150°C
Lead Temperature (Soldering, 10 sec)	300°C

参数	额定值
电源电压	±18V
输入电压	$\pm V_{supply}$
差分输入电压	$\pm V_{supply}$
输出短路持续到地	没有定义
存储温度范围	−65 ~ +150℃
运行温度范围	−40 ~ +125℃
结温范围	−65 ~ +150℃
引线温度（10s焊接）	300℃

图 2.58　绝对最大额定值

这里可以看出，前面讲的输入电压范围在 ±15V 供电情况下为 −11~+15V，那是保证芯片性能的输入电压范围。而这里的额定值是供电电压，也就是输入只要不超过电源电压，就不会在这一项上造成器件损坏。

还有一项叫结温。它一般与存储温度相同。结温最高值与下面介绍的热阻密切相关。

2.18.7 热阻（Thermal Resistance）

具体热阻定义参见本书 2.17 节。

由图 2.59 可以看出，热阻只与封装类型有关。一般来说，封装越大，热阻越小。对 ADA4000 来说，14 脚 SOIC 具备最小的环境热阻。多数情况下，我们更关心环境热阻。

THERMAL RESISTANCE

θ_{JA} is specified for the worst-case conditions, that is, a device soldered in a circuit board for surface-mount packages.

Table 4. Thermal Resistance

Package Type	θ_{JA}	θ_{JC}	Unit
5-Lead TSOT (UJ-5)	172.92	61.76	°C/W
8-Lead SOIC (R-8)	112.38	61.6	°C/W
8-Lead MSOP (RM-8)	141.9	43.7	°C/W
14-Lead SOIC (R-14)	88.2	56.3	°C/W
14-Lead TSSOP (RU-14)	114	23.3	°C/W

图 2.59 热 阻

2.18.8 供电次序（Power Sequencing）

有些运放具备“供电次序”说明，如图 2.60 所示截图。图中指出，运放供电必须早于或者同时于信号加载，否则输入电流必须被限制在 10mA 之内。

POWER SEQUENCING

The op amp supply voltages must be established simultaneously with, or before, any input signals are applied. If this is not possible, the input current must be limited to 10 mA.

图 2.60 供电次序

2.18.9 运行特性（Typical Performance Characteristics）

这是数据手册中分量较大的一部分，由多张测试图组成。在性能规格表中没有办法用数值说清楚的，都会在这部分以图的形式给出。我们仍以 ADA4000 为例。在本节中，除非特殊声明，全部是 ADA4000 数据手册中的截图。

输入失调电压分布图

如图 2.61 所示，这是一个实测的分布图，是在左上角测试条件下由测试机自动完成的。横轴为输入失调电压，有正负，以 50μV 为一个区间，将 –2 ~ 2mV 划分成 80 个区间。测试人员对多达几百个 ADA4000 实施输入失调电压测试，测试值落在哪个区间，就给那个区间加 1。最终就形成纵轴的放大器数量。从图中可以看出，绝大多数被测运放的输入失调电压都集中在 –0.5 ~ +0.5mV 之间，最优秀的，即在 –25 ~ +25μV 之间的被测运放大约有 46 个。

该图大致满足正态分布。

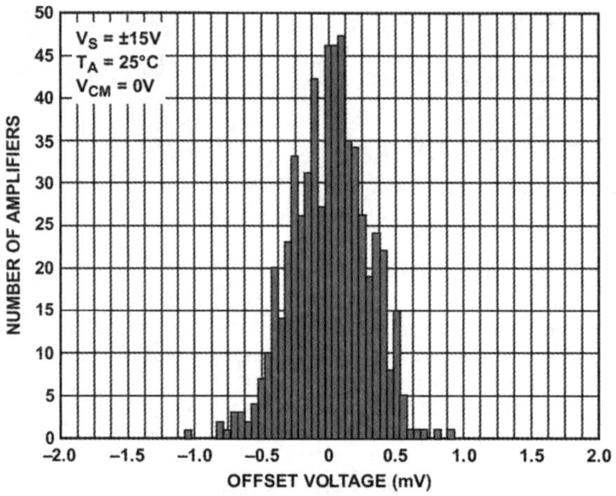

图 2.61　输入失调电压分布图

失调电压漂移分布图

与前述类似，这也是一个多样本测试的分布图（图 2.62）。但是看起来样本数量比前述的少了许多。从图上看，它对测试结果取了绝对值，即不区分温度上升带来的失调是减小还是增加，它只关心变化量。

从分布图曲线来看，这类似于一个移位负指数分布，典型值一般取峰值，即 2μV/℃。

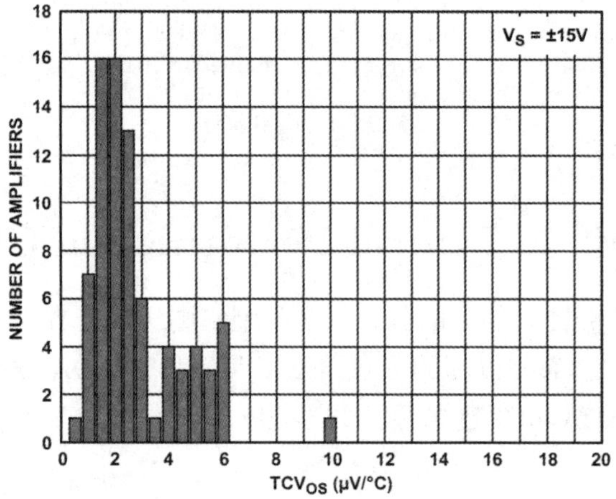

图 2.62　失调电压漂移分布图

开环增益和相位裕度 - 频率图

如图 2.63 所示。自变量是频率，因变量有两个：开环增益和相位裕度。将这样的两根曲线放在一张图中，是数据手册中经常使用的。它有两个纵轴，一个在左边，一个在右边，一般情况下会指明哪根线对应哪个纵轴，本图没有指明是因为它太清晰了：直线是开环增益，看左边的纵轴；曲线是相位裕度，看右边的纵轴单位。

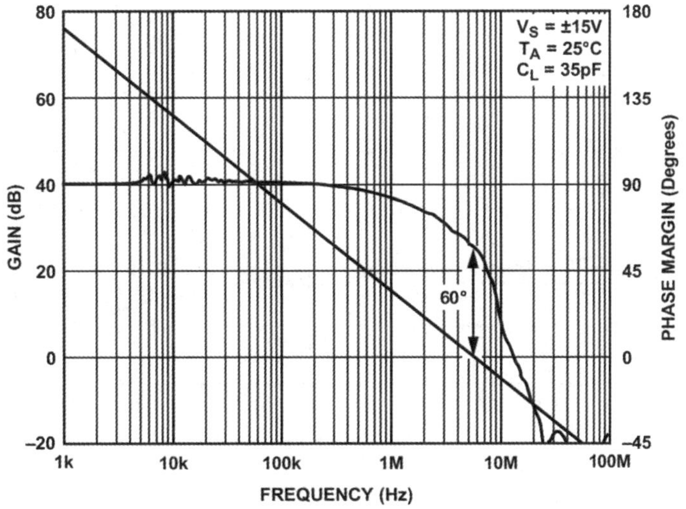

图 2.63　开环增益和相位裕度 - 频率图

大信号传输响应图

如图 2.64 所示。此图以及小信号传输响应图，主要描述器件的实测表现，客观反映器件在阶跃输入下的压摆率、过冲等特性。

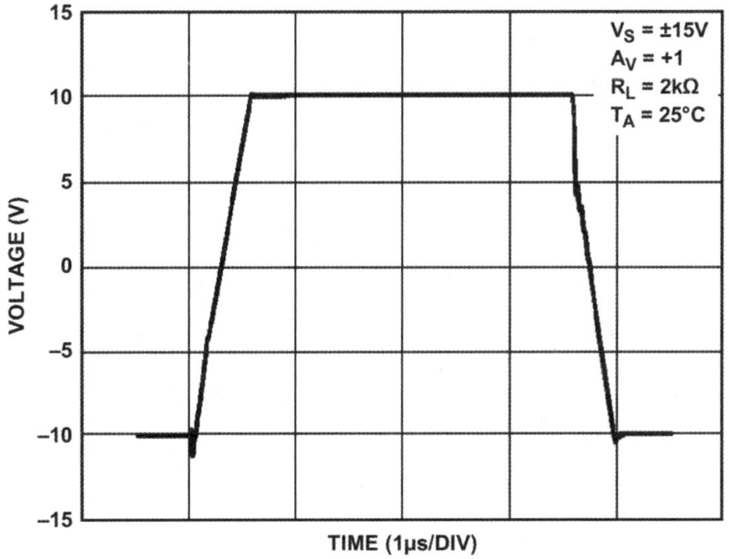

图 2.64　大信号传输响应图

负载电流 – 输出电压图

如图 2.65 所示。这张图的作用较大。它表现了不同负载电流情况下的最高输出电压。要保证放大器正常工作，输出的工作点（输出电流、输出电压）应该在本图内曲线的下方。

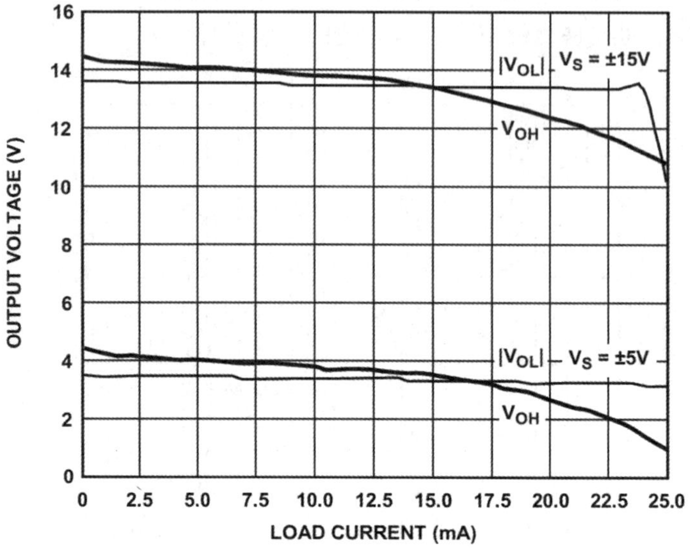

图 2.65　负载电流 - 输出电压图

频率 – 电源电压抑制比图

电源电压抑制比描述运放输出受电源波动的影响程度。电源电压波动频率越高，其对输出的影响也就越大，因此 PSRR（抑制程度）就越小。需要关注的是，ADA4000 与多数运放一样，其正电源抑制能力小于负电源抑制能力（图 2.66）。

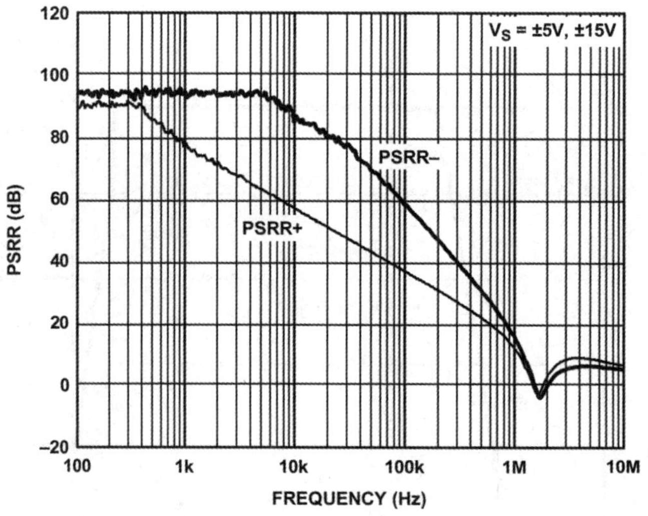

图 2.66　频率 - 电源电压抑制比图

频率 – 电压噪声密度图

如图 2.67 所示，这张图没有什么。规格表中电压噪声密度为 16nV/√Hz，与图中吻合。

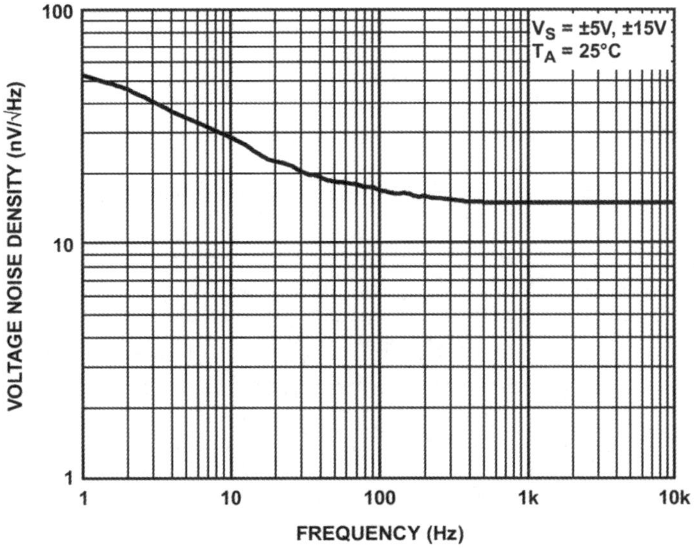

图 2.67　频率 - 电压噪声密度图

频率 – 闭环输出阻抗图

输出阻抗包含电阻和容抗、感抗，但在低频时仍以电阻为主。闭环电路的输出阻抗，主要受运放本身输出阻抗和环路增益 AF 影响。从图 2.68 中可以看出，闭环增益越小，环路增益 AF 越大，则输出电阻在相同频率下越小。超过 ADA4000 带宽 5MHz 以后，其输出阻抗关系就变得极为复杂，难以用简单规则解释。而简单目测可得，运放本身的输出电阻约为 40Ω。

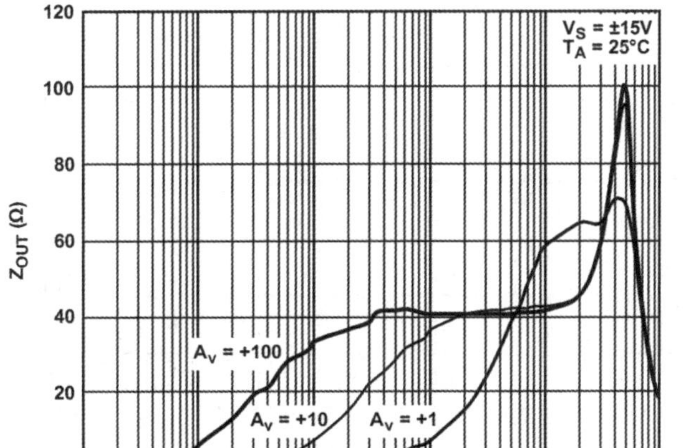

图 2.68　频率 - 闭环输出阻抗图

负载电容 - 过冲图

过冲是运放输出端驱动电容时，容易出现的一种现象：输入是阶跃函数，输出快速达到目标值，并过冲超过目标值一定量后再反折，来回振荡，最终稳定到目标值的一个过程。用过冲出现的最大值减去目标值，除以目标值，按照百分比表示即为过冲量。

一般来说，负载电容越大，过冲量也会越大。当负载电容过大时，电路稳定性会急剧下降，易产生自激振荡。如图 2.69 所示。

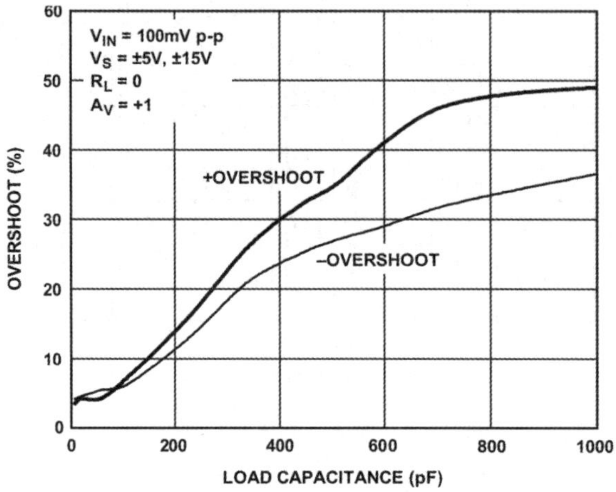

图 2.69　负载电容 - 过冲图

频率 - 闭环增益图

这是任何一个运算放大器都具备的图。一般均给出几个不同闭环增益下，实际增益与频率的关系。图 2.70 中给出了增益为 100、10、1 的 3 种情况。利用这个图可以大致估计自己设计的放大器在指定频率处的增益是否满足要求。

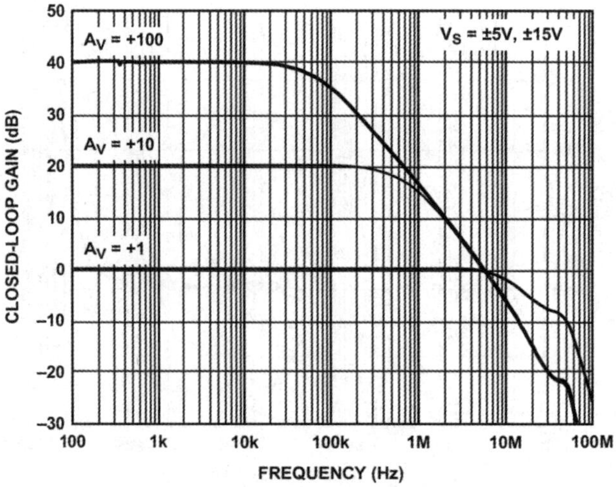

图 2.70　频率 - 闭环增益图

负载电流 – 至轨电压图

对于输出轨至轨运放，其输出至轨电压的大小是衡量其优劣的一个重要指标。以 ADA4528-1 为例，它的规格表中标注了输出至轨电压在 10kΩ 负载时为 5mV，但无法标注其受负载电流影响的规律，图 2.71 就可以回答这个问题。

很显然，所谓的轨至轨输出，是在负载电流很小的情况下具备的。当输出电流超过 10mA 后，其输出轨至轨特性已经非常恶劣。

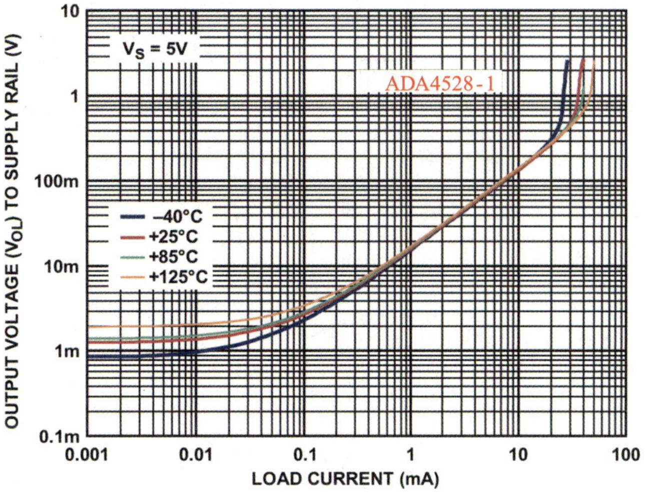

图 2.71 负载电流 - 至轨电压图

谐波失真 – 频率图

从静态来讲，运放的开环增益不是恒定不变的，与净输入电压有关，这导致运放的输入输出关系具有非线性：当输入为单一正弦波时，输出就会产生谐波失真。从动态来讲，这个非线性又与输入信号频率相关。在要求不高的场合，运放本身的非线性都被强烈的负反馈抑制了，我们肉眼看到的，输入是一个正弦波，输出也是一个正弦波。但是在要求放大电路具备极小的失真度，比如 –100dB 以下时，运放数据手册中给出的失真度参数，就是我们唯一可以利用的。

关于失真度的规格，数据手册中一般会在性能规格表中给出一个典型值，同时会给出图 2.72 中的两种之一。很多运放在数据手册中没有给出这个性能规格，我猜想多数情况下，是这个指标较差。

左图是 AD8641 的 THD+Noise 随频率变化曲线。这类图一般出现在精密放大器数据手册中，它的纵轴可以用 % 表达，也可以用 dB 或者指明的 dBc 表达。

让我们重温一下参数的定义，见本书第 2.16 节。

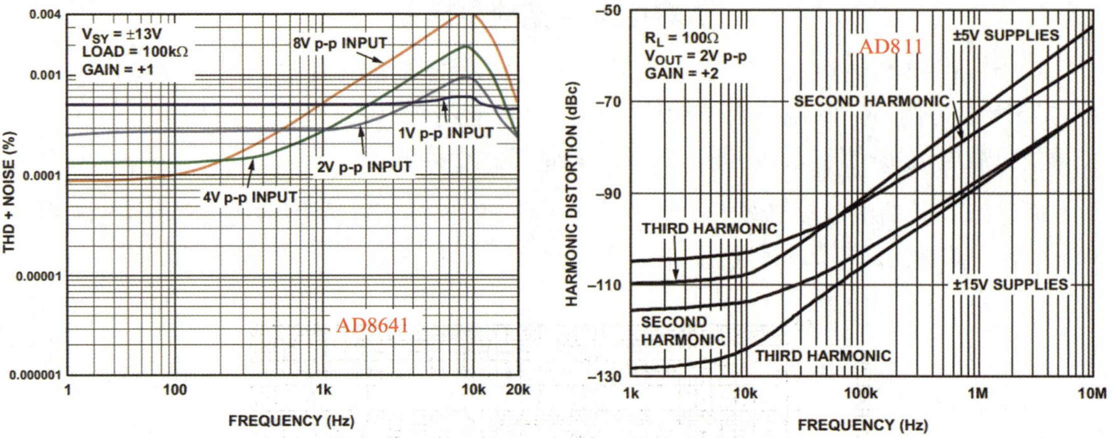

图 2.72　谐波失真 - 频率图

$$\mathrm{THD}=\frac{\sqrt{\sum_{i=2}^{n}U_{i\mathrm{RMS}}^{2}}}{U_{1\mathrm{RMS}}}=\frac{\sqrt{U_{2\mathrm{RMS}}^{2}+U_{3\mathrm{RMS}}^{2}+\cdots U_{n\mathrm{RMS}}^{2}}}{U_{1\mathrm{RMS}}}(\%)$$

$$=20\log\left(\frac{\sqrt{U_{2\mathrm{RMS}}^{2}+U_{3\mathrm{RMS}}^{2}+\cdots U_{n\mathrm{RMS}}^{2}}}{U_{1\mathrm{RMS}}}\right)(\mathrm{dB})$$

$$\mathrm{THD+Noise}=\frac{\sqrt{\sum_{i=2}^{n}U_{i\mathrm{RMS}}^{2}+U_{\mathrm{Noise\_RMS}}^{2}}}{U_{1\mathrm{RMS}}}$$

其实，都在表达这样一个概念：不期望出现的，或者是谐波分量，或者是谐波分量加上噪声，它们的有效值与输入基波的有效值的比值。至于用 % 还是 dBc 表达，换算一下即可，比如 1% 就代表着 –40dBc，0.0001% 就代表着 –120dBc。

从图中可以看出一些奇妙的地方，在低频段，输入幅度 8V 是失真最小的；随着频率的提高，输入 1V 的失真变得最小。因此，我们可以利用的规则只有，当幅度不变时，随着频率的增加，失真度是变大的。除此之外，不要总结规律。

右图主要针对高速运放，一般给出 2 次谐波失真和 3 次谐波失真图：

$$\text{Second Harmonic}=\frac{U_{2\mathrm{RMS}}}{U_{1\mathrm{RMS}}}$$（也可以用 HD2 表示）

$$\text{Third Harmonic}=\frac{U_{3\mathrm{RMS}}}{U_{1\mathrm{RMS}}}$$（也可以用 HD3 表示）

因为总谐波失真还包括 4 次、5 次甚至更高次谐波，因此它一定大于两者的平方和开方。但是，清晰地绘制 2 次谐波、3 次谐波，对关心 2 次、3 次谐波的设计者是有用的。

同样的，也可以得出结论：随着频率的上升，任何谐波失真都会增加。但是在某个频率点，到底是 2 次谐波大，还是 3 次谐波大，没有定论。

谐波失真 – 幅度图

谐波失真除了与输入信号频率有关外，还与输出信号幅度密切相关。

在不考虑运放输出存在噪声的情况下，理论上，输出信号幅度越小，谐波失真越小，这是毫无疑问的。但是，为什么在图 2.73 中，除了 0.8V 以上呈现这个特性，其余的却是相反的呢？

根本原因是，随着输出信号基波幅度的下降，输出中的谐波分量也随之加速下降，但是，输出中的噪声却纹丝不动，它对 THD+Noise 的影响会越来越大，这才造成了随着输出幅度越来越小，THD+Noise 越来越大。

但是这张图有问题。图中，在输入幅度为 0.001V_{rms} 时，THD+Noise=0.02%，据此可以算出谐波加噪声的有效值为 0.2μV_{rms}，而我们知道此时的谐波失真量几乎可以忽略，因此得噪声为 0.2μV_{rms}。但是我发现，ADI 的资料一定出错了。无论如何计算，80kHz 滤波情况下，ADA4627-1 的输出噪声也比 0.2μV_{rms} 大。

我们暂时不去理睬它的错误，只需要知道这个道理即可：要想保持运放输出具有极低的 THD+Noise，一是要输入信号频率足够低，二是要让输出幅度达到一个最合适的值，图中显现的输入有效值为 0.8V 左右，而资料显示它是在闭环增益等于 1 时完成测量的。

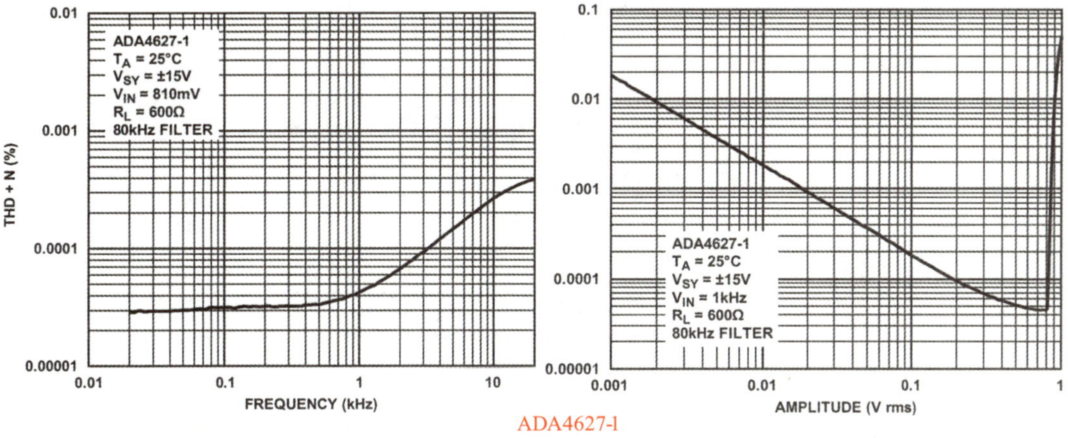

图 2.73 谐波失真 - 幅度图

2.18.10 应用（Applications）

在数据手册中，为了帮助用户更好地应用，一般都会有“应用”节。各种不同芯片在这部分安排的内容不同，但都是对前述规格参数、运行特性图的一个补充。

比如 ADA4000，包括输出相位反转和输入噪声、输出电容的驱动、以及建立时间 3 个部分。ADA4528-1，包括输入保护、轨至轨输入和输出、噪声考虑、印刷电路板设计 4

个部分。有些芯片的数据手册在这一部分还会介绍一些参数的测量方法，有些还会给出一些典型应用电路。有些会给出一些使用上的禁止，或者正面的建议。

可以这么说，前面的表格和图，都是死的，芯片设计者只能原封不动的给你。但是在这一部分，看起来像是芯片设计者开始说话了。这些家伙可都是一辈子搞这个的专家，他们说的还是具备足够的参考价值的。至少我觉得这部分是挺重要的，如果有时间的话，还是好好看看。

2.18.11　外形尺寸（Outline Demensions）

这部分以图的形式，给出了芯片各种封装的详细尺寸。多数器件生产商都会以 mm 作为标准单位，但是也有使用英制单位的，因此，需要特别注意图中最下面那句话。本节以 ADA4000 为例，如图 2.74 所示。

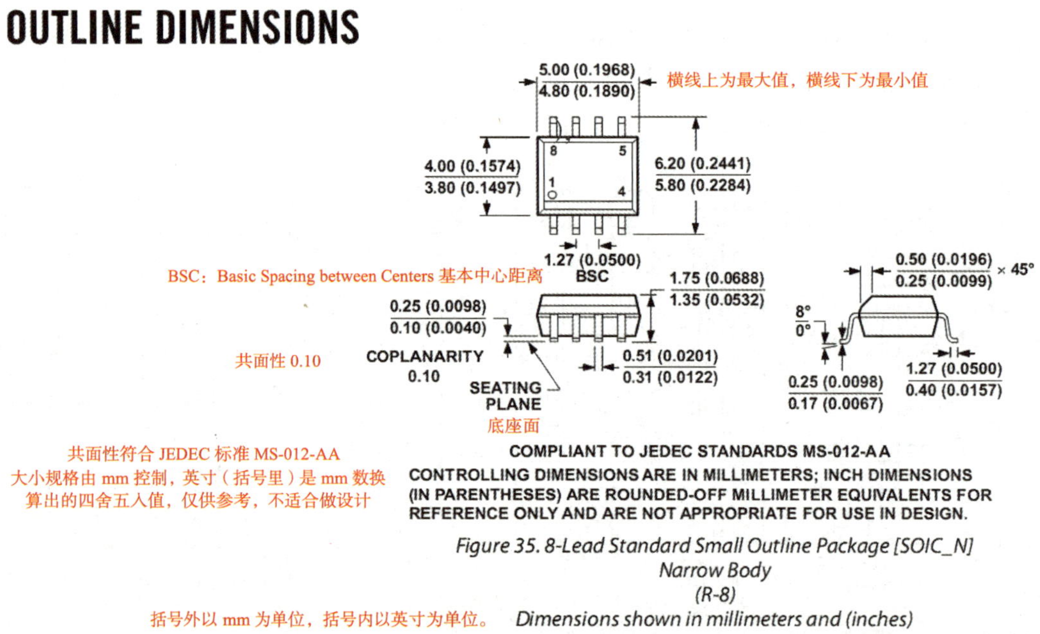

图 2.74　外形尺寸

2.18.12　订购指导（Ordering Guide）

在购买或者申请 ADA4000 的样片时，你要报出完整的型号名称（Model），否则对方没办法给你芯片。比如“ADA4000-1ARZ-R7”。完整型号名称包括：

（1）基本型号 ADA4000。

（2）内核运放数量，“–1”代表单片 1 个运放，“–2”代表单片中包含 2 个运放。

（3）等级、封装和包装类型字母串，对 ADA4000 来说，“ARZ” 是 8 脚 SOIC-N 封装，没有后缀的代表管状包装。在图 2.75 所示的彩色官网截图中可以看到，“Tube” “98” 字样，是指一个塑料管中包装了 98 个芯片。后缀 “–R7” 代表带状封装，每个封装带有 1000 只芯片；后缀 “–RL” 的代表长带状封装，每个封装带有 2500 只芯片。

不同芯片，上述数据不相同。

在不需要批量生产时，我们一般不关心到底是哪种包装，管它带状还是管状，只要拿到手就可以了。但是在使用机器实施自动焊接时，就需要购买机器能够吞进去的合适的包装。

另外，在表格中最后一列，“Branding”，含义是“别名”。它只针对微小封装芯片，在有限的区间内，无法印刷完整的器件型号，只好印上独一无二的三字符别名。比如当你拿到 ADI 公司生产的一个芯片，上面只有 “A14”，你应该知道，它就是 ADA4000-1AUJZ。

从完整型号找到别名很容易。但是反过来，看见别名，怎么知道它是谁？好像不容易。我估计这需要问 ADI 公司。

ORDERING GUIDE

Model	Temperature Range	Package Description	Package Option	Branding
ADA4000-1ARZ[1]	–40°C to +125°C	8-Lead SOIC_N	R-8	
ADA4000-1ARZ-R7[1]	–40°C to +125°C	8-Lead SOIC_N	R-8	
ADA4000-1ARZ-RL[1]	–40°C to +125°C	8-Lead SOIC_N	R-8	
ADA4000-1AUJZ-R2[1]	–40°C to +125°C	5-Lead TSOT	UJ-5	A14
ADA4000-1AUJZ-R7[1]	–40°C to +125°C	5-Lead TSOT	UJ-5	A14
ADA4000-1AUJZ-RL[1]	–40°C to +125°C	5-Lead TSOT	UJ-5	A14

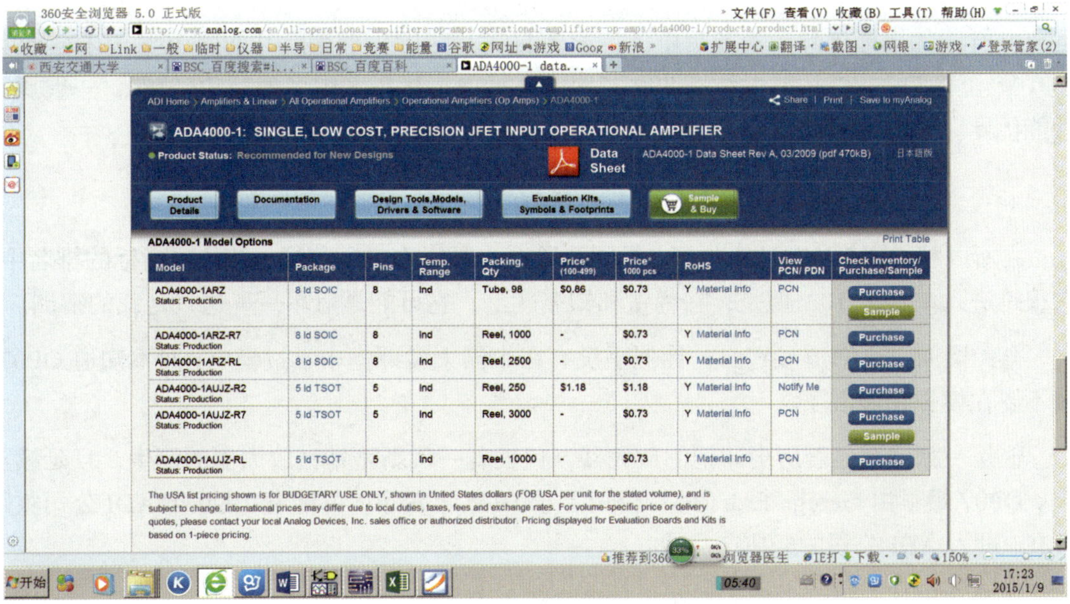

图 2.75　订购指导

第3章 多种多样的运算放大器

ADI把放大器分为精密和高速两大类。前者追求除高速外的各种指标，包括廉价。因此，并不是说精密运放就处处精密。

除此之外，本章还专门介绍电流反馈型运放、全差分运放，都属于高速运放。最后罗列一些特殊的运放，帮大家开阔眼界。

本章部分内容参考ADI公司选型指南“Operational Amplifiers Selection Guide 2011-2012”。

3.1 精密运放和高速运放

3.1.1 精密运放概述

一般来讲，带宽小于50MHz的，能够具有某些特殊指标优异性的运放，都属于精密运放。所谓的指标优异，不能听生产厂家的自封。我的标准是产品的前10%左右。比如ADI公司生产的标准运放大约有300多种，在某项指标排名中名列前30位的，一般属于性能优异。它们包括以下种类。

OP07

之所以将OP07放在这个位置，是因为除此之外没有它的位置，在各项指标的排名中，它很难进入单项前10。但是，在销量和知名度上，它可能是冠军——这只是我的猜测。

毫无疑问，不知道μA741，你似乎没有在中国大学课堂中学过模电；而不知道OP07，就不要在模拟领域混了。

这是一款具有显著历史印记的放大器，代表着一代新型精密放大器的诞生，且延续至今。OP07最早由George Erdi（PMI公司）于1975年发布，并随着1990年ADI公司收购PMI，进入ADI公司的经典产品线。

别看它年龄不小，它的指标在今天看来仍是不错的。

首先，它具有极小的失调电压，30μV典型值，75μV最大值，且只有0.3μV/℃的温漂，0.3μV/月的时漂。稳定性非常优秀。

其次，具有 114dB 的开环增益和 123dB 的共模抑制比。偏置电流只有 1.2nA。

它的噪声指标也属优秀，只有 10nV/√Hz。

它还具备很高的工作电压范围，一般可达 36V，极限可达 44V。

这样一款精密运放，价格却很低廉，只卖几块钱一片。

唯一遗憾的是，它的带宽较低，只有 600kHz 左右。

改进型产品有 OP27、OP37、OP177 等。

低失调电压运放

按照前 10% 排序，一般指失调电压小于 15μV 的。

运放低失调电压的根源，一方面来自集成电路生产工艺、电路结构，更为重要的来自于 ADI 公司的各种专利技术。这种技术可以保证运放的失调电压低至 0.3μV，而失调电压温漂小至 2nV/℃。

ADA4528-1 就是这种技术的一个典范。很幸运，我亲自使用过这种运放。我整理的 ADI 运放数据表中，排名靠前的运放见表 3.1（如有多运放版本，列入表格的均为最少运放版本）。

表 3.1 低失调电压运放

型号	BW/MHz	SR/（V/μs）	V_{OS}/μV	I_B/pA	Noise/n (nV/√Hz)	I_Q/mA	V_{min}/V	V_{max}/V
ADA4528-1	4	0.5	0.3	90	5.3	1.4	2.2	5.5
AD8628	2.5	1	1	30	22	1.1	2.7	6
AD8551	1.5	0.4	1	10	42	1	2.7	6
AD8571	1.5	0.4	1	10	51	1	2.7	6
ADA4051-1	0.125	0.06	2	20	95	0.015	1.8	5.5
AD8638	1.5	2	3	1	59	1.5	5	16
ADA4638-1	1.5	1.5	4.5	90	66	1.05	9.0	33
AD8538	0.43	0.4	5	15	50	0.2	2.7	5.5
AD8675	10	2.5	10	500	2.8	2.9	10	36
AD8597	10	14	10	25000	1.07	5	10	36
AD8622	0.56	0.48	10	45	11	0.4	4	36
ADA4077-1A	4	1	10	1000	7	0.5	5	36
AD8603	0.4	0.1	12	0.2	22	0.1	1.8	6
ADA4177-2	5.9	1.2	20	1000	8	0.5	5	36

其中，浅蓝色底纹的属于“Zero Drift”（零漂移）运放。需要特别注意，这类运放内部为了降低失调，采用了斩波或者自动归零或者厂家就不想告诉你的技术——总之，内部有切换开关的动作。这个频率可能是 kHz 范围的，会有与该频率相关的噪声出现，使用的时候要留神。

在一般架构下，失调较小的应属 AD8675/8676、AD8597/8599 等，甚至应该包括前述的 OP07。别看这里写的失调在 10μV 附近，那是典型值，它们的最大值也都在 100μV 附近。

但是还要提醒大家注意，这里面的 AD8675/8676，10MHz 带宽，2.8nV 噪声，36V 供电，都能秒杀浅蓝区，价格也不贵。而且它的失真度指标非常好。

ADA4077-1/ -2/ -4 系列具有极低的失调电压和漂移、低输入偏置电流、低噪声和低功耗。该系列放大器具有高直流精度、低噪声、高速、低电源电流等特性，因此特别适合过程控制、化学及环境监控、电机控制、电子测试和仪器仪表等应用。

ADA4177-2 和 ADA4177-4 在 ADA4077 的基础上增加了 OVP 和 EMI 滤波器，确立了精密放大器鲁棒性的新标准，可为偏离任一电源 32V 的信号提供输入保护，以及为 1000MHz 时的电磁干扰（EMI）提供 70dB 抑制能力。该放大器的应用包括传感器信号调理（如热电偶、RTD、应变计）、过程控制前端放大器和光学及无线传输系统中的精密二极管功率测量。这颗芯片在我提交书稿的时候，还没有正式发布。

低噪声运放

按照名次排列见表 3.2。但是，除个别型号外，看起来 I_B 都比较大。这给我们敲响了警钟，注意外部电阻，一旦过大，会由偏置电流带来很大的直流意外。

表 3.2　低噪声运放

型号	BW/MHz	SR/（V/μs）	V_{OS}/μV	I_B/pA	Noise/(nV/√Hz)	I_Q/mA	V_{min}/V	V_{max}/V
ADA4898-1	65	55	20	100000	0.9	7.9	9	33
AD8099	500	1600	200	3000000	0.95	16	5	12
ADA4899-1	600	310	35	100000	1	16	4.5	12
ADA4896-2	230	120	500	11000000	1	3	3	10
AD8597	10	14	10	25000	1.07	5	10	36
AD8004	250	3000	1000	35000000	1.5	17	4	12
AD8000	1580	4100	1000	5000000	1.6	14	4.5	12
AD8003	1650	3800	700	7000000	1.8	31	4.5	10
ADA4004-1	12	2.7	40	40000	1.8	2.2	10	30
AD8009	1000	5500	2000	50000000	1.9	16	5	12
AD8017	160	1600	1800	16000000	1.9	15	4.4	12
AD8001	880	1000	2000	3000000	2	5	6	12
AD8011	400	3500	2000	5000000	2	1.3	3	12
ADA4841	80	13	40	3000000	2.1	1.5	2.7	12
ADA4075-2	6.5	12	1000	100000	2.8	1.8	9	36
AD8675	10	2.5	10	500	2.8	2.9	10	36
AD8671	10	4	20	3000	2.8	3.5	10	36
ADA4807-1	200	225	20	1200000	3.1	1	3	10
ADA4084-1	9.9	4.6	100	300000	3.9	0.75	4	36
ADA4817-1	1050	870	400	2	4	21	5	10

ADA4084-2/-4 是高性能、低噪声、10MHz 带宽放大器，具有轨至轨输入和输出特性。这些放大器可以在 3~30V（或 ±1.5~±15V）的电压范围内工作，非常适合要求交流性能和精密直流性能的单电源应用。ADA4084-2/-4 系列具有宽带宽、低噪声和高精度等特性，因而适合滤波器和仪器仪表等各种应用。ADA4084-2/-4 是 ADI 高压、低噪声运算放大器系列的最新成员，该系列还在不断扩展。

ADA4807-1 是一款低功耗、低噪声、轨至轨放大器。ADA4807-1 具有高速性能，–3dB 小信号带宽为 200MHz，压摆率为 225V/μs，0.1% 建立时间为 47ns（4V 阶跃），低输入失调电压为 100μV（最大值），漂移为 0.7μV/℃。低失真和快速建立时间使该放大器非常适合驱动最高 18 位分辨率的高速单电源精密 ADC。ADA4807-1 提供出色的性能，而静态功耗为 1mA 或更低，适合从电池供电的便携式仪器到器件密度要求具有更低功耗的高速系统等各种应用。

而 ADA4817-1，以及 ADA4817-2，最大的优点在于，在噪声很低的情况下保持非常低的偏置电流，只有 2pA，且它的带宽很宽。

低供电电压运放

不考虑已经过于陈旧的 OP 系列，以最小供电电压排序见表 3.3。

表 3.3 低供电电压运放

型号	BW/MHz	SR/ (V/μs)	V_{OS}/μV	I_B/pA	Noise/ (nV/√Hz)	I_Q/mA	V_{min}/V	V_{max}/V	RRIO
AD8515	5	2.7	1000	2	22	0.5	1.8	6	IO
AD8603	0.4	0.1	12	0.2	22	0.1	1.8	6	IO
AD8613	0.4	0.1	400	0.2	25	0.05	1.8	5	IO
ADA4051-1	0.125	0.06	2	20	95	0.013	1.8	5.5	IO
AD8505	0.095	0.013	500	1	45	0.02	1.8	5	IO
ADA4505-1	0.05	0.006	500	0.5	65	0.01	1.8	5	IO
AD8500	0.007	0.004	235	1	190	0.00075	1.8	5.5	IO
ADA4528-1	4	0.5	0.3	90	5.3	1.4	2.2	5.5	IO
AD8591	2.2	3.5	25000	5	30	1.3	2.5	6	IO

与前述几张表格一样，列表中没有给出多运放的其他型号。

其中，ADA4528-1（单通道）和 ADA4528-2（双通道）虽然供电电压最低只有 2.2V，但是带宽达到了 4MHz，具有超低失调电压、超低噪声、零漂移，以及轨至轨输入和输出摆幅。它们还具有出色的 CMRR 和 PSRR 特性，是低电平信号精密放大应用的理想之选，如压力传感器、应变计、医疗仪器等。

另外，现有的低压供电运放，一般都具备轨至轨特性。

低偏置电流运放

在微弱电流检测中，低偏置电流很重要。按照从小到大排名见表 3.4。

表 3.4　低偏置电流运放

型号	BW/MHz	SR/ (V/μs)	V_{OS}/μV	I_B/pA	Noise/ (nV/√Hz)	I_Q/mA	V_{min}/V	V_{max}/V
ADA4665-2	1.2	1	1000	0.1	32	0.6	5	16
AD549	1	3	500	0.15	35	0.7	10	36
AD8603	0.4	0.1	12	0.2	22	0.1	1.8	6
AD8605	10	5	20	0.2	6.5	1.2	2.7	6
AD8615	23	12	80	0.2	7	1.7	2.7	6
AD8691	10	5	400	0.2	6.5	1.1	2.7	6
AD8613	0.4	0.1	400	0.2	25	0.05	1.8	5
AD8601	8.4	6	500	0.2	18	1.2	2.7	6
AD8665	4	3.5	700	0.2	10	1.6	5	16
ADA4500-2	10.1	5.5	120	0.2	14.5	1.5	2.7	5.5
AD8646	22	12	600	0.3	6	1.5	2.7	5.5
ADA4661-2	4	2	30	0.5	14	0.63	3	18

先不要理睬这个表格——这是自动生成的。需要指出，AD549L 在常温下的偏置电流最大值可以小到 60fA，是目前最小的。因此，它的价格及其昂贵，属于“高富帅”级别。

表格中占据第一位的是 ADA4665-2，表面看起来它与 AD549 在各项指标上差异很小。但是为什么价格差异这么大呢？关键在于两者没法比。在某次假想的比赛中，我进球了，梅西没有进球，能说我踢球比梅西好吗？笑话！看看数据手册吧。

图 3.1 是 ADA4665-2 的偏置电流部分：典型值是 0.1pA，很不错。但是在宽温范围内，最大值就到了 200pA，超出了 2000 倍。

Input Bias Current	I_B		0.1	1	pA
		−40°C ≤ T_A ≤ +125°C		200	pA
Input Offset Current	I_{OS}		0.1	1	pA
		−40°C ≤ T_A ≤ +125°C		40	pA

图 3.1　ADA4556 的偏置电流

再看看 AD549L，表 3.4 中采用了 AD549J 的典型值 0.15pA，让其位居第二了，这很不公平。AD549L 的典型值为 40fA，最大值为 60fA，在最大温度下的典型值只有 2.8pA，远小于 ADA4665-2 的 200pA。更为关键的是，能达到这个水平的，全世界也就那么几个运放。AD549L 名列前茅。

Parameter	AD549J			AD549K			AD549L			AD549S			Unit
	Min	Typ	Max	Min	Typ	Max	Min	Typ	Max	Min	Typ	Max	
INPUT BIAS CURRENT[1]													
Either Input, $V_{CM} = 0$ V		150	**250**		75	**100**		40	**60**		75	**100**	fA
Either Input, $V_{CM} = \pm 10$ V		150	250		75	100		40	60		75	100	fA
Either Input at T_{MAX}, $V_{CM} = 0$ V		11			4.2			2.8			420		pA
Offset Current		50			30			20			30		fA
Offset Current at T_{MAX}		2.2			1.3			0.85			125		pA

图 3.2 AD549 的偏置电流

ADA4661-2 是一款双通道、低功耗、精密轨至轨输入 / 输出放大器，针对高带宽、低功耗和宽工作电源电压范围应用进行了优化。器件内置 EMI 滤波器，从而具有较高的抗电磁干扰能力。

低功耗运放

用静态电流——即运放在不带负载零输入情况下的耗电来描述功耗。而运放工作时的实际功耗，还与其外部电路，特别是负载有关。

一般来说，低功耗运放的频带都较窄。

从本小节开始，我不再列出表格。ADI 公司的产品是不断更新的，盲目依赖我提供的表格，可能会失去更多的机会。大家还是养成习惯去公司的官网，按照自己的选择，去查表排序吧。

AD8657 双通道和 AD8659 四通道是微功耗、精密轨至轨输入 / 输出（RRIO）放大器，针对低功耗和宽工作电源电压范围应用进行了优化。AD8657、AD8659 的工作电压范围介于 2.7~18V，典型静态电源电流为 18μA，并借助 ADI 公司的 DigiTrim® 专利调整技术实现低失调电压。它们内置 EMI 滤波器，从而具有较高的抗电磁干扰能力，是过程控制和电机控制应用中电流监控的理想选择。

低价格运放

说到价格，从官网报价看，ADI 似乎没有什么优势，比较便宜的运放大约 20 多美分一片，到我们这些散户手里也得几块钱人民币。但它的运放，指标稳定、结实耐用，是物有所值的。我常常看着这些运放，舍不得掏钱，又眼巴巴的。

另外，对价格还得多说几句。你从官网上看到的报价，是参考价。如果你的购买量不够，拿到的价格可能就高一些；或者购买渠道不同，价格也会不同。但是，把一款运放设计到电路中，一定有这样的规律：如果需要考虑运放成本——一般来讲，运放成本很难成为一个产品的主要部分——那么这个产品就一定是低利润产品，比如手机。当然，低利润产品的销售数量就一定是巨大的。此时，你拿着数量远超过 1000 的订单，直接找 ADI 的代理商或者更高级别的销售，自己去谈吧。

反之，数量较少的产品，比如工业用现场测试设备等，本身毛利就很高，一颗运放多出几块钱，也不是什么问题。此时，用一款可靠的运放就成了关键。

我没有做过手机等消费类产品，也没有和这类大公司谈判的经验。但我相信，ADI 一直在生存，且看起来越来越壮大，那么它的产品在综合实力包括价格上，就一定有足够的竞争力，否则它早就被对手打垮了。

因此别被官网数据吓着，看上了那款运放，就大胆去用，大胆开口砍价吧。

说两款较新的产品。

ADA4665-2，官网报价 0.70 美元，内有两个运放，合 35 美分一个。1.2MHz 带宽，低偏置电流（1pA），低功耗（约 290μA），5~16V 供电，轨至轨输入 / 输出，失调典型值 1mV（稍大）。而 ADA4666-2 官网报价 0.85 美元，也是两个运放，其带宽达到 4MHz，低偏置电流 1pA，低功耗（约 725μA），3~18V 供电，输入 / 输出轨至轨，失调典型值 0.2mV，内部还有 EMI 滤波器，看起来比 ADA4665-2 更好。

我最近才注意到，ADI 的产品命名中，OP 可能是最早的；AD×××，如 AD811 等是较早的；AD×××× 是较新的；而 ADA×××× 位数是最新的。

3.1.2　高速运放

高速运放，一般指带宽超过 50MHz 的，有高达 1GHz 以上的。它包括两类：电压反馈型、电流反馈型。

对高速运放来说，带宽是一个重要指标。不可忽视的是另一个指标：压摆率 SR。

另外，高速运放一般来讲都具有如下特点：静态电流较大，有些在几十毫安；输入偏置电流较大，一般在微安级到几十微安级；失调电压较大，一般都在毫伏级，轨至轨较少；供电电压一般不高。

因此，低功耗的，低偏置电流的，失调电压小的，轨至轨的，在这个群体中就显得鹤立鸡群。

ADA4805-1-2，供电电流仅为 500μA，偏置电流为 470nA，失调电压最大为 125μV，带宽为 105MHz，输出轨至轨，输入负端可低于负电源 0.1V，总体性能相当不错。

另外，ADA4817-1-2，带宽达到 1GHz 以上，有极低的输入偏置电流（2pA），实属难能可贵。但是，其失调电压最大为 2mV，稍差点，功耗达到 19mA。

3.1.3　查找满足条件的放大器

我有一个很大的文件库，收藏了几乎全部 ADI 放大器的数据手册；还有一个表格，搜罗了 ADI 放大器的全部指标，方便排序查找。这是我们这个年龄的人的坏习惯，总是对网络不放心，放在自己的硬盘里才觉得可靠。

要找寻满足条件的放大器，其实大可不必这样。按照下面的方法，就可以了。

（1）将 ADI、TI、Linear、Maxim 等模拟类大公司的官网置于自己的浏览器收藏夹中，随时进入官网。

（2）合理使用各公司为用户提供的搜索功能，甚至选择软件——通过各种方法搜集到符合条件的几种运放。

（3）下载其数据手册、评估板资料。认真阅读，根据性能、价格、封装，挑选最合适的几种。特别注意，ADI 公司除评估板资料外，还有一些实验室电路可以参考。当你的设计要求与实验室电路基本吻合时，他们做出的选择一般也会是你的选择。

（4）利用 Multisim 等仿真软件，对拟选用的放大器搭建电路，实施仿真。

（5）如果有合适的样片申请，请立即申请。如果没有，可以找经销商订货，确认有货后才可确定最终的选择。对本校学生来说，你们还可以找我，只要提出设计任务并简单登记，就可以拿到你心仪的放大器，我攒了好多种。

3.2 电流反馈型运算放大器（CFA）

电流反馈型运算放大器（Current Feedback Amplifier，CFA），仍是运放的一种，只是其内部结构完全不同于电压反馈型（VFA，也就是传统的），导致其外部特性有所不同。幸运的是，用 CFA 和 VFA 组成的放大电路，从外表看没有什么区别。

但是，请慎重使用。用电流反馈型放大器代替传统的电压反馈型放大器时，除非你见过、用过，否则请先分析、再下手——毕竟它们是不同的。

3.2.1 电流反馈型放大器的内核

CFA 内部，正输入端是高阻输入的，等效于一个 1 倍增益的跟随器。跟随器输出和负输入端之间有一个小阻抗 Z_B，一般为几十欧姆。这使得 CFA 的入端压差，立即演变成了入端电流 i，CFA 以此电流作为控制源，镜像出以 GND 为基准的另一个电流 i。此电流在内部流经一个很大的阻抗 Z，又一次形成了电压 iZ，带一个很小的输出阻抗 Z_O 到输出端。如图 3.3 所示。

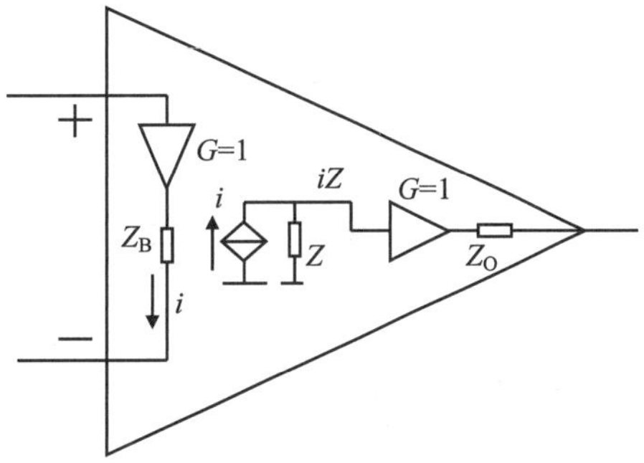

图 3.3 电流反馈型运算放大器内部结构

可以看出，CFA 与 VFA 最大的区别在于负输入端，CFA 的负输入端是低阻的。

3.2.2　基本分析方法

如图 3.4 所示，设负端对地电位为 u_A，假设输出阻抗 $Z_O=0$，有下式成立：

$$i=\frac{u_I-u_A}{Z_B},\quad i_F=\frac{u_O-u_A}{R_F},\quad i_A=\frac{u_A}{R_A},\quad i_A=i+i_F \tag{3.1}$$

令 $u_O=iZ$，得：

$$u_A=u_I-iZ_B=u_I-\frac{u_O}{Z}Z_B \tag{3.2}$$

据式（3.1）得：

$$\frac{u_A}{R_A}=\frac{u_I-u_A}{Z_B}+\frac{u_O-u_A}{R_F}$$

将式（3.2）代入，整理得 ：

$$u_O\left(R_FR_A\frac{Z_B}{Z}+Z_BR_A+(R_A+R_F)\frac{Z_B^2}{Z}\right)=u_IZ_B(R_A+R_F)$$

$$A_{uc}=\frac{u_O}{u_I}=\frac{R_A+R_F}{R_A}\times\frac{1}{1+\dfrac{R_F+Z_B\dfrac{R_A+R_F}{R_A}}{Z}} \tag{3.3}$$

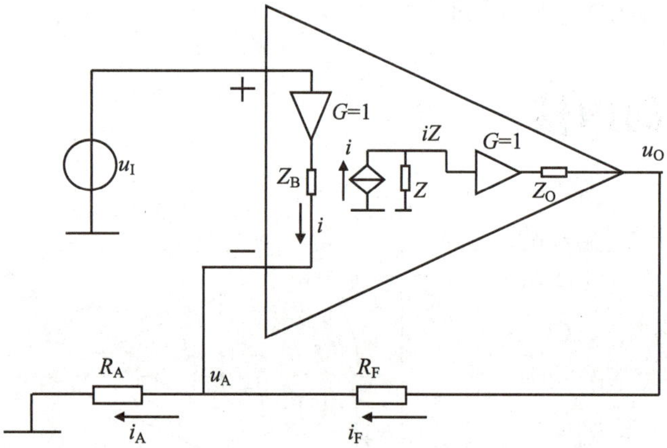

图 3.4　电流反馈型运算放大器组成的同相放大器

式中，电流反馈放大器的主要放大能力来自于非常大的 Z，使得后一项分母近似为 1。于是式（3.3）变为

$$A_{uc}=\frac{u_O}{u_I}\approx\frac{R_A+R_F}{R_A}$$

类似的分析可以得出，对反相输入放大器来说，其电压增益为

$$A_{uc}=\frac{u_O}{u_I}\approx-\frac{R_F}{R_A}$$

3.2.3　CFA 和 VFA 传函对比

在不考虑频率特性的情况下，电流反馈放大器组成的负反馈电路，表现出与电压反馈放大器类似的性能。但是，当考虑频率特性时，电流反馈放大器就表现出了优异的性能。

这来自于它奇妙的传函。

CFA 内部影响频率特性的主要因素是 Z，极大的 Z 必然存在并联的杂散电容 C，因此：

$$\dot{Z}=R//\frac{1}{\mathrm{j}\omega C}=\frac{R}{1+\mathrm{j}\omega RC} \tag{3.4}$$

代入式 3.3，得：

$$\begin{aligned}\dot{A}(\omega)&=\frac{R_F+R_A}{R_A}\times\frac{1}{1+\dfrac{R_F+R_B\left(1+\dfrac{R_F}{R_A}\right)}{R}(1+\mathrm{j}\omega RC)}\\&=\frac{R_F+R_A}{R_A}\times\frac{1}{1+\dfrac{R_F+R_B\left(1+\dfrac{R_F}{R_A}\right)}{R}+\mathrm{j}\omega C\left[R_F+R_B\left(1+\dfrac{R_F}{R_A}\right)\right]}\\&=\frac{R_F+R_A}{R_A}\times\frac{1}{1+\dfrac{R_F+R_B\left(1+\dfrac{R_F}{R_A}\right)}{R}}\times\frac{1}{1+\mathrm{j}\omega C\dfrac{R_F+R_B\left(1+\dfrac{R_F}{R_A}\right)}{1+\dfrac{R_F+R_B\left(1+\dfrac{R_F}{R_A}\right)}{R}}}\end{aligned}$$

设 $R_{new}=R_F+R_B\left(1+\dfrac{R_F}{R_A}\right)$，则有：

$$\begin{aligned}\dot{A}(\omega)&=\frac{R_F+R_A}{R_A}\times\frac{1}{1+\dfrac{R_{new}}{R}}\times\frac{1}{1+\mathrm{j}\omega C\dfrac{R_{new}}{1+\dfrac{R_{new}}{R}}}\\&=\frac{R_F+R_A}{R_A}\times\frac{R}{R+R_{new}}\times\frac{1}{1+\mathrm{j}\omega C(R_{new}//R)}\end{aligned}$$

设 $G_N=\dfrac{R_F+R_A}{R_A}$ 为低频基础增益，$m=\dfrac{R}{R+R_{new}}$ 为增益系数，则有：

$$\dot{A}(\omega)=G_N\times m\times\frac{1}{1+\mathrm{j}\omega C(R_{new}//R)} \tag{3.5}$$

式（3.5）表明，电流反馈放大器组成的同相放大电路，其增益由低频基础增益、增益系数、一阶归一化低通 3 项相乘组成，其上限截止频率为

$$f_H=\frac{1}{2\pi(R_{new}//R)C} \tag{3.6}$$

可以看出，决定电流反馈型运放同相比例器性能的，主要有两个重要因素：R_{new} 和 C，前者主要取决于外部电阻配置，后者取决于运放本身性能。

（1）当 R_{new} 增大时，同相比例器的上限截止频率下降。

（2）当 R_{new} 增大时，同相比例器的增益系数下降，导致低频段增益不再是传统的 $1+R_F/R_A$。

（3）电压反馈放大器的“闭环增益与闭环增益带宽成反比”关系，在此不再成立。

很显然，要控制 R_{new} 越小越好。而 $R_{new}=R_F+R_B(1+R_F/R_A)$，为了降低 R_{new}，选择较小的 R_F 是关键，或者减小增益。

但是，实际情况并不是如此简单。无限制地减小 R_{new}，会导致输出端负载加重，反而会降低带宽等性能。因此，对电流反馈放大器来说，一般性的原理是反馈电阻越小越好，但同时必须认真阅读数据手册，听取生产厂家对设计的建议。

图 3.5 给出了一个假想的 CFA 的幅频特性，是利用 Matlab 程序根据 CFA 传函构建的。图中 CFA 的关键参数如下：R=316kΩ，R_B=35Ω，C=2pF。电路设置及计算结果见表 3.5。

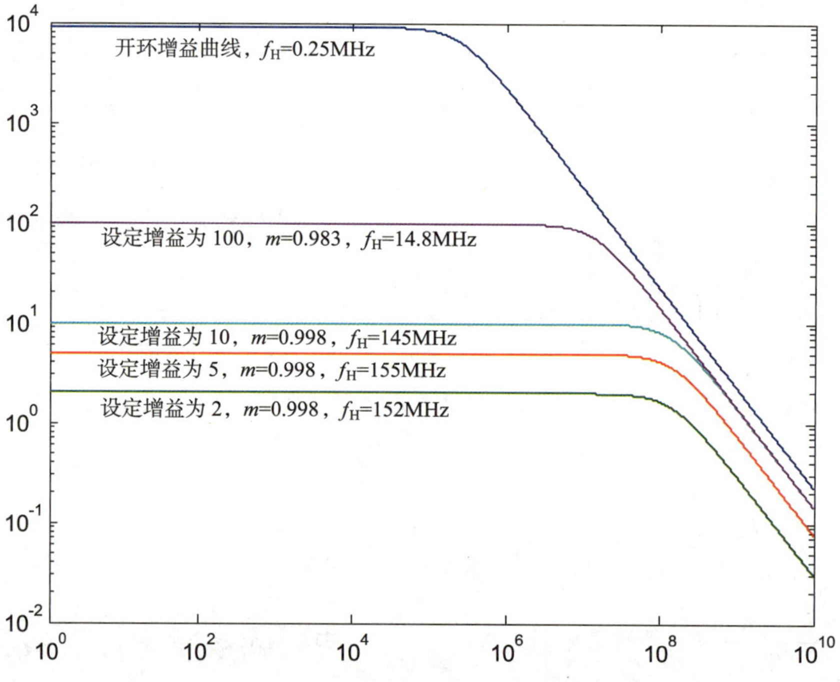

图 3.5　某假想 CFA 构成同相比例器形成的闭环幅频特性曲线

表 3.5　CFA 电路设置与计算

R_F/Ω	R_A/Ω	G_N	m	R_{new}/Ω	f_H/MHz
453	453	2	0.998	523	152
340	85	5	0.998	515	155
200	22.22	10	0.998	550	145
1980	20	100	0.983	5480	14.8

从图中可以看出，CFA 的电压增益变大时，其带宽减小并不明显，甚至根据外部电阻选取不同，可能出现高增益带宽（5 倍 155MHz）大于低增益带宽（2 倍 152MHz）。这在传统的 VFA 中几乎是不可能的。

再来看看电压反馈型运放 VFA 的传函，其内部可以简化成一个压控电压源 $u_{id}A$ 串联一个一阶低通滤波器组成，如图 3.6 所示。假设输出电阻为 0，可以列出下式：

$$\dot{A}(\omega)=\frac{A\times\dot{H}}{1+A\times\dot{H}\times F}$$

$$\dot{H}=\frac{1}{1+\mathrm{j}\omega RC}=\frac{1}{1+\mathrm{j}\dfrac{\omega}{\omega_n}}$$

$$\dot{A}(\omega)=\frac{A\times\dfrac{1}{1+\mathrm{j}\dfrac{\omega}{\omega_n}}}{1+A\times F\times\dfrac{1}{1+\mathrm{j}\dfrac{\omega}{\omega_n}}}=\frac{A}{\left(1+\mathrm{j}\dfrac{\omega}{\omega_n}\right)+\mathrm{AF}}=\frac{A}{(1+\mathrm{AF})\left(1+\mathrm{j}\dfrac{1}{1+\mathrm{AF}}\dfrac{\omega}{\omega_n}\right)}$$

$$=\frac{A}{1+\mathrm{AF}}\times\frac{1}{1+\mathrm{j}\dfrac{\omega}{(1+\mathrm{AF})\omega_n}}$$

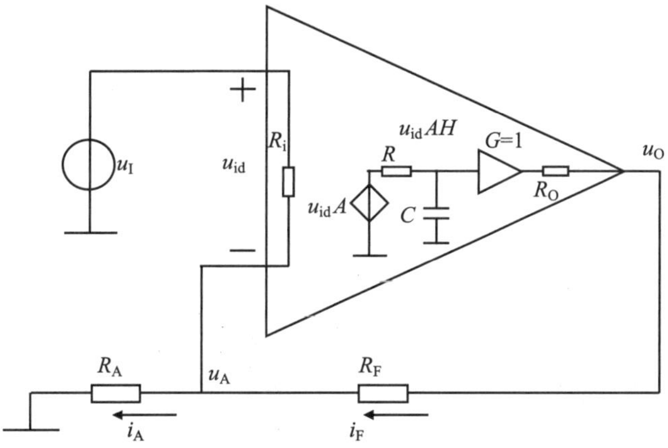

图 3.6 电压反馈型运算放大器组成的同相放大器

图 3.7 是不同闭环增益下的幅频特性。可以看出，随着闭环增益的提高，其带宽在成比例下降。而电流反馈型运放不是这样。

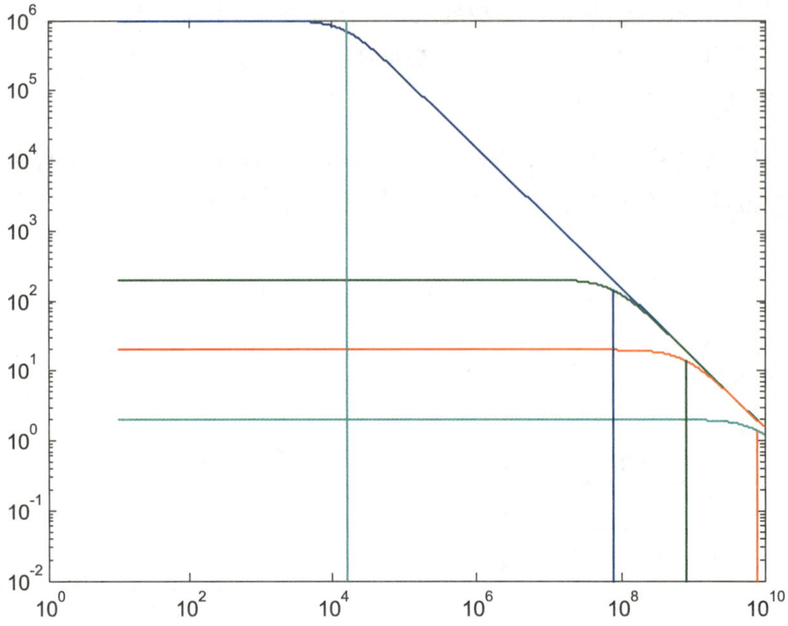

图 3.7　电压反馈型运算放大器组成的同相放大器的闭环幅频特性

3.2.4　优缺点总结

电流反馈运放与电压反馈运放的主要应用区别如下。

首先，它们一般具有更高的压摆率，可以达到 5000V/μs 以上。这在大幅度输出，提高满功率带宽上有明显的优势。

其次，它们不具有增益带宽积固定的限制。对于电压反馈型运放，增益提高 10 倍，粗略分析其带宽应下降到 1/10。但对于电流反馈型运放，当闭环增益变大时，其闭环带宽并不随之成比例下降。因此，它更适合实现单级较高增益的放大电路。

第三，它们一般都具有较低的噪声、较高的失调电压和偏置电流。

第四，对它们的使用有一定的限制。用它作为电压跟随器时，必须用电阻串联到反馈回路中。另外，电流反馈放大电路的反馈电阻需要缜密选择，不同增益下应具有不同的反馈电阻，多数器件的数据手册中对此都有说明。

它主要用于高速、需要较高压摆率、单级电压增益较大的场合。

插话：不同的观察角度，得到不同的结论

好好看看 CFA 和 VFA 组成的同相比例器的幅频特性。我们先从正常人的角度去看。

（1）VFA 的增益变大时，带宽在下降。

（2）CFA 的增益变大时，带宽下降很微弱。

看起来，VFA 不及 CFA。让我们再从另外的角度看这个结论。

（1）VFA 的增益变小时，带宽成倍拓展。

（2）CFA 的增益变小时，带宽拓展不明显。

这样看，似乎 VFA 又比 CFA 好。到底怎么回事呢？

我年轻时买过一个小型录音机。引起我购买欲望的是该录音机具备“低音增强”功能——以几十块钱的低价格可以获得这样奢侈的功能，是让人觉得沾了便宜的。但是我上当了。

该机机壳上有一个开关，叫低音增强开关：当你把它拨到有效时，明显感觉低音增强了，音乐中的鼓声出来了；拨到无效时，明显的，低音很弱。我一冲动，就买了。

后来有高人告诉我，你上当了。那个机器，不是在其中设置了低音增强环节——这在电路上要更复杂一些，而是在普通电路中人为设置了一个低频衰减环节，当你将开关拨到低音增强时，它给出的是传统电路效果，当你将开关拨到低音增强无效时，它在传统电路上串联了一个低频衰减器。

A 工厂 1 小时工资 10 元，无论加班与否。B 工厂为了表示对加班的奖励，加班工资是平时工资的 2 倍，这听起来很好。但是，B 工厂平时工资 1 小时 5 元，加班 1 小时 10 元。谁好谁差，一目了然。

所有这些例子与 CFA 和 VFA 的对比，都是一样的。仅仅看表象是没有准确结论的，我们得看实效。你可以这样理解，CFA 图中，在低增益处，闭环增益曲线确实没有达到被开环线约束的地步，它似乎还有提高带宽的可能性——图中 2 倍增益的那根绿线，理应再坚持平坦到更高的 1GHz 左右。但是，它在 150MHz 附近开始下降了。我们不应该理睬这些，而应该关注，同样是 100 倍增益，CFA 能实现多大的带宽，VFA 又能实现多少带宽。

事实证明，在这方面，CFA 还是具备更好的性能。

3.2.5 ADI 的电流反馈型放大器

ADI 有很多款电流反馈型运放，不一一列举。特别介绍一款驱动器，ADA4870-1。这家伙居然能输出 1A 电流。

ADA4870 是一款单位增益稳定的高速电流反馈型放大器，能够提供 1 A 的连续输出电流。AD4870 创新架构采用 ADI 公司专有的高压 XFCB 工艺制造，支持各种要求严苛应用的高性能信号处理解决方案。

3.3　全差分运算放大器

这是模电课本上没有出现的，3 个输入端 2 个输出端的运算放大器，英文为 Differential Amplifier 或者 Fully Differential Amplifier。与标准运放一样，也需要外部电阻配合形成负反馈才能实施放大功能。

3.3.1　概　述

如图 3.8 所示，全差分运放具有两个输入端 V_P 和 V_N，两个输出端 V_{OUT+} 和 V_{OUT-}，一个控制输出共模的输入端 V_{OCM}，以及两个电源端。全差分运放具有的特殊内部结构，决定了它在正常工作情况下具有如下特性。

（1）两个输出端的平均值始终等于 V_{OCM}。这意味着，当一个输出端电压大于 V_{OCM} 时，另一个一定小于 V_{OCM}。因此，V_{OCM} 输入电压，就是控制输出的平均电压的。

（2）全差分放大器对两个输入端之间的差值进行开环高增益放大，这与传统运放完全相同，区别仅在于，放大后的结果表现在两个输出端的差值上。即 $V_{OD}=V_{OUT+}-V_{OUT-}=A_{OD}(V_P-V_N)$，而 A_{OD} 一般大于 60dB，因此 $V_P=V_N$——虚短。

（3）两个输入端流入电流始终为 0——虚断。

因此，只要合理使用虚短、虚断，全差分放大器的分析方法与一般运放几乎完全相同。

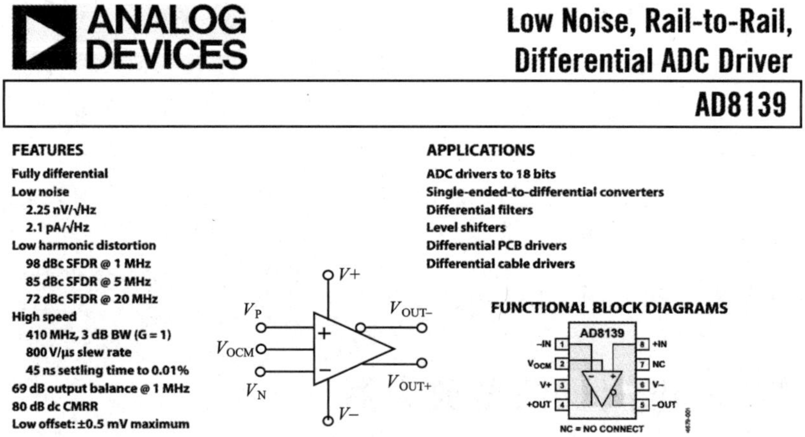

图 3.8　全差分运放 AD8139

优　点

（1）可以实现差分信号传递，进而抵抗外部共模干扰。

（2）在相同电源电压下，能够提供 2 倍的信号动态范围。

（3）能够有效降低信号传递中的偶次谐波，减少失真。

3.3.2 常见电路分析方法

单端输入转差分输出

如果 ADC 是差分输入型的，而原始信号是单端输出的，则多数情况下需要图 3.9 所示的"单端转差分电路"。

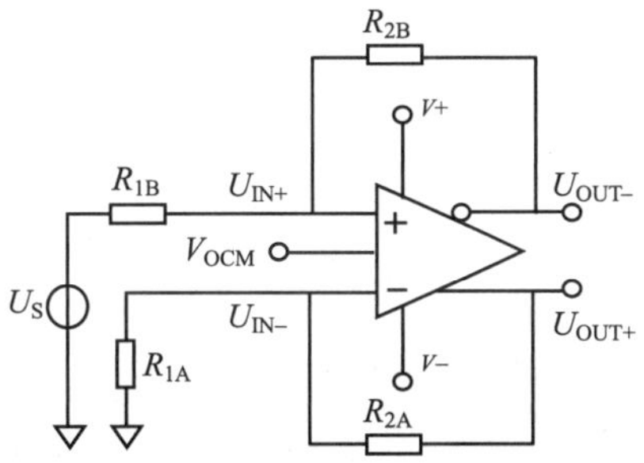

图 3.9 单端转差分放大电路

在分析之前，先看看 4 个电阻，我们没有必要保留 4 个参数。上面两个电阻是一对儿，下面是一对儿。在理想分析中，只有一对儿之间的比值会影响分压关系，因此，只需要定义两个比值即可。因此，可设：

$$k_A = \frac{R_{2A}}{R_{1A}},\quad k_B = \frac{R_{2B}}{R_{1B}}$$

首先，根据虚短，引入一个未知量：

$$U_X = U_{IN+} = U_{IN-}$$

其次，根据全差分运放性质，约束两个输出：

$$\frac{U_{OUT+} + U_{OUT-}}{2} = V_{OCM} \qquad [3.7(a)]$$

再根据虚断，流过两个电阻的电流相等：

$$\frac{U_X - U_S}{R_{1B}} = \frac{U_{OUT-} - U_X}{R_{2B}}，即 k_B(U_X - U_S) = U_{OUT-} - U_X \qquad [3.7(b)]$$

$$\frac{U_X}{R_{1A}} = \frac{U_{OUT+} - U_X}{R_{2A}}，即 k_A U_X = U_{OUT+} - U_X \qquad [3.7(c)]$$

有 U_X、U_{OUT+}、U_{OUT-} 3 个未知量，列出了 3 个独立方程，可按下列步骤解出。

将式［3.7（b）］和式［3.7（c）］相加，再利用式［3.7（a）］，得：

$$U_X = \frac{2}{k_A + k_B + 2} V_{OCM} + \frac{k_B}{k_A + k_B + 2} U_S \qquad (3.8)$$

将式（3.8）代入式［3.7（c）］，得：

$$U_{OUT+} = k_A U_X + U_X = U_X(1 + k_A)，即$$

$$U_{OUT+} = \frac{2(1 + k_A)}{k_A + k_B + 2} V_{OCM} + \frac{k_B(1 + k_A)}{k_A + k_B + 2} U_S \qquad (3.9)$$

将式（3.8）代入式［3.7（b）］：

$$k_B(U_X - U_S) = U_{OUT-} - U_X$$

得：

$$U_{OUT-}=(1+k_B)U_X-k_BU_S$$

即：

$$U_{OUT-}=\frac{2(1+k_B)}{k_A+k_B+2}V_{OCM}+\frac{k_B(1+k_B)}{k_A+k_B+2}U_S-k_BU_S$$

得：

$$U_{OUT-}=\frac{2(1+k_B)}{k_A+k_B+2}V_{OCM}-\frac{k_B(1+k_A)}{k_A+k_B+2}U_S \tag{3.10}$$

两个输出中，都含有 V_{OCM} 部分（仅有一点差异，一个分子含 k_A，一个含 k_B），含有方向相反、大小相等的信号 U_S 部分。要想让它们的差值（差分输出为两个输出端的差值）$U_{OUTd}=U_{OUT+}-U_{OUT-}$ 不含有非信号部分，只有让 V_{OCM} 部分相等，也就是 $k_A=k_B$。否则，就会出现图 3.10 所示的非对称情况。

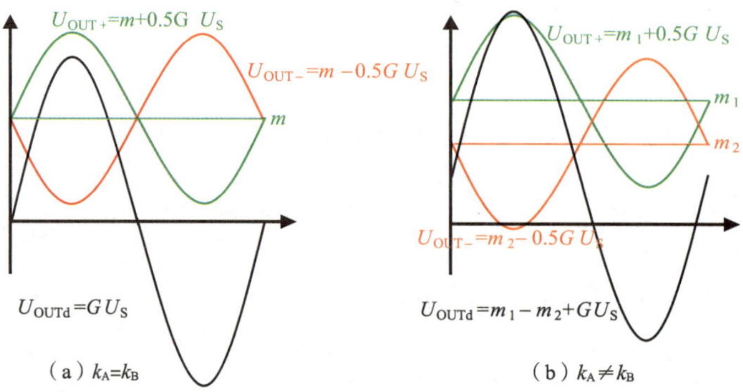

图 3.10　单端转差分电路中，上下增益不等造成的后果

为了让电路更加对称，一般都是这样：

$$R_{1A}=R_{1B}=R_1;\ R_{2A}=R_{2B}=R_2;\ k=R_2/R_1$$

如此，结果变得更加简单：

$$U_X=\frac{1}{1+k}V_{OCM}+0.5\frac{k}{1+k}U_S \tag{3.11}$$

$$U_{OUT+}=V_{OCM}+0.5kU_S \tag{3.12}$$

$$U_{OUT-}=V_{OCM}-0.5kU_S \tag{3.13}$$

$$U_{OUTd}=kU_S$$

结果简单美妙，好记。要几倍放大，就选择反馈电阻是入端电阻的多少倍。而且，更重要的是，信号输入和共模输入在输出端产生的结果是相互独立的，互不影响。换句话说，当你已经完成了设计，突然想改变输出端共模位置时，只需要改变 V_{OCM}，其他不用管。因此，在后续分析中，一般不再独立画出 V_{OCM}。

前述电路的输入电阻

输入电阻，在教科书上的定义是针对输入信号的。它意味着，当输入端存在一个动态变化电压（频率在放大电路指定频带内）时，会相应产生一个成比例的动态输入电流，两者的比值就是输入电阻。

它与静态输入电流毫无关系。

对于图 3.9 所示电路，U_X 点电位与输入电压 U_S 之间的关系为式（3.11）：

$$U_X = \frac{1}{1+k}V_{OCM} + 0.5\frac{k}{1+k}U_S$$

对电阻 R_{1B} 来说，其左侧电位为 U_S，右侧电位为 U_X，因此流过它的电流为

$$I_i = I_{R1B} = \frac{U_S - U_X}{R_{1B}} = \frac{1+0.5k}{1+k} \times \frac{U_S}{R_{1B}} - \frac{1}{1+k} \times \frac{V_{OCM}}{R_{1B}}$$

输入电压 U_S 发生一个微小变化量 ΔU_S，产生的电流变化量为

$$\Delta I_i = \frac{1+0.5k}{1+k} \times \frac{\Delta U_S}{R_{1B}}$$

因此，输入电阻为

$$r_i = \frac{\Delta U_S}{\Delta I_i} = \frac{1+k}{1+0.5k}R_{1B}$$

可以看出，输入电阻不再是 R_{1B}，而是介于 R_{1B}~$2R_{1B}$ 的一个值。特别的，当 $k=1$ 时，输入电阻为 $1.333R_{1B}$。

含阻抗匹配的单端输入转差分输出

高频放大电路中，特别讲究阻抗匹配。如果没有阻抗匹配，对于高频输入信号，会因多次反射造成波形失真。阻抗匹配的原则是，要求信号路径上不发生电阻突变。我们知道，一块电路板的输出，要传递给另一块电路板，需要一根传输线。而传输线特征阻抗一般为 50Ω 或者 75Ω，夹在前级输出和后级输入之间。所以，多数情况下，信号源或者前级放大电路的输出阻抗一般选为 50Ω，以便与传输线等电阻，而后级放大电路的输入阻抗也必须是 50Ω，以与传输线匹配。这样，低频的单端转差分电路必须修改。看图 3.11。

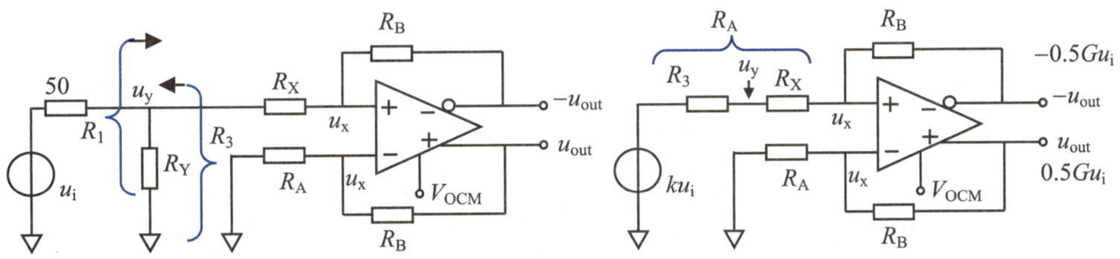

图 3.11 高频时单端输入转差分输出（左图为实际电路，右图为等效电路）

设计这种电路，必须保证如下要求。

（1）信号源具有 50Ω 的输出阻抗，因此电路入端的输入阻抗必须也是 50Ω。左图中，必须保证从 u_y 标注点处看进去的放大器输入电阻 R_1 为 50Ω。

（2）上下两条支路必须是对称的，以实现平衡输出（不对称的在图 3.10 中已经见过了）标注点 u_y 处的信号输出电阻 R_3，加上 R_X，应该刚好等于 R_A。

这样，在信号源输出电阻为 50Ω，设定增益为 G 的情况下，我们需要选择 R_A、R_B、R_X、R_Y，以满足输入阻抗匹配，上下对称，总增益为 G 的要求。这似乎有点难度。很多资料采用了估算的方法，但这不严谨。

按照下述方法求解方程，可以得到精确的阻值，在此基础上选择合适的 E96 系列电阻，可实现较好的设计。

已知输入为单端信号 u_i，具有 50Ω 输出阻抗，要求将其变为差分输出信号，增益为 G 倍，即，$u_{out+}-u_{out-}=Gu_i$ 且输出对称，满足入端阻抗匹配。

老老实实地分析，推导一遍有好处

分析过程：首先，画出电路结构图，如图 3.11 左图所示。其中，R_X、R_Y、R_A、R_B 为待求电阻。为满足入端阻抗匹配，u_y 处信号大小应为 $0.5u_i$。

其次，利用戴维宁等效，将电路简化成图 3.11 右图。设一个临时系数 k：

$$k=\frac{R_Y}{50+R_Y} \tag{3.14}$$

$$R_3=R_A-R_X=50//R_Y=\frac{50\times R_Y}{50+R_Y}=50k \tag{3.15}$$

$$\begin{cases} u_x=\dfrac{R_A}{R_A+R_B}\times 0.5Gu_i \\ \dfrac{ku_i-u_x}{R_A}=\dfrac{u_x-(-0.5Gu_i)}{R_B} \end{cases} \tag{3.16}$$

解式（3.16），得

$$k=\frac{R_A}{R_B}G \tag{3.17}$$

根据输入阻抗定义，可得 u_y 点信号应为 $0.5u_i$。

$$\frac{ku_i-0.5u_i}{R_3}=\frac{0.5u_i-u_x}{R_X}=\frac{0.5u_i-\dfrac{R_A}{R_A+R_B}\times 0.5Gu_i}{R_A-R_3}$$

将 $R_3=50k$ 代入，并将 u_i 消掉，得：

$$kR_A - 50k^2 - 0.5R_A = -25kG\frac{R_A}{R_A + R_B}$$

将式（3.17）代入，且设 $R_A = x$，整理后得：

$$x^2\frac{G}{R_B}\left(1 - \frac{50G}{R_B}\right) + x\left[G\left(1 - \frac{25G}{R_B}\right) - 0.5\right] - 0.5R_B = 0$$

$$a = \frac{G}{R_B}\left(1 - \frac{50G}{R_B}\right),\quad b = G\left(1 - \frac{25G}{R_B}\right) - 0.5,\quad c = -0.5R_B \tag{3.18}$$

由此可解得：

$$R_A = x = \frac{-b \pm \sqrt{b^2 - 4ac}}{2a} \tag{3.19}$$

（需大于 0，否则重新设定 R_B）

由此，可利用式（3.17），求出 k（需小于 1，否则重新设定 R_B）。

根据式（3.14），解出：

$$R_Y = \frac{50k}{1 - k} \tag{3.20}$$

再利用式（3.15），解得：

$$R_X = R_A - 50k \tag{3.21}$$

如果嫌烦，可以按照下述步骤进行

第 1 步，设定 R_B，利用式（3.18），解得：

$$a = \frac{G}{R_B}\left(1 - \frac{50G}{R_B}\right);\quad b = G\left(1 - \frac{25G}{R_B}\right) - 0.5;\quad c = -0.5R_B$$

第 2 步，利用式（3.19）解得：

$$R_A = x = \frac{-b \pm \sqrt{b^2 - 4ac}}{2a}$$

第 3 步，利用式（3.17）解得：

$$k = \frac{R_A}{R_B}G$$

第 4 步，利用式（3.20）解得：

$$R_Y = \frac{50k}{1 - k}$$

第 5 步，利用式（3.21）解得：

$$R_X = R_A - 50k$$

举例看效果

举例：原始信号为单端双极性信号，50Ω 输出电阻，源幅度小于 800mV，频率小于 10MHz，需要放大后加载到一个差分输入 10 位 ADC 中，ADC 接受的共模输入范围为 0~5V。设计前级驱动电路，暂不考虑滤波问题。

（1）先确定增益 G、共模输入 V_{OCM}。

首先信号频率为 10MHz，建议按照阻抗匹配方式设计，电路结构如图 3.11 所示。因 ADC 共模输入范围为 0~5V，为较好发挥 ADC 的动态范围，一般将差分放大器的两个输出端静默电位都设置成 2.5V，且在 0~5V 内波动。为了减小饱和风险，建议放大器输出端在 0.5~4.5V 内波动——留点裕量总是安全的。这样，全差分运放的任意输出端，都将出现最高 4.5V，最低 0.5V 的信号。那么，它的幅度将是 2V，差分输出就会形成 4V 幅度。即

$$U_{outd}=U_{out+}-U_{out-}=4V_P$$

而已知输入幅度最大为 800mV，则

$$G=\frac{U_{outd}}{U_i}=\frac{4V}{800mV}=5$$

要使输出静默在 2.5V，则 $V_{OCM}=2.5V$。

（2）选择合适的供电电压和全差分放大器。

在此要讲一些超出本章内容的知识。

既然 ADC 的输入范围是 0~5V，那么放大器的输出范围最好也在这个范围内——即便接错了，也烧不了 ADC，而且还不额外增加电源，就用 ADC 的模拟供电电压 +5V。因此，先确定使用单一电源 +5V 给全差分放大器供电。

这就要求全差分放大器能够输出 0.5~4.5V，需要找寻输出至轨电压小于 0.5V 的全差分放大器。这不好找，只有 AD8137 和 AD8139。其中，AD8139 的输出至轨电压只有 0.1~0.15V；带宽为 410MHz，也够用。

（3）开始计算。

参照 AD8139 数据手册，可以选择 $R_B=1000\Omega$。

我用 Excel 制作了一个表格，保存在我的电脑中，它囊括了式（3.17）~（3.21），只要输入 G 和 R_B，可自动解出 R_A=116.0084Ω、R_X=87.0063Ω、R_Y=69.0596Ω。

这样精确的电阻没有意义，找到 E96 电阻表，见表 3.6。据此，选择 R_A=115Ω、R_X=86.6Ω、R_Y=68.1Ω。

表 3.6 电阻电容 E 系列速查表

	1	2	3	4	5	6	7	8	9	10	11	12	13	14	15	16	17	18	19	20	21	22	23	24
E3	1								2.2								4.7							
E6	1				1.5				2.2				3.3				4.7				6.8			
E24	1.0	1.1	1.2	1.3	1.5	1.6	1.8	2.0	2.2	2.4	2.7	3.0	3.3	3.6	3.9	4.3	4.7	5.1	5.6	6.2	6.8	7.5	8.2	9.1
E96	1.00	1.10	1.21	1.30	1.50	1.62	1.82	2.00	2.21	2.43	2.74	3.01	3.32	3.65	3.92	4.32	4.75	5.11	5.62	6.34	6.81	7.50	8.25	9.31
	1.02	1.13	1.24	1.33	1.54	1.65	1.87	2.05	2.26	2.49	2.80	3.09	3.40	3.74	4.02	4.42	4.87	5.23	5.76	6.49	6.98	7.68	8.45	9.53
	1.05	1.15	1.27	1.37	1.58	1.69	1.91	2.10	2.32	2.55	2.87	3.16	3.48	3.83	4.12	4.53	4.99	5.36	5.90	6.65	7.15	7.87	8.66	9.76
	1.07	1.18		1.40		1.74	1.96	2.15	2.37	2.61	2.94	3.24	3.57		4.22	4.64		5.49	6.04		7.32	8.06	8.87	
				1.43		1.78				2.67									6.19				9.09	
				1.47																				
	4	8	11	17	20	25	29	33	37	42	46	50	54	57	61	65	68	72	77	80	84	88	93	96

第 1 行为列数，共 24 列，刚好指明 E24 系列的 24 个阻值。

最后一行表明至本列末 E96 系列阻值已经包容的个数，用于快速读取电阻值次序号。比如第 4 列为 17，表明本列最后一个 1.47Ω，是 E96 系列中的第 17 个阻值。这常用于 E96 系列的另一种标注法，用两个数字加一个字母表示。前两个数字代表阻值序号，字母代表幂次。

字母	A	B	C	D	E	F	G	H	X	Y	Z
幂次	10^0	10^1	10^2	10^3	10^4	10^5	10^6	10^7	10^{-1}	10^{-2}	10^{-3}

如 56D，利用本表可以快速找到第 56 个是 3.74，此处不用小数点，记为 374Ω；D 表示乘以 10^3，因此阻值为 374kΩ。再比如 93Z，阻值为 0.909Ω。

（4）仿真实验。

可以选用很多仿真软件实现电路仿真。我常用 Multisim12.0。根据计算画出电路如图 3.12 所示，仿真实验波形如图 3.13 所示。

输入信号为双极性（有正有负，只有正的或者只有负的称为单极性）、幅度为 800mV 的正弦波，负输出端信号（红色）与输入反相，骑在 2.5V 上，幅度为 2V，最大 4.5V，最小 0.5V，和我们期望的一模一样。

看来，我们的计算公式非常棒。

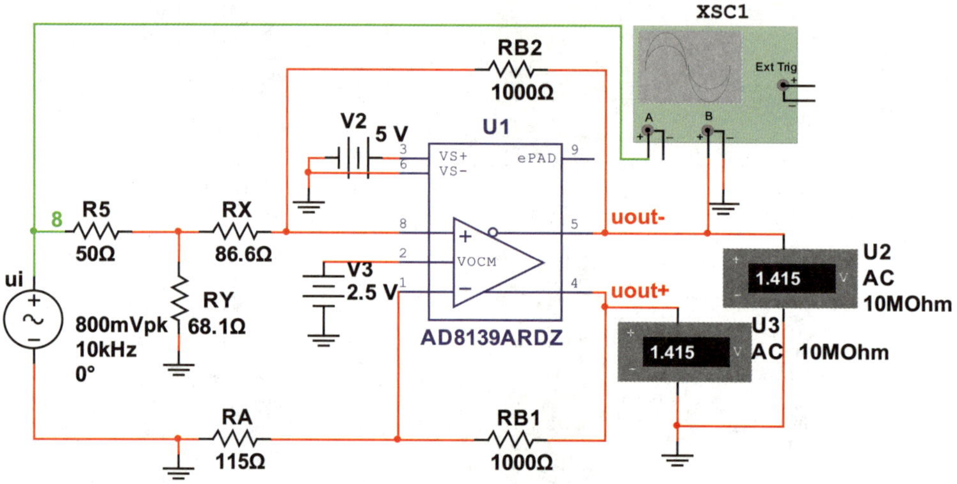

图 3.12　单端转差分仿真电路

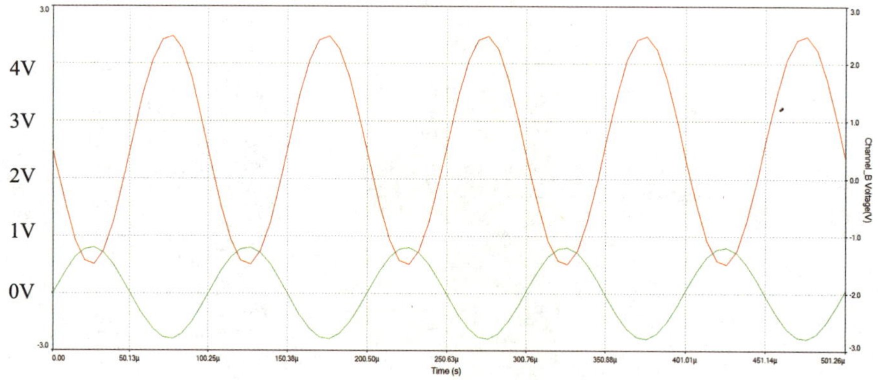

图 3.13　图 3.12 电路仿真波形

全差分运放的其他电路形式

全差分运放更多用于 ADC 驱动电路、单端差分转换等。但是，仔细想想你会发现，由于全差分运放具有更多的输入、更多的输出，它可以组合出远比标准运放多得多的电路结构。2 人 1 场比赛，3 人 3 场比赛，4 人就需要 6 场比赛……想想看。

事实确实如此。但是，为什么它的影响力没有标准运放大呢？主要是生产这么复杂的芯片，要保证其他性能指标难度就很大，因此它比较贵，某些单项指标也比不过标准运放。

尽管如此，本节还是把一些常见的全差分电路结构罗列出来，开阔大家的眼界。

全差分信号放大（差分进，差分出）

全差分放大器可以多级级联，始终保持差分信号传递。在低频信号链中，无需考虑信号端接中的线缆阻抗匹配，设计相对简单。各级输出阻抗均为 0，可以直接耦合（图 3.14），也可以交流耦合（直接在链路中合适的位置串联电容），以进一步降低失调电压的级联贡献。

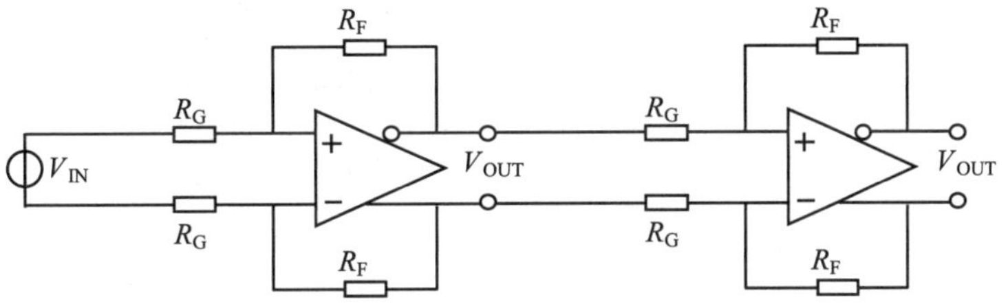

图 3.14 多级全差分放大器（低频）

高频全差分信号传递中，一旦信号线过长或者使用传输线缆，则一定要考虑阻抗匹配以保持尽量小的反射。图 3.15 中的 R_T 称为端接（Termination）电阻，其首要目的就是保证从包括它开始向右的输入阻抗为 50Ω，以便在它的两端获得源信号一半的电压。

在图 3.10 所示单端转差分电路中，R_Y 就是端接电阻，只不过当时为了解方程，取了个不好的名字。

请读者参考图 3.10 对应的分析过程，自行分析图 3.15。

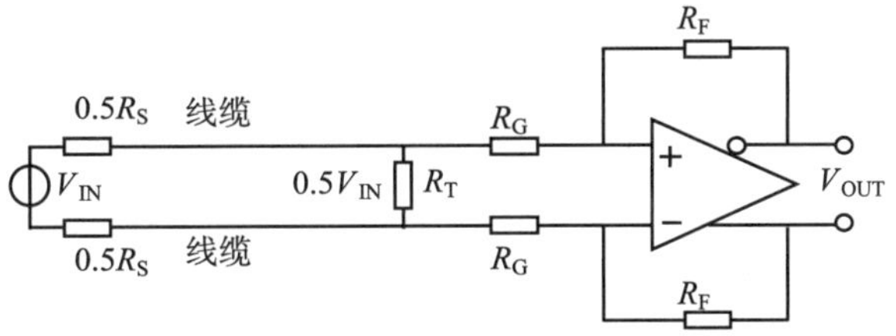

图 3.15 含阻抗匹配的全差分放大器

全差分仪表放大器

图 3.16 是全差分仪表放大器。一旦说到仪表放大器，脑中应有以下特征闪现。

（1）差分输入，高输入阻抗。

（2）有电压放大能力，增益最好能方便调节。

全差分仪表放大器与传统仪表放大器的唯一区别是，前者的输出是差分的，而后者是单端输出。

图中，R_G 前移至两个标准运放电路中，以更加方便地调节增益。

$$A_u = \frac{V_{OUT}}{V_{IN+} - V_{IN-}} = \frac{2R_2 + R_G}{R_G} \times \frac{R_F}{R_1}$$

增益计算非常简单，两个部分相乘。前部为标准运放部分的，后部为全差分放大器的。

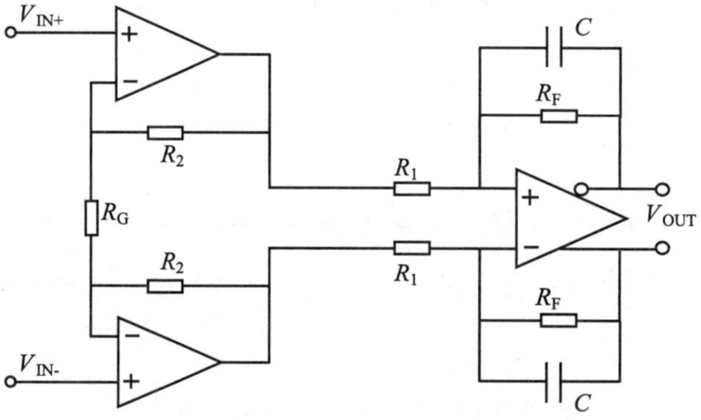

图 3.16　全差分仪表放大器

图中增加了两个电容，实现一阶低通滤波器。截止频率为

$$f_h = \frac{1}{2\pi R_F C}$$

多种接法的全差分电路

图 3.17 所示的各类全差分电路的变形，可能有些启发作用，但实际用途并不多。请读者自行推导，看全差分运放是不是比标准运放更灵活。

我对此也非常有兴趣，但是捣鼓了半天，也没有搞出一个有用的东西。除了有对称的差分输出之外，它能够实现的，在结构上，标准运放都能实现。

标准运放能够实现极高输入阻抗的跟随器，但是它不能衰减。我试着想用全差分运放实现如下功能。

（1）输入阻抗极高。

（2）同相输出衰减。

但是，好像不成功。

我又试着把输出信号反馈到 V_{OCM} 端，遗憾，也没有搞出什么有意思的东西。

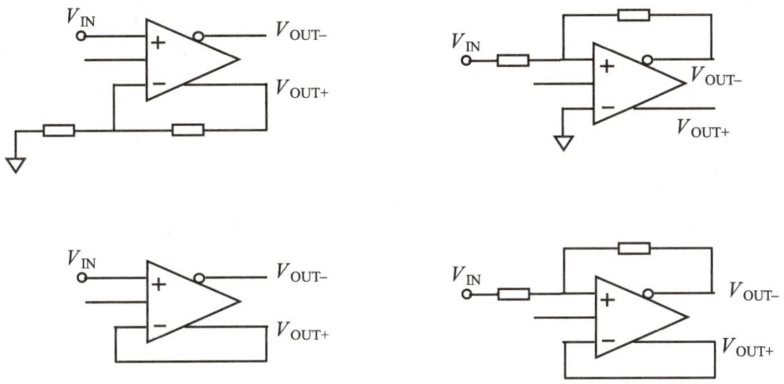

图 3.17 各种全差分电路的变形

3.3.3 ADI 的全差分放大器

在 ADI 的分类中，并不强调把全差分放大器归在牢靠的一类中。表 3.7 是我费劲整理的，不一定可靠。

其中，“标 C”是指标准结构，电流反馈型；“标 V”是指标准结构，电压反馈型；“固定多少倍”，是指 ADI 生产的产品内部嵌了电阻，只能实现指定的倍数；而“内 6 电阻”是每个放大器都嵌了 6 个电阻，可以实现 3 种放大倍数。

AD8476 是比较优秀的一款驱动器。而更吸引我的是 ADA4940-1，功耗和失真度指标都非常棒，而且还轨至轨。但是很遗憾，写这本书的时候，我的库存中还没有这款芯片。

表3.7　ADI的全差分放大器

Part#	Type	3dBBW /MHz	Min Gain	I_q/mA	SR/ (V/us)	Dist2nd /dBc	Dist3rd/ dBc	Package	US Price	Noise/ (nV/sHz)	Power Sup	RRI	RRO
ADA4927-1	标C	2300	1	22.1	5000	87	89	16-Lead LFCSP	3.79	1.4	4.5~11V	N	N
ADA4927-2	标C	2300	1	22.1	5000	87	89	24-Lead LFCSP	6.29	1.4	4.5~11V	N	N
AD8132	标V	350	1	10.7	1200	97	100	8-Lead MSOP; 8-Lead SOIC	1.67	8	2.8~11V	N	N
AD8137	标V	110	1	3.6	450	85	85	8-Lead SOIC	1.1	18	2.7~12V	1	0.45
AD8138	标V	320	1	20	1500	94	114	8-Lead CSP; 8-Lead SOIC	3.75	5	3~10V	N	N
AD8139	标V	410	1	24.5	800	90	105	8-Lead CSP; 8-Lead SOIC	3.75	2.25	5~12V	1	0.1
ADA4930-1	标V	1350	1	34	3400	73	75	16-Lead LFCSP	3.79	1.2	3.3~5V	N	N
ADA4930-2	标V	1350	1	34	3400	73	75	24-Lead LFCSP	6.29	1.2	3.3~5V	N	N
ADA4932-1	标V	560	1	9.6	410	72	80	16-Lead LFCSP	2.95	3.6	3~11V	N	N
ADA4932-2	标V	560	1	9.6	410	72	80	24-Lead LFCSP	5.29	3.6	3~11V	N	N
ADA4937-1	标V	1900	1	39.5	6000	70	84	16-Lead LFCSP	3.79	2.2	3.3~5V	N	N
ADA4937-2	标V	1900	1	39.5	6000	77	84	16-Lead LFCSP; 24-Lead LFCSP	5.69	2.2	3~5.25V	N	N
ADA4938-1	标V	1000	1	36.5	4700	82	82	16-Lead LFCSP; 24-Lead LFCSP	3.79	2.6	4.5~11V	N	N
ADA4938-2	标V	1000	1	36.5	4700	82	82	16-Lead LFCSP; 24-Lead LFCSP	5.69	2.6	4.5~11V	N	N
ADA4939-1	标V	1400	2	37.7	6800	77	95	16-Lead LFCSP	3.79	2.3	3~5.25V	N	N
ADA4939-2	标V	1400	2	37.7	6800	77	91	16-Lead LFCSP	5.69	2.3	3~5.25V	N	N
ADA4940-1	标V	240	1	1.18	90	125	118	8SOIC 16LFCSP	1.59	3.9	3~7V	–0.2	0.07
ADA4940-2	标V	240	1	1.18	90	125	118	24LFCSP	2.59	3.9	3~7V	–0.2	0.07
AD8475	固定0.4/0.8	150	0.4	3.2	50	THD	112	10-Lead uSOIC; 16-Lead LFCSP	1.99	10	3~10V	N	N
AD8476	固定1倍	5	1	0.33	10	120	122	8MSOP;	1.99	39	3~18V	N	0.05
AD8131	固定2倍	400	2	11.5	2000	95	101	8MSOP;8SOIC	1.82	12.5	2.7~10V	N	1.4
ADA4950-1	内6电阻	750	1	9.5	2900	80	84	16-Lead LFCSP; 24-Lead LFCSP	2.99	9.2	3~11V	N	N
ADA4950-2	内6电阻	750	1	9.5	2900	80	84	16-Lead LFCSP; 24-Lead LFCSP	5.29	9.2	3~11V	N	N
ADL5561	内6电阻	2900	2	40	9800	95	87	16-Lead LFCSP	3.68	2.1	3~3.6V	N	N
ADL5562	内6电阻	3300	2	80	9800	104	87	16-Lead LFCSP	3.68	2.1	3~3.6V	N	N

第 4 章 使用放大器的共性问题

跟着我学放大器的学生，多数是参加全国大学生电子设计竞赛的。他们刚进门的时候，只知道一些模电课本上的基础知识。刚开始，什么都不怕，以为很简单，于是错误百出，这是第一阶段。不加教导的话，做什么都失败，就进入了第二阶段——什么都不敢做了，就像遇到了野蛮女友一般。

把他们经常遇到的问题总结在一起，就是本章的内容。我希望大家能进入第三阶段，也是人生的平和阶段：不怵、不傲，该干什么就干什么，坦坦荡荡。这，相当不容易。

或多或少记住一些，最好能理解，对加快熟悉放大器有很大帮助。参加电子设计竞赛的学生，经过几个月的学习和实践，再遇到本章这些常见问题，一般都能熟练应对。看起来，与刁蛮的放大器过招，也很有意思。

4.1 放大器的封装

选择运放的封装，对整体电路板尺寸、焊接工艺和散热有影响，对电路性能也有影响。但是对初学者来说，熟悉封装只有一个目的，就是能把放大器正确焊接到电路板上。常见的与封装相关的错误如下。

（1）管脚在肚子上，手工焊接实现不了。

（2）封装大小就不对，根本焊不上。

（3）能焊上，管脚定义不对。看起来挺漂亮，不敢加电。

我的学生经常制板，最常见的承认错误场景：恨不得把头低到脖子里，“老师，板子报废了……封装搞错了”。此时，你应该知道我为什么把这一节放在前面了吧。

4.1.1 关于封装的一些基本概念

关于封装尺寸，我们主要关心的是两个参数：一是管脚间距，二是两排管脚之间的宽窄。封装中的其他参数，多数是给批量焊接提供的，无需我们操心。一般来说，管脚间距不正确，会导致无法焊接，但宽窄稍有差别，手工焊接还是可以凑合使用的。

生产厂家在分类时，一般都将宽窄一致的芯片命名为一类，也有将总体尺寸一致命名为一类的。说起来很复杂，而且不同的厂家命名也不完全相同。

本书以 ADI 公司官网上的封装分类方法为主进行介绍，主要涉及与运放相关的芯片封装，不涉及处理器等多管脚芯片。

本书主要介绍最常见的 PDIP、SOIC、SOP、SC70、SOT23 等封装。

有以下几点需要注意。

（1）一款放大器通常具有多种不同的封装，在使用前必须落实具体的封装类型。

（2）依据不同的封装类型，以数据手册最后的封装尺寸为准，绘制电路板。

（3）用尺子大致测量一下样片的尺寸，并和数据手册对比，会减少设计失误。这是一个愚蠢的教导，但是，对多数人来说，是管用的。

4.1.2　封装信息表

ADI 公司生产的运放封装有 10 种，见表 4.1。总体来说，不同公司生产的运放，绝大多数具有相同的封装类型和名称。在超小封装上，各公司可能会有一些区别，比如采用不同的名称，定义不同的间距等。

表 4.1　ADI 公司常见运放封装信息表

封装	管脚间距 /mm	长度 /mm	定长	宽度 /mm	手焊	管脚类型	管脚数
PDIP	2.54	随管脚	/	7.62	容易	插孔	8/14
SOIC-N	1.27	随管脚	/	6.00	容易	表贴	8/10/14
SOIC-W	1.27	随管脚	/	10.3	容易	表贴	14
MSOP	0.65/0.50	3	3	4.9	较困难	表贴	8/10
TSSOP	0.65	随管脚	/	6.4	较容易	表贴	8/14
SOT-23	0.95/0.65	2.9	2.9	2.8	较容易	表贴	5/6/8
SC70	0.65	2.0	2.0	2.1	较容易	表贴	5/6
LFCSP	0.5	3.0	3.0	3.0	困难	表贴内嵌	8
LCC	1.27	8.89	8.89	8.89	困难	表贴内嵌	20
WLCSP	0.4/0.5	随管脚	/	随管脚	极困难	球形	6/8/14

每一款运放，可能具备多种不同封装。在数据手册中，会对每一种封装进行三视图描绘，并给出关键尺寸，参见 2.18.11 节。

4.1.3 常用管脚分布和例外

能记得住运放管脚的位置，不一定是好事。有时候，它会让你难堪——很多运放的管脚位置非常奇特，按照你记忆中的管脚设计，会报废板子。多看一眼数据手册，就能避免这种难堪。

图 4.1 是运放最常见的 4 种管脚分布，而图 4.2 给出的两种较为少见。其中图 4.2 左图 ADA4857-1，将 6 脚的输出引回到 1 脚，是为了方便用户在输出脚和负输入脚之间连接一个电阻，使得这个电阻具有极小的杂散电容，这在高频放大器设计中非常有用。

某些单运放具有 3 个空闲脚（1、5、8），如图 4.1 左上图，“NC”代表没有连接，意思是芯片内部对这些脚没有任何连接。在设计电路时，最好什么也不要连。

某些单运放的 1、5、8 脚还有其他定义：最常见的是用于两个调零管脚，有些是 1、5 脚，有些是 1、8 脚。这 3 个管脚还可用于节电控制、限幅设置、基片等。

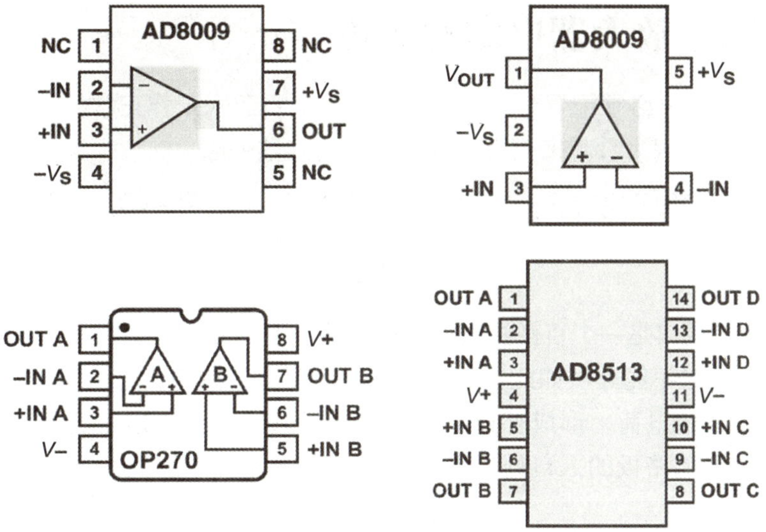

图 4.1 运放较为常见的 4 种管脚分布

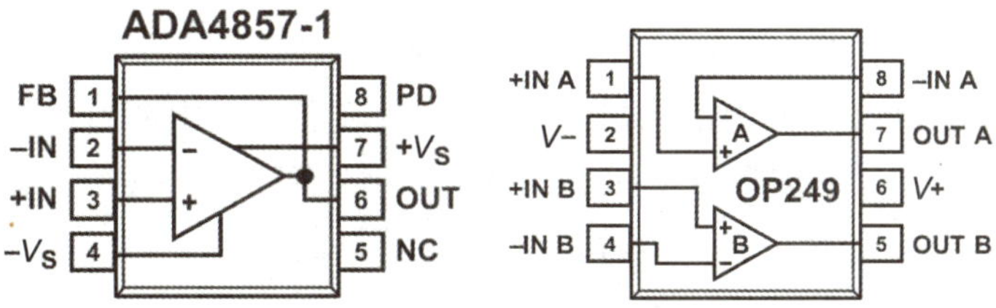

图 4.2 运放较为少见的两种管脚分布

4.2　供电和电源去耦

给放大器提供良好的电源配置，是用好放大器的关键。它很简单，但很重要。

4.2.1　给放大器供电的几项注意

给放大器供电，第一要注意的就是极性和大小。接错极性，会烧毁芯片；超过额定电压，也会烧毁芯片。这种烧毁是可怕的，属于炸裂，有可能伤人。

另外，如果一个放大器有若干个内部相通的电源脚，或者“地”，不要偷懒只接其中的一个，而要全部按要求接好。

第三，就是给电源对地配置电容了。

最后，必要时在电源流进芯片的路径中串联磁珠。

4.2.2　怎么给放大器电源配置电容？

给放大器供电时，必须配置合适的电容。否则，看起来工作正常的放大电路，性能指标会严重下降。而正因为看起来正常，很多人会忽视这一点。

电源对地之间增加的电容，分为两类，一类是库电容，另一类是旁路电容。

库电容

所谓库电容，其实是一个百微法级的电解电容。它的作用是，若负载出现突然的大电流需求，而电源一时不能提供如此大的电流输出，就会造成输出产生电压跌落；此时，库电容会释放它内部的电荷，形成补充电流输出，以减小电源的输出压力。这种库电容一般设计在电源进入电路板的入口处，且距离用电运放距离不能太远——一般建议不超过 10cm。你看着办吧。

库电容是我起的名字，别人叫去耦电容，Decoupling Capacitor，其含义是防止本电路的电压变化影响别的电路的供电稳定性。

旁路电容

旁路电容一般是 10~0.1~0.01uF 的电容组，设计在芯片的电源管脚根部，在局部形成一个低通滤波器，用于“旁路”（Bypass）电源出现的高频电压噪声，其实就是让高频噪声在此短接到地。与库电容（去耦电容，或者叫退偶电容）的主要区别是，前者防止自己影响别人，旁路电路防止别人影响自己。

为什么要用两个电容形成电容组来实现高质量的旁路呢？

几乎所有的电容都不是理想的 $1/f$ 阻抗，而实际呈现一个沟形阻抗曲线。原因在于任何一个电容都可以被理解为图 4.3 所示的模型，在低频段，感抗和电阻都很小。随着频率的上升，电容容抗逐渐下降，总阻抗也是下降的。而随着频率的再升高，感抗开始起作用，使得总阻抗呈现上升趋势。这就出现了一个谷值点。一般认为这个谷值点就是电容的等效串联电阻。理论上，该谷值点频率为 $\frac{1}{2\pi\sqrt{LC}}$。

不同类型、不同大小的电容器，其等效电感 L、等效电阻 R 不同，其阻抗沟形曲线的形态就不同，其低阻抗覆盖区域也就不同。同时，一般认为，小容值电容器的等效电感也会小些，合并使得谷值点频率提高。这样，使用两个不同容值的电容器并联，会扩大其低阻抗频率区域，使得旁路作用在更宽的频域内有效。

那么，如果要覆盖较为宽广的噪声频段，仅用一个电容是难以实现的。用一个较大电容 C_1 负责较低频段，用一个较小电容 C_2 负责较高频段，是实践中最常见的有效方法。这两个电容的容值一般选为 50~1000 倍较好。

注意，图 4.4 中红色线是一大一小两个实际电容器并联后的阻抗，它出现了一个峰值，这在实际应用中一般不会出现。

这种双电容旁路常用于模拟电路芯片，如运放等的电源旁路，常用的组合有 10μF/0.1μF、4.7μF/0.01μF、10μF/0.01μF 等。

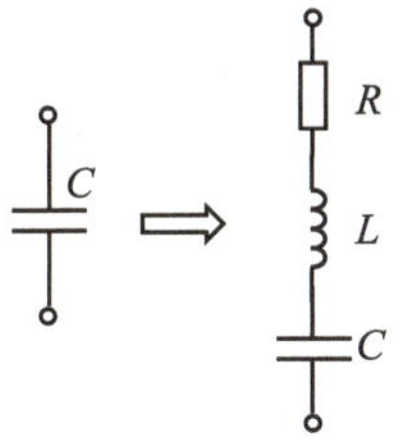

图 4.3 实际电容器等效模型

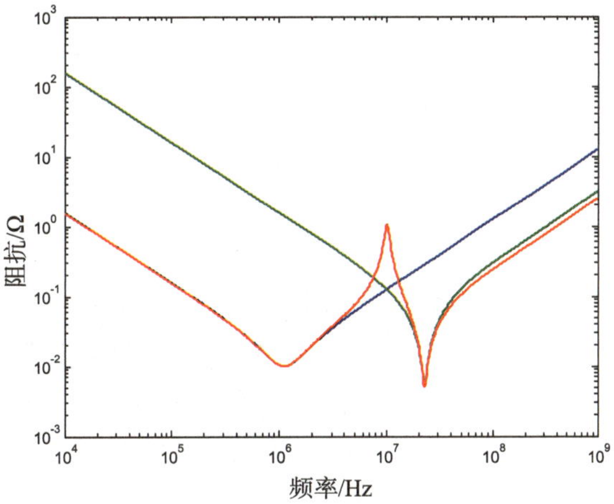

图 4.4 电容对并联效果

4.2.3　配置旁路电容的注意事项

给模拟放大器电源脚配置旁路电容，不是简单地在原理图上配置就可以了，还要在 PCB 布线时注意以下原则。

（1）流经原则：电容应该放置在电源进线的途中，电源先经过电容组，再进入电源管脚。常见的错误是，电容被放置在电源走线的分叉上。

（2）顺序原则：电源走线应先经过大电容 C_1，再经过小电容 C_2。

（3）就近原则：小电容 C_2 应该无限靠近芯片电源脚根部，而 C_1 也尽量靠近 C_2。也有将一个 C_1 设计到电源入端，而将多个 C_2 设计到各自的电源根部的。图 4.5 是一个放大器电源电容配置的布线图，左图是标准的、值得借鉴的，右边的很差劲。

（4）共地原则：一个电容组的两个电容，其接地点必须是一个相同的地平面区域，而不要使用靠过孔相连的两个地区域。

（5）电源走线应该足够粗，不要因为个别地方很窄，就整体将电源线变细。

（6）不要节省电容，不要让其他电路干涉电源旁路电容的布局。

（7）注意电解电容的极性和耐压问题。钽电容耐压不够，很容易烧毁。

（8）根据噪声分布不同，可能要考虑更换电容值。但大电容在 1~10μF 内，小电容在 0.01~0.1μF 内，是最常见的搭配。

为模拟电路的电源设计旁路电容，是电路成功的关键，很重要但也不复杂。

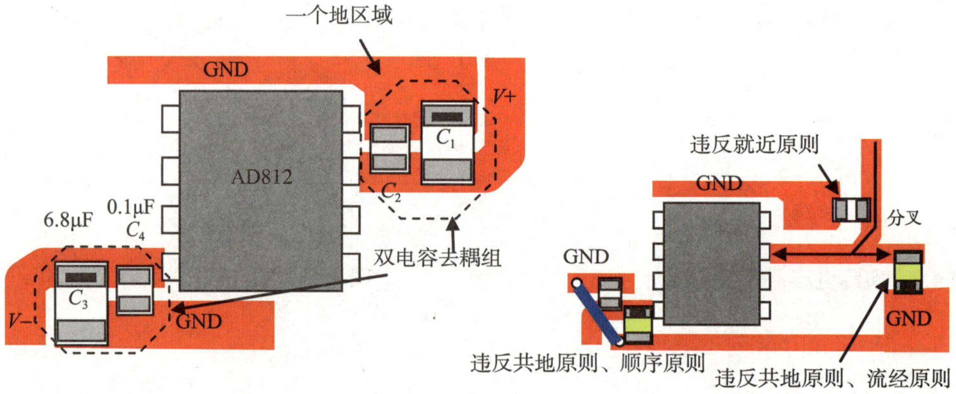

图 4.5　不考虑其他因素的运放电源理想状态下的电容配置方案，右图为错误实例

4.3 不要忽视直流通路

4.3.1 为什么要给放大器提供直流通路?

运算放大器的入端是晶体管的基极或者栅极。在完全浮空的情况下，晶体管是不会导通的。任何一个晶体管要想正常工作，必须具有合适的静态工作点，也就是它必须有正常的直流通路，或者说它不能浮空。很多设计忽视了这一点，导致工作异常。

图 4.6 是一个典型的例子。输入信号是一个含有直流电压成分的交变信号，跟随器试图将直流成分去掉，而仅传递交变信号。这种隔直放大非常常见。

图 4.6（a）是错误的接法，图中运放的负输入端靠运放输出电压提供了直流通路，而正输入端没有直流通路，该运放不可能正常工作——虽然实际电路中偏置电流的存在会给电容缓慢充电或者放电，导致输入级具有微弱的直流通路，你也可以从输出端看到近乎美妙的正弦波形，但是入端的直流电平是缓慢、不确定地变化着的，这不是我们期待的。

右图增加了一个电阻 *R* 接地后，该运放的正输入端晶体管就有了明确的直流通路，可以建立起合适的静态工作点。

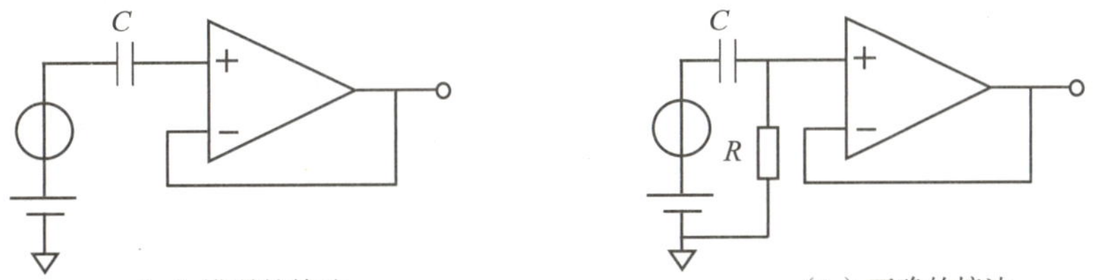

（a）错误的接法　　（b）正确的接法

图 4.6 试图实现隔直放大的电路

几种常见的浮空源

如前所述，运放输入端需要必要的直流通路，所以浮空源是不能直接接入运放输入端的。以下信号源属于浮空的，在接入放大器时必须考虑怎么提供直流通路。

（1）信号经过隔直电容器。

（2）浮空变压器的副边。

（3）差分输出的无源传感器，像水听器。有些差分输出的无源传感器，还具有接地的第三端，就不属于浮空的。

（4）人体。在人体皮肤表层任意两点之间，都存在差分电压——心电或者肌电，在没有其他措施的情况下，这也属于浮空源。

4.3.2 仪表放大器不接受浮空输入

仪表放大器内部有两个平行的同相输入放大器。该放大器的负输入端有直流通路，如图 4.7 中红线所示，而正输入端是浮空的，这就需要外部信号源提供非浮空的直流电位。

图 4.8 将浮空变压器副边的中心点接地，就强制给变压器赋予了一个直流电位，且通过副边绕组，可以将这个直流电位与放大器输入端建立起直流通路——即你可以用欧姆定律建立起输入端直流电流的表达式。

除此之外，还可以有很多方法给原本浮空的输入端建立直流通路，比如接一个大电阻到 GND，或者向上接电阻到 V_{CC}，向下接电阻到 GND。

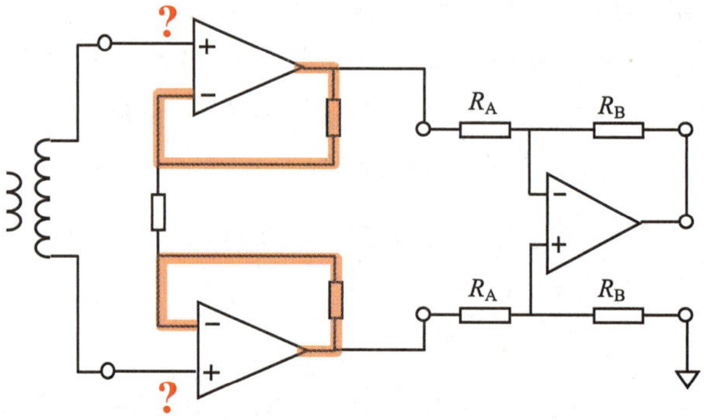

图 4.7 仪表放大器之错误接法

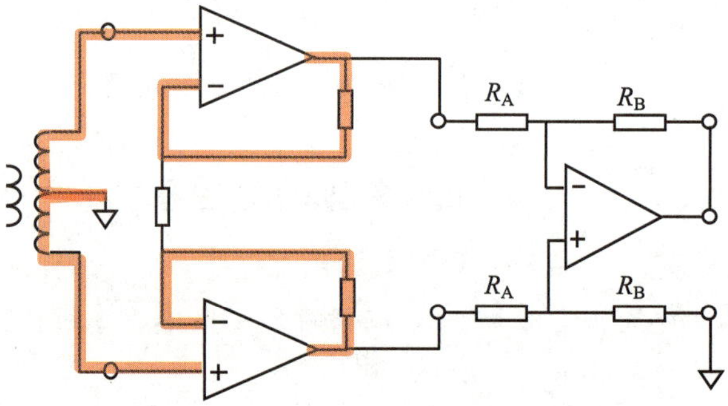

图 4.8 仪表放大器之正确接法

4.3.3 差动放大器可以接受浮空输入

差动放大器如图 4.9 所示，它可以接受浮空输入。看电路就清楚了，需要直流通路的是差动放大器内部的运放。该运放的负输入端靠输出端提供直流通路，如图上部的红线。正输入端靠 GND 提供直流通路，如图下部的红线。

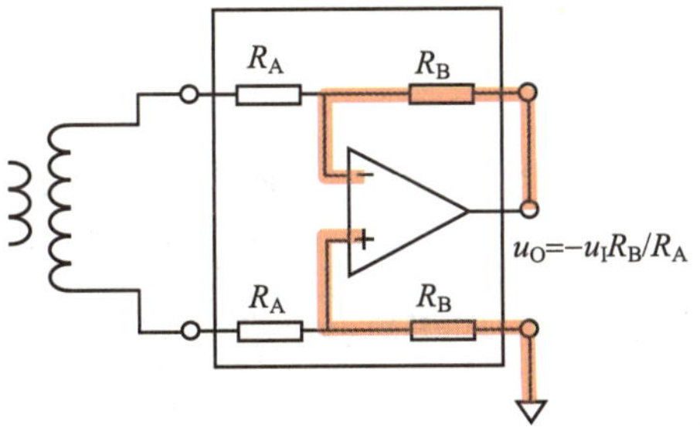

图 4.9 差动放大器自身提供直流通路，可接受浮空输入

4.3.4 全差分放大器可以接受浮空输入

全差分放大器也可以接受浮空输入。它的两个输入端，都由输出端提供直流通路。

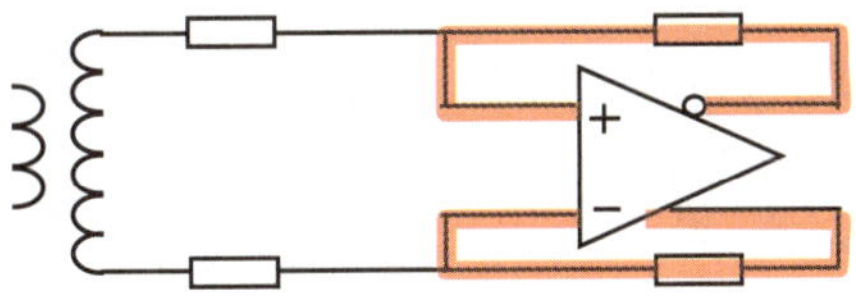

图 4.10 全差分放大器可接受浮空输入

说到这儿，就像我们私下里说仪表放大器的坏话一样——连浮空输入都不能接受，还好意思大名鼎鼎呢。

其实，对共存的东西而言（测量信号压差，确实有仪表放大器、差动放大器、全差分放大器等多种共存的方案），有缺点，也就有优点救它。仪表放大器不能接受浮空输入，但是它的输入阻抗极高，几乎不取用传感器的任何电流，你们后面两个差动、全差分，哪个能行？

当然，仪表放大器还有其他缺点，比如不能接受高电压输入，而后两者可以——它们的运放真正输入管脚，接受的都是经过电阻分压以后的电压，少则 1/2，多则几十分之一。但仪表放大器的输入脚，就是那两个平行运放的正输入端，是“硬碰硬”迎敌啊，自然不能接受太高的电压。

这一段看不懂没关系。等有机会专门讲这些功能放大器时，再细细说。

4.4　自激振荡

低频放大器一般不容易自激振荡。使用高频放大器时，如果习惯不好，稍不留神就会出现自激振荡。一旦自激振荡，那这个电路就不能使用了。甚至，持续的自激振荡，说不定会烧毁你的芯片。

4.4.1　自激振荡现象

理论上说，自激振荡是指当放大器加电后，还没有加载输入信号，输出端就出现了高频的类似于正弦波一样的波形。

实际中，还有另外一种情况，也属于自激振荡。当输入某些信号时，输出是正常的，一旦改变输入信号幅度或者频率到某些特定值，输出波形在原基础上会叠加更高频率的振荡信号。这种现象是经常出现的，但是用传统的自激振荡理论解释起来有些复杂。

4.4.2　根本原因

运放自激振荡的根本原因是，某种频率信号（一般源自于运放内部存在的广谱噪声）在环路增益大于 1 的情况下，其环路附加相移达到了 180°，使得原本设计的负反馈变成了正反馈，这个信号会在环路内不断增大。

造成运放电路振荡的客观原因主要有如下几条。

（1）电路设计不正确，环路增益 $A_{uo}F$ 过大，也就是闭环增益 $1/F$ 太小。有些运放不支持太小的闭环电压放大倍数，比如 OP37，其标称最小增益为 5。因此，要设计跟随器，一定要选择单位增益稳定的运放。

（2）输出直接驱动大电容。这是电路设计中较为忌讳的。原因是，输出端的电容会与运放内部的输出电阻形成一个低通网络，产生 0~90° 的附加相移，电容越大，相同频率下相移越大，越容易导致环路相移达到 180°，产生自激振荡。要用运放驱动大电容，或者选用驱动电容能力较强的运放；或者在运放的输出端串联一个小隔离电阻，一般在 22~100Ω，再驱动电容；或者采用专门电路（4.5 节有）。

（3）引入了杂散电容。比如反馈线路与地之间间距过小，形成了较大的杂散电容；使用了杂散电容较大的直插式电阻；反馈线路背面使用了大面积的地层；输出端接了不合适的电缆。

4.4.3 避免和消除

自激振荡像得病一样，重在防御。在设计阶段注意以上几条，通常可以避免自激振荡。一旦遇到自激振荡，按以下步骤一般可以排除。

（1）目测或者审查电路，观察是否有明显的违规现象。

（2）尝试更换运算放大器。比如使用驱动电容能力较强的运放（见 4.5 节）。

（3）如断掉负载，自激振荡消失，可考虑在负载和运放输出之间串联一个小电阻，先从 100Ω 试起，如振荡消失，说明问题找到了，此时可适当减小电阻再次试探。

（4）在反馈电阻中并联一个小电容，但这只适用于电压反馈型运放电路。

（5）重新设计电路板，将杂散电容大幅度降低。

（6）尝试其他补偿方法，比如教科书中介绍的超前补偿、滞后补偿等，都是在外部增加电容，强制改变闭环传函的零极点位置，以消除自激振荡的条件。一般情况下，用前述 5 条即可解决问题。

4.5 驱动大电容负载

运放输出端不能驱动电容的主要原因是，运放的输出阻抗与被驱动电容之间，会形成一个低通滤波器，在闭环环路中可能产生最大 90° 的附加相移。一般运放的相位裕度仅在 50° 左右，出现这样的附加相移是极危险的，极易满足自激振荡的条件。

但是有时，运放还不得不驱动较大的电容。比如后级是一个 ADC，内部有采样电容，或者后级是多个模拟开关并联，实施信号的分配输送。这时候，就得想办法了。

4.5.1　能驱动大电容的运放

ADI 具有不少运放，可以驱动大电容，甚至驱动电容的容值没有限制（见表 4.2）。

表 4.2　能驱动大电容的运放

Part Number	Ch	BW / MHz	SR (V/ms)	V_n (nV/ sHz)	I_n (fA/ sHz)	V_{OS} /mV	I_b /nA	Supply Voltage Range /V	I_Q /mA	R_O /Ω	Cap Load Drive /pF	Notes
AD817	1	50	350	15	1500	0.5	3000	5~36	7	8	unlim	
AD826	2	50	350	15	1500	0.5	3000	5~36	6.8	8	unlim	
AD827	2	50	300	15	1500	0.5	3000	9~36	5.25	15	unlim	
AD847	1	50	300	15	1500	0.5	3000	9~36	4.8	15	unlim	
AD848	1	35	200	5	1500	0.5	3000	9~36	5.1	15	unlim	G_{MIN}=5
AD849	1	29	200	3	1500	0.3	3000	9~36	5.1	15	unlim	G_{MIN}=25
AD704	4	0.8	0.15	15	50	0.03	0.1	4~36	0.375		10000	
AD705	1	0.8	0.15	15	50	0.03	0.06	4~36	0.38		10000	
AD706	2	0.8	0.15	15	50	0.03	0.05	4~36	0.375		10000	
OP97	1	0.9	0.2	14	20	0.03	0.03	4~40	0.38		10000	
OP279	2	5	3	22	1000	4	300	4.5~12	2	22	10000	
OP400	4	0.5	0.15	11	600	0.08	0.75	6~40	0.6		10000	
AD549	1	1	3	35	0.22	0.5	0.00015	10~36	0.6		4000	
OP200	2	0.5	0.15	11	400	0.08	0.1	6~40	0.57		2000	
OP467	4	28	170	6	8000	0.2	150	9~36	2		1600	
AD744	1	13	75	16	10	0.3	0.03	9~36	3.5		1000	comp.term
AD8013	3	140	1000	3.5	12000	2	3000	4.5~13	3.4		1000	current fb
AD8532	2	3	5	30	50	25	0.005	3~6	1.4		1000	
AD8534	4	3	5	30	50	25	0.005	3~6	1.4		1000	
OP27	1	8	2.8	3.2	1700	0.03	15	8~44	6.7	70	1000	
OP37	1	12	17	3.2	1700	0.03	15	8~44	6.7	70	1000	G_{MIN}=5
OP270	2	5	2.4	3.2	1100	0.05	15	9~36	2		1000	
OP470	4	6	2	3.2	1700	0.4	25	9~36	2.25		1000	
OP275	2	9	22	6	1500	1	100	9~44	2		1000	
OP184	1	4.25	4	3.9	400	0.18	80	4~36	2		1000	
OP284	2	4.25	4	3.9	400	0.18	80	4~36	2		1000	
OP484	4	4.25	4	3.9	400	0.25	80	4~36	2		1000	
OP193	1	0.04	15	65	50	0.15	20	3~36	0.03		1000	
OP293	2	0.04	15	65	50	0.25	20	3~36	0.03		1000	

来源：Ask The Applications Engineer-25，by Grayson King ,Analog Dialogue,Volume 31, Number 2, 1997。

AD817 作为典范，似乎并不惧怕大电容作为负载（图 4.11）。

但是，这还是不完全靠谱。毕竟表格中列出的运放仅有几十种，靠它们既要满足你的其他要求，还要能驱动大电容，想得美吧。还得想想其他办法。

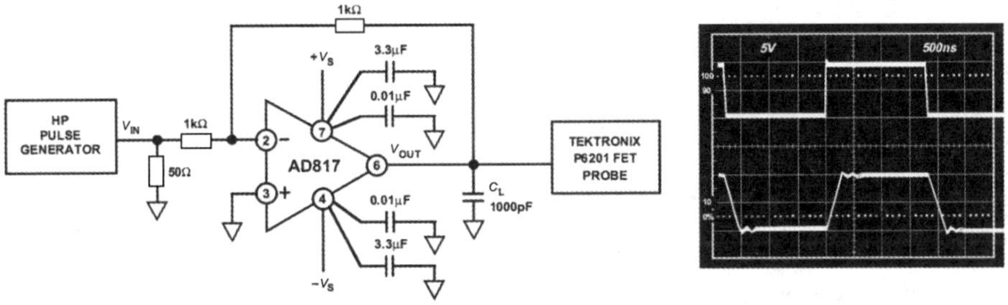

图 4.11 AD817 驱动大电容负载

4.5.2 驱动大电容的典型电路

图 4.12 是一个经典电路。在图示参数下，它表现出一个低通滤波作用。关键是，它可以驱动大电容 C_L，且输出电压几乎没有跌落，输出阻抗也不是 R_{ISO}，远比它小。

这个电路广泛应用于低采样率 ADC 前端驱动，基准电压驱动。主要原因是，ADC 的输入端多数具有采样电容，基准源的负载也多数是采样电容，直接用运放输出端驱动，易引起振荡。

当 R_G 存在时，电路表现类似于同相比例器，低频增益为 $1+R_F/R_G$。

将 R_G 开路，电路表现类似于电压跟随器。

我推导了 R_G 开路的电路传函，没有考虑负载电阻，如下：

$$\dot{A}(\mathrm{j}\omega)=\frac{y}{x}=\frac{1+\mathrm{j}\omega R_f C_f+\mathrm{j}\omega R_s C_f}{1+\mathrm{j}\omega R_s C_f+\mathrm{j}\omega R_f C_f-\omega^2 R_s R_f C_L C_f}$$

$$=\frac{1+a\mathrm{j}\omega}{1+a\mathrm{j}\omega-b\omega^2}$$

其中，$a=C_f\,(R_f+R_s)$；$b=R_sR_fC_LC_f$。

有兴趣的读者可以进一步研究其幅频特性。

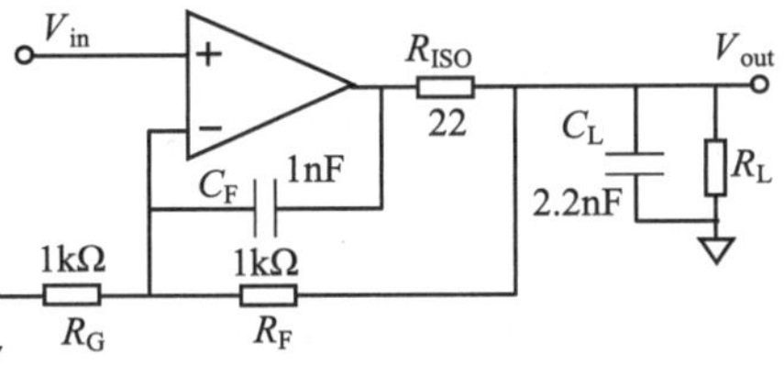

图 4.12 驱动大电容电路

4.6　注意输入端保护

4.6.1　一个小故事

说到输入端保护，就得说说我“走麦城”的故事。

2010 年，我带队参加电子设计竞赛。学生在设计一个把非对称方波变成对称方波的电路时，出现了问题。

那时我对放大器的了解还和大家差不多，也不清楚什么输入端保护。看图 4.13 左侧的电路，就是设置一个 1.8V 的恒定电压 u_B，把放大器当做比较器用，输出就应该是对称方波。其实，现在想想，当时也没有顾及输出端至轨电压。

电路是正常工作了。但是，学生用示波器发现，u_B 不是恒定的 1.8V，而是图 4.13 右侧所示的，在 1.8V 上叠加了一个小方波，与输入信号 u_A 同频同相。

他问我：“老师，这咋回事啊？”

……

我当时真不知道，只好灰溜溜回去。学啊学，原来是输入保护二极管惹得祸。

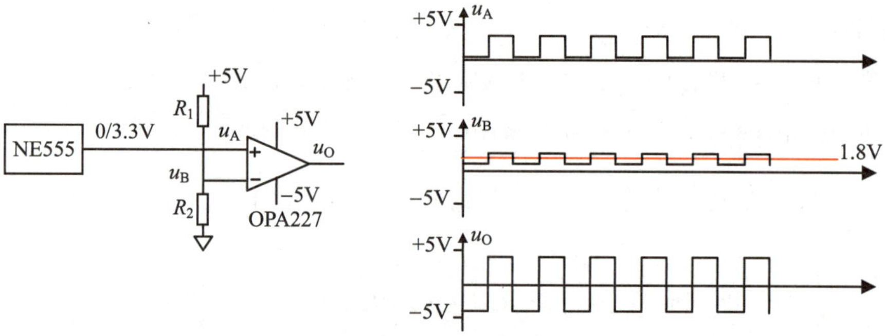

图 4.13　“走麦城”电路和关键点波形

4.6.2　原　因

当时使用的运放是 OPA227。与此类似的是 ADI 公司的 OP27。它们内部结构类似，都具有输入保护，图 4.14 深色部分是 OP27 数据手册截图。

注意，同相输入端和反相输入端之间，有两个并联的二极管。这就是输入保护二极管。

当把这种运放接成图 4.13 左侧电路时，在运放负输入端，原本应该是 5V 在两个电阻上的分压 1.822V，实际上会出现图 4.13 右侧的波动波形。具体过程如下。

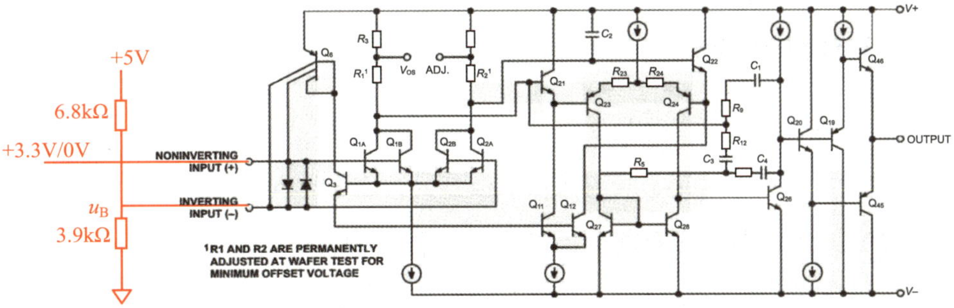

图 4.14 OP27 内部结构，以及将其接成前述电路时发生的保护二极管导通现象

当输入为 3.3V 时，左侧二极管导通，于是 u_B 点电位上升。当输入为 0V 时，右侧二极管导通，u_B 点电位下降。

要想精细计算 u_B 点电位的波动量值，可以参照图 4.15 左边的简化电路进行。图中浅蓝色区域是对 NE555 输出端进行的简化模拟，其内部是一个 0V、3.3V 变化的方波信号。但不要忘记它的输出含有输出电阻，且高电平、低电平输出时这个电阻一般是不一样的。本例中为了简化，用了一个 3kΩ 电阻。

图 4.15 右边的电路是对左边电路的戴维宁等效，可以更加清晰地看出，在 V_3 发生方波波动时，u_B 点电位一定也在波动，且波动的量值可以很轻松计算出来。

当 V_3= 3.3V 时，D_3 导通，流过 D_3 的电流，也就是流过 R_5 的电流为

$$i_{D3}=\frac{3.3\text{V}-1.822\text{V}-0.7\text{V}}{3.0\text{k}\Omega+2.479\text{k}\Omega}=0.142\text{mA}$$

此时，u_B 点电位为

$$u_{B3.3}=V_4+i_{D3}\times R_5=1.822+0.142\times 2.479=2.174\ (\text{V})$$

同样可以计算出，当 V_3= 0V 时，u_B 点电位为：

$$u_{B0}=V_4-i_{D4}\times R_5=1.822-\frac{1.822\text{V}-0.7\text{V}}{3.0\text{k}\Omega+2.479\text{k}\Omega}\times 2.479\text{k}\Omega=1.314\text{V}$$

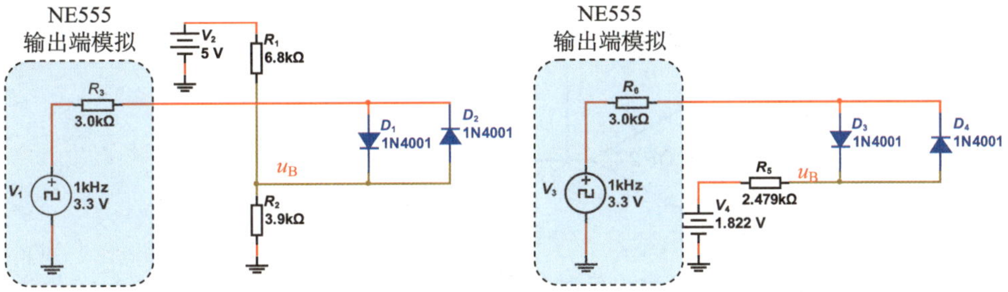

图 4.15 对图 4.14 的电路模拟和戴维宁等效

4.6.3 得出的结论

从中我们发现，运放可以分为 3 类。

（1）有些运放输入端并接了两组保护二极管，暂称之为 A 类。

（2）有些运放在保护二极管前面还串联了电阻，暂称之为 B 类。

（3）有些则没有任何保护措施，暂称之为 C 类。

使用 B 类和 C 类时，无需注意什么。

使用 A 类放大器时，需要注意以下事项。

（1）尽量不要让它们作为比较器使用。当然，运放做比较器本身就是一个多处讨论的问题，能不能用，取决于你对运放的理解。

（2）这类运放作为跟随器使用时，必须在反馈支路中串联保护电阻 R_F。

如图 4.16 所示，如果不加这个电阻 R_F，输入端瞬间的阶跃信号会打通二极管，以一个低内阻的阶跃信号直接加载到输出端，则输出端的输出源电压受压摆率限制，不可能立即达到输入阶跃值，而处于缓慢的爬坡状态。在这个短瞬间，输入源信号和输出源电压之间形成的压差，会出现大电流灌入运放的输出端。运放无法处理这个大电流，会进入过流保护状态。等输出源上升到合适的位置，这个电流就减小到输出环节可以掌控的地步。此时，输出端就进入了正常的非过流保护状态。这样，一个短瞬的阶跃过程，运放输出端的工作被强制划分成了两个阶段：第一，输出保护阶段；第二，输出正常阶段。在运放输出环节进入保护状态阶段，输出波形的上升速率远高于正常的运放压摆率，导致输出产生了这样一个奇怪的波形，客观上也引入了奇异的高次谐波。而一旦给这个电路中串联一个 500Ω 左右的电阻，那么即便是 10V 的阶跃输入，也只能产生最大 20mA 的灌入电流。运放的输出端是有能力处理这个电流的，因此它的输出环节不会进入过流保护，使得整个阶跃过程都在输出环节的掌控之下，也就没有了分段工作之说；客观上使得输出波形更加平滑，就没有了奇异的高次谐波引入。

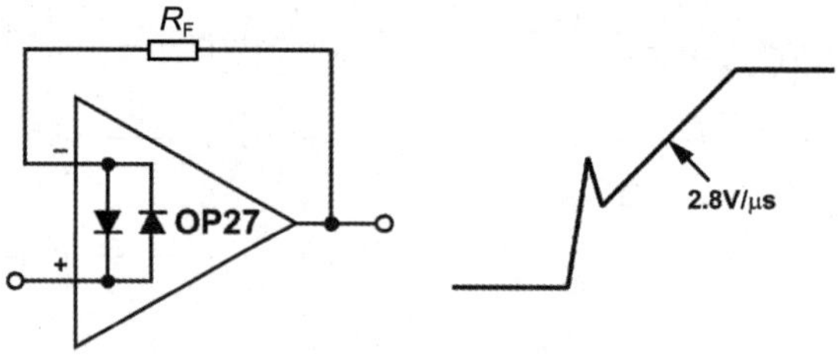

图 4.16 反馈支路中的串联保护电阻

但是，这个电阻又不能太大。以 OP27 为例，它的负输入端存在一个大约 8pF 的输入电容。当串联电阻为 2kΩ 时，电阻和 8pF 的输入电容就形成了一个低通滤波器，其截止频率大约为 9.9MHz。在 OP27 的单位增益频率处，也就是大约 8MHz 处，这个低通滤波器存在大约 38° 的滞后相移。这使得 OP27 原本具备的 70° 相位裕度，迅速下降到只有 32° 了。相位裕度的明显下降，会显著降低跟随器的稳定性。这需要避免。一旦这个问题不可避免，可以考虑在串联的反馈电阻上并联一个合适的小电容，以抵抗这个滞后的附加相移。

虽然教科书中的跟随器都没有串联电阻 R_F，但读到这里你会明白，为什么有些工程应用电路中有这个电阻。

但是，有些人从这个电路得出了一个奇怪的结论，跟随器都得接串联电阻，并且很庄严地传授给徒弟们：记住啊，这是经验。于是他们设计的电路，但凡有跟随器，就有串联电阻。这让我很是无语。其实，这种经验一点都不靠谱。

4.7 带宽计算——最基本的计算

设计一个放大电路，需要很多严格的计算。不要想一口吃成个胖子，先学个最关键的——带宽计算。

要设计一个放大电路，一定有频率特性要求，比如音频放大器可能要求从 20Hz ~20kHz 具有 –3dB 的平坦度，即在这个频段内，电压增益不会比最高增益低 3dB。这时候，哪些运放的带宽指标符合要求，就需要我们计算。

有些资料或者指南中，以非常安全的姿态，告诉你们一些很简单的计算公式。你可以背下来，一辈子用它，但总有一天你会发现，这公式有点浪费。

还不如跟着我，花点时间把它搞清楚。

4.7.1　传统估算公式——浪费资源

关于闭环增益、带宽，以及开环带宽，多数资料给出如下的估算公式。

一个放大电路，如果闭环带宽大于f_{hf}，闭环电压增益为A_F，那么运放的增益带宽积 GBW 要求为

$$\text{GBW} > (10\sim100)\times f_{hf}\times A_F = H\times f_{hf}\times A_F \tag{4.1}$$

据此选择合适的运放即可。其中，H是一个保险系数，它越大，越能保证上述要求。它的含义是，在频率f_{hf}处，开环增益为闭环增益A_F的H倍。

举例：要求设计一个放大电路，闭环增益为 10 倍，闭环带宽大于 20kHz，选择放大器的增益带宽积 GBW。

按照式（4.1），选择H=10，可以计算出：

$$\text{GBW} > 10\times 20\text{kHz}\times 10 = 2\text{MHz}$$

这样算下来，常用的 OP07 增益带宽积只有 600kHz，就无法满足要求了。

但是你试试看，用一个 OP07 接成 10 倍同相比例放大器，电阻选择 1kΩ 和 9kΩ，你会发现这个电路在 20kHz 处闭环增益仍有大约 8.9 倍，离 –3dB 所指的 7.07 倍还有很大裕量。也就是说，用 OP07 还是可以实现上述要求的。

问题出在哪呢？

传统的估算公式中，肯定都利用了模电教科书上的公式：

$$\dot{A}_F = \frac{\dot{A}_{uo}}{1+\dot{A}_{uo}\dot{F}}$$

当开环增益无穷大时，闭环增益逼近 $1/F$（期望闭环增益）；在上限截止频率处，当开环增益是期望闭环增益的H倍（即$A_{uo}F = H$），且H远大于 1 时，闭环增益与期望闭环增益之间的误差大约为 $1/H$。为了让 $1/H$ 很小，足以忽略，H大于 10~100，则误差小于 0.1~0.01。因此，在上限截止频率处有：

$$\text{GBW} > (10\sim100)\times f_{hf}\times A_F = H\times f_{hf}\times A_F$$

这么说，看来是有道理的。但是，它太粗略了，而且忽视了复数运算与实数运算的差异。如果我们提出下面的要求，传统的估算公式就无能为力了。

4.7.2 关于增益带宽积完整的要求

音频放大电路设计中，常有这样的要求：增益 10 倍，带宽 20kHz，通带内增益误差小于 0.5dB。这是什么意思呢？

看图 4.17 就明白了。红色为运放的开环增益随频率变化曲线，蓝色为闭环增益随频率变化曲线。可以看出，设定闭环增益为 $A_F = 10$ 倍 = 20dB，带宽 20kHz，即 $f_1 = 20$kHz。所谓的通带内增益误差小于 0.5dB，是指：随着频率的上升，开环增益在下降，闭环增益也会下降，在 $f_1 = 20$kHz 处，闭环增益下降最严重，也不会超过 –0.5dB，即

$$\frac{A_{F(f1)}}{A_F} > -0.5\text{dB} = 10^{\frac{-0.5}{20}} = 0.944$$

或者说，图中 $k > 0.944$。

据此，就提出了一个关于 k 的普适性问题。

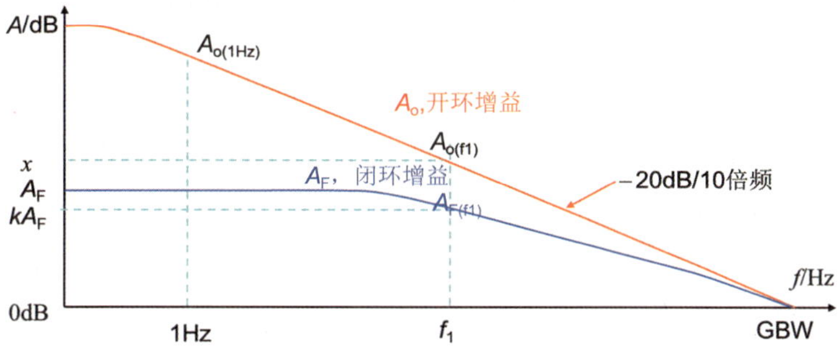

图 4.17 开环、闭环之增益 - 频率关系

k 问题

设计一个放大电路，闭环增益为 A_F，要求在指定频率 f_1 内，增益下降不小于 k（$k<1$）。问：如何选择放大器的增益带宽积？

k 问题变形

在 f_1 处，当闭环增益为 kA_F 时，求开环增益 $A_{o(f1)}$（图中的 x）。

因为，解得了 f_1 处的开环增益，运放的增益带宽积就是 $A_{o(f1)}f_1$。

当然，这就需要好好研究一下开环增益与闭环增益的关系，而不是粗略地估计。

4.7.3　闭环增益表达式

与传统模电教材不同，本书给出的负反馈方框图如图 4.18 所示。它多了一个衰减系数$\dot{m}$，这样就能较全面地包容几乎所有放大电路。即运放的净输入量$\dot{U}_d$由输入的$\dot{m}$倍和输出的$\dot{F}$倍叠加而成。据此，得到闭环增益表达式：

$$\dot{A}_F=\frac{\dot{U}_o}{\dot{U}_i}=\frac{\dot{m}\dot{A}_o}{1+\dot{F}\dot{A}_o}\approx\frac{\dot{m}}{\dot{F}} \tag{4.2}$$

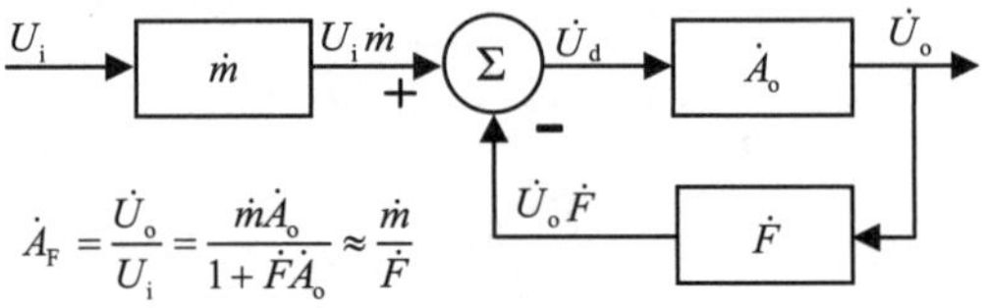

图 4.18　运放组成的放大电路负反馈框图

对于任何一个包含运放的电路，$\dot{m}$的含义是，输入信号真正进入运放的差分输入端的比例。其计算方法如下，将输出信号接地，以$\dot{U}_i$为输入：

$$\dot{m}=\frac{\dot{U}_d}{\dot{U}_i}=\frac{\dot{U}_+-\dot{U}_-}{\dot{U}_i}$$

而$\dot{F}$的含义与传统教科书相同，即输出信号真正进入运放的差分输入端的比例的负数。为什么是负数呢？看图 4.18，$\dot{U}_o\dot{F}$在 Σ 处是以被减的形式进入的。其计算方法如下，将输入信号接地，以$\dot{U}_o$为输入：

$$\dot{F}=\frac{-\dot{U}_d}{\dot{U}_o}=\frac{\dot{U}_--\dot{U}_+}{\dot{U}_o}$$

以两个基本放大电路为例，分析过程如图 4.19 所示，结论是正确的。特别是，这个框图对反相比例器具有极好的包容性。

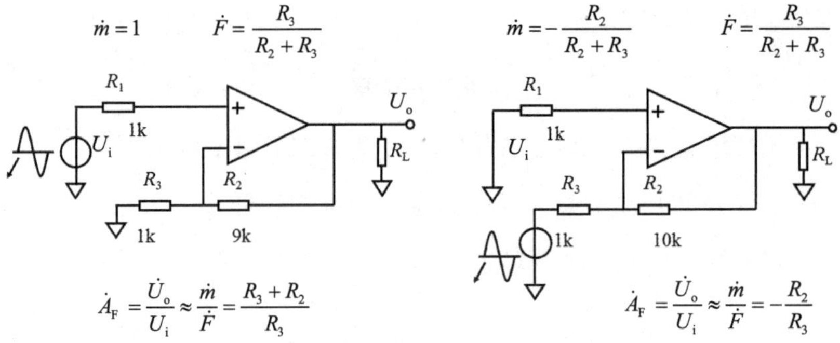

图 4.19　两种基本放大电路的负反馈框图法求解

4.7.4 *k* 问题的进一步变形和求解

在新的负反馈方框图下，得到了 *k* 问题的数学表达式：

$$\left|\dot{A}_{\mathrm{F}}(f_1)\right| = \left|\frac{\dot{m}(f_1)\dot{A}_{\mathrm{o}}(f_1)}{1+\dot{F}(f_1)\dot{A}_{\mathrm{o}}(f_1)}\right| = k\left|\frac{\dot{m}}{\dot{F}}\right| \qquad [4.3(a)]$$

这是一个严谨的表达式，在频率 f_1 处的闭环增益的模，等于极低频率处闭环增益的模的 *k* 倍。并且认为，衰减系数 $\dot{m}(f)$ 和反馈系数 $\dot{F}(f)$ 都是复数，且与频率相关。

这太复杂了。一般电路中，衰减系数和反馈系数都是电阻分压形成的，在不是太高的频率下，它们是实数，且与频率无关。据此得到简化的 *k* 问题表达式：

$$\left|\frac{m\dot{A}_{\mathrm{o}}(f_1)}{1+F\dot{A}_{\mathrm{o}}(f_1)}\right| = k\frac{m}{F} \qquad [4.3(b)]$$

理论上，这是一个无解的方程。虽然 *k*、*m*、*F* 均为已知，但由于 $\dot{A}_{\mathrm{o}}(f_1)$ 由实部和虚部两个未知量组成，一个方程是解不出来的。

可利用的规律

我们幸运地发现，绝大多数运放的开环增益表达式有明显的规律：在我们关心的 f_1 附近，开环增益复数表达式都具有 90° 相移，如图 4.20 所示。

其原因很简单。第一，多数运放第一极点都发生在很低频率处，比如几赫兹或者零点几赫兹，此处具有 –45° 相移，且开始进入 –20dB/10 倍频阶段，频率上升到比第一极点频率高 10 倍左右时，就足以接近 –90° 相移。第二，这段 –90° 相移区间将一直持续到接近 GBW 频率处才会产生 –130° 左右的相移（因为相位裕度大约为 50°）。

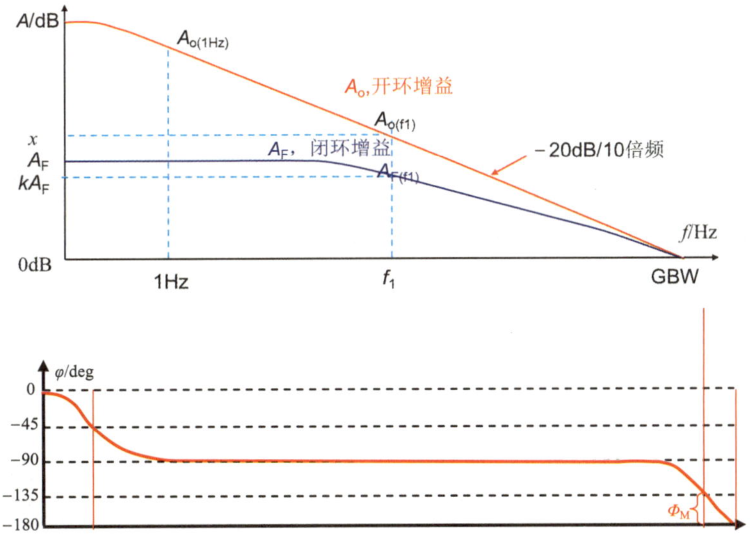

图 4.20 开环增益相移存在大范围的 –90° 区间

开环增益的模超过 10 倍，其相移一般都在 –90° 附近。我随便找的两个运放，如图 4.21 所示，左边为 ADA4000-1，右边为 AD8657。在 GAIN 为 20dB 处，相移基本都是 –90° 。注意，这两个图都是以相位裕度描述相移的（相位裕度为 0，代表相移为 –180° ）。

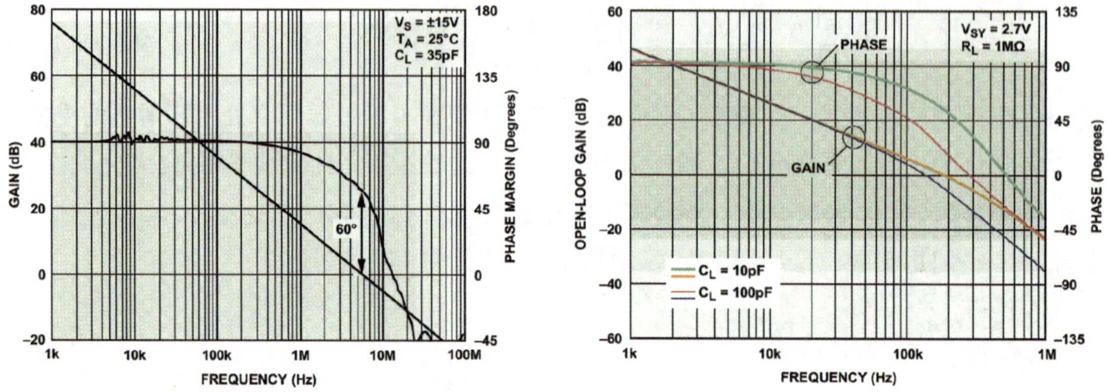

图 4.21　ADA4000-1 和 AD8657 的开环增益、相移随频率变化曲线

基于上述规律的 k 问题求解

由于上述规律，在 –90° 相移频段内，运放的开环增益简化表达式为

$$\dot{A}_{o}(f_1) = -x\mathrm{j} \tag{4.4}$$

即 f_1 处的开环增益为一个复数，模为待解量 x，相角为 –90° 。

将式（4.4）代入式［4.3（b）]，得：

$$\left|\frac{m\dot{A}_{o}(f_1)}{1+F\dot{A}_{o}(f_1)}\right| = \frac{|-mx\mathrm{j}|}{|1-Fx\mathrm{j}|} = \frac{mx}{\sqrt{1+F^2x^2}} = k\frac{m}{F}$$

两边化简，同时平方，解得：

$$x = \frac{1}{F}\frac{k}{\sqrt{1-k^2}}$$

根据 GBW 定义：

$$\mathrm{GBW} = \left|\dot{A}_{o}(f_1)\right| \times f_1 = xf_1$$

可得到如下结论：

$$\begin{cases} \mathrm{GBW} > H_{\mathrm{new}} \times f_1 \times \dfrac{1}{F} \\ H_{\mathrm{new}} = \dfrac{k}{\sqrt{1-k^2}} \end{cases} \tag{4.5}$$

此乃 k 问题的答案。回顾下面的传统估算公式，两者类似，只是传统公式中利用 10~100 来表示 H，而新方法给出了准确的 H_{new}，它完全取决于 k。表 4.3 是它们的关系。

$$GBW > (10\sim100)\times f_{hf}\times A_F = H\times f_{hf}\times A_F$$

表 4.3 带宽计算中保守系数 H_{new} 和 k 的关系

k	0.9989	0.9943	0.9886	0.9772	0.9441	0.8913	0.8414	0.7943	0.7499	0.7071
dB	−0.010	−0.050	−0.100	−0.200	−0.500	−1.000	−1.500	−2.000	−2.500	−3.010
H_{new}	20.83	9.29	6.55	4.61	2.86	1.97	1.56	1.31	1.13	1.00

4.7.5 带宽计算实例

制作一个同相比例器实现的放大器，要求通带增益 10 倍，带宽 100kHz，带内增益波动不超过 −0.2dB，选择合适的运放（只考虑增益带宽积）。

解：由题意得 $A_F = 10$，即 $F = 1/10 = 0.1$，$f_1 = 100\text{kHz}$，且

$$k = 10^{\frac{-0.2}{20}} = 0.97724$$

根据 k 问题结论式（4.5）得

$$H_{new} = \frac{0.97724}{\sqrt{1-0.97724^2}} = 4.606$$

则增益带宽积至少为

$$GBW > 4.606\times100\text{kHz}\times10 = 4.6\text{MHz}$$

其保守系数仅为 4.606，而按照传统方法，要求 GBW 至少为闭环增益 10 倍乘以 100kHz 的 10~100 倍，即 10~100MHz。

让我们用实际运放试试，看我们的说法能否成立。

选择芯片指标为 GBW=5MHz 的 AD8515 做仿真实验。按照上述分析，这款很便宜的芯片（$0.28）应该能够完成任务。图 4.22（a）是其开环增益模、相移与频率的关系图。有几个关键读出数据：100kHz 处开环增益为（34dB，−90°）；在接近 5MHz 的地方，开环增益变为（0dB，−108°）。

仿真电路和仿真交流特性分别如图 4.22（b）和（c）所示。测试结果（频率，闭环增益）为

（1kHz,10.008），（100.15kHz,9.846），（121.5kHz，9.775）

很显然，它圆满完成了任务，−0.2dB 带宽达到了 121.5kHz，超额了。

按照我们的分析，保守系数为 4.6，即 100kHz 处只要开环增益达到 46 倍即可。而读出数据显示，AD8515 在 100kHz 处开环增益为 34dB=50.12 倍，略超出。这也是实际带宽超过 100kHz，达到 121.5kHz 的原因。

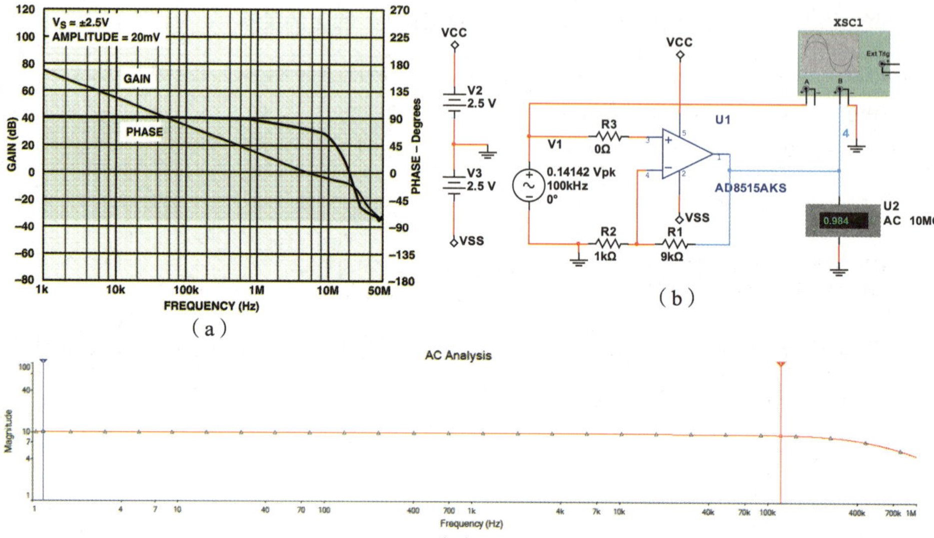

图 4.22　AD8515 仿真实验

我进行过多次试验。结论是，本书提出的这种方法，几乎可以精确计算带宽，偶然也会有些差异，但是都不大。与传统公式相比，那是好了很多的。

4.7.6　奇怪的增益隆起

我们知道，随着频率的上升，运放的开环增益总是下降的。但是，闭环增益，有时却随着频率的上升，出现比低频增益还大的现象。这就是增益隆起，如图 4.23 所示。

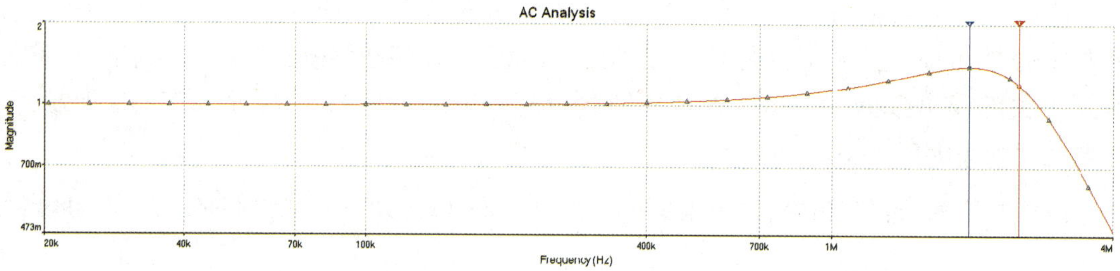

图 4.23　AD8628 接成 1 倍跟随器时的幅频曲线（出现增益隆起）

为什么会出现增益隆起呢？

回顾 4.7 节的前述内容。当运放接成跟随器时，闭环增益的准确表达式如下：

$$\dot{A}_F=\frac{\dot{U}_o}{U_i}=\frac{\dot{A}_o}{1+\dot{A}_o}$$

开环增益 $\dot{A}_o$ 是一个矢量，包含其大小 $|\dot{A}_o|$ 和相移 φ_o。在满足以下条件时，会出现 $1+\dot{A}_o$ 的模小于 $\dot{A}_o$ 的模——分母中那可怜的 1，好心帮人家，却帮了倒忙。

观察运放的开环特性，只要满足以下条件，做跟随器就一定会出现隆起：

$$\left|\dot{A}_o\right|\sin(-90°-\varphi_o)>0.5 \tag{4.6}$$

即，在某一频率处的开环增益和相移满足式（4.6），就会出现闭环增益大于 1，即隆起。

再来看 AD8628 的开环增益与开环相移随频率变化的曲线，如图 4.24 所示。

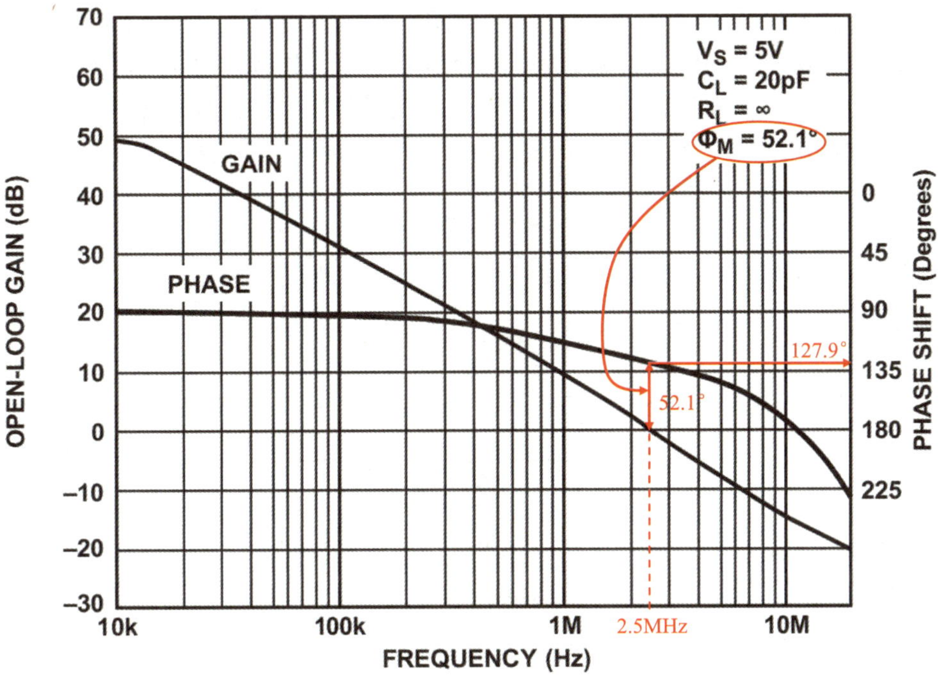

图 4.24 AD8628 的开环增益模值、相移随频率变化的曲线

在 1MHz 处，$\dot{A}_{o1}$ 的模为 –9.5dB = 2.98 倍，其相移为 –112.5°，代入上式得：

$$\left|\dot{A}_o\right|\sin(-90°-\varphi_{o1})=2.98\times\sin(22.5)=1.14>0.5$$

因此，在 1MHz 处一定会出现增益隆起。

在 2.5M 处，$\dot{A}_{o1}$ 的模为 0dB = 1 倍，其相移为 –127.9°，代入上式得：

$$\left|\dot{A}_o\right|\sin(-90°-\varphi_{o1})=1\times\sin(37.9)=0.614>0.5$$

可知，在 2.5MHz 处，开环增益等于 1，而闭环增益一定大于 1。这听起来挺奇怪的，但事实确实如此。

进一步分析可知，$\dot{A}_{o1}$ 可以被拆分成实部和虚部，如下：

$$\dot{A}_{o1}=\left|\dot{A}_o\right|\cos\varphi_{o1}+\mathrm{j}\left|\dot{A}_o\right|\sin\varphi_{o1}=-0.614-0.789\,\mathrm{j}$$

代入

$$\dot{A}_F=\frac{\dot{U}_o}{U_i}=\frac{\dot{A}_o}{1+\dot{A}_o}=\frac{-0.614-0.789\,\mathrm{j}}{1-0.614-0.789\,\mathrm{j}}=\frac{-0.614-0.789\,\mathrm{j}}{0.386-0.789\,\mathrm{j}}=1.138$$

对 AD8628 组成的跟随器实施 Multisim 仿真，得到 2.4947MHz 处闭环增益为 1.1337，与理论推导的 2.5MHz、1.138 倍基本吻合。

图 4.25 用矢量图方法解释了为什么给一个矢量加 1，却得到了模更小的结果。比如图中 $\dot{A}_{o1}$，具有大约 −130° 的相移 φ_{o1}（数据手册图中的相移都是正值，实际应为负值），和图中的矢量 1（实数，0° 相移）相加，得到了矢量 $1+\dot{A}_{o1}$，其模就明显小于 $\dot{A}_{o1}$ 的模。此时我们发现，如果保持 $\dot{A}_{o1}$ 的模不变，而不断减小其相移绝对值，即 $\dot{A}_{o1}$ 不断向 $\dot{A}_o$ 靠拢，则两者的模越来越接近。图 4.25 中给出了一个分界点 $\dot{A}_o$，具有大约 −105° 的相移 φ_o，其模与 $\dot{A}_{o1}$ 相同，只是幅角不同。此时，矢量 $1+\dot{A}_{o1}$ 的模等于 $\dot{A}_{o1}$ 的模。$\dot{A}_o$ 分界矢量，是列出式（4.4）的依据。

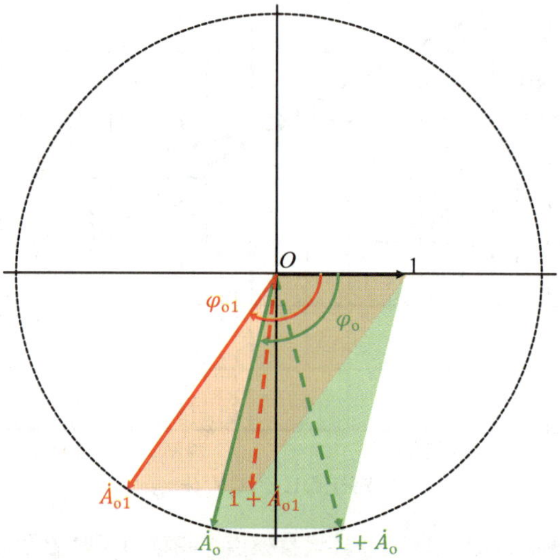

图 4.25　闭环增益表达式中分母项的矢量分析

4.8　漂亮的布线是成败的关键

学生制作的运放电路板，有时会发生振荡，有时高频性能上不去——数据手册明确标注带宽达到300MHz，而实际情况远比这个低。而另一些电路板，表现相当优秀。

对比发现，制板是成败的关键。

为了制出良好的电路板，很多资料给出了秘籍、大全——像午夜的电视广告；也有不少是非常严谨的——一大堆的模型和数学表达式。我尊重后者，但这需要耐心和执着。

要想快速成才，布出漂亮、表现优秀的电路板，学会本节的几条至关重要。

本节内容，主要摘自以下文献，并经过作者验算和整理：Linear circuit design handbook / edited by Hank Zumbahlen ; with the engineering staff of Analog Devices。

4.8.1　基础知识

英制单位

100mil=2.54mm，1mil=25.4μm

50mil=1.27mm

PCB 走线和铜导线的电阻

一般的印制板具有0.5~1oz的覆铜厚度——非常薄，大约只有36μm。在此情况下，常温下铜具有确定的电导率，可以计算出走线电阻如下：

$$R=\rho\frac{L}{S}$$

代入$\rho=1.724\times10^{-6}\Omega\cdot\text{cm}$、$S=W\cdot36\mu\text{m}$：

$$R=1.724\times10^{-3}\text{m}\Omega\cdot\text{cm}\times\frac{L}{W\times0.0036\text{cm}}=0.48\frac{L}{W}\text{m}\Omega \tag{4.7}$$

对于铜导线电阻，有：

$$R=\rho\frac{L}{S}=1.724\times10^{-8}\,\Omega\cdot\text{m}\times\frac{4L}{\pi d^2}=2.2\times10^{-8}\times\frac{L}{d^2}\Omega$$

把直径以mm代入，则为

$$R=22\times\frac{L}{d^2}\ (\text{m}\Omega) \tag{4.8}$$

举例：对印制电路板，10mil线宽，走线25.4cm（一拃长）电阻大约为

$$R = 0.48 \times \frac{25.4}{10 \times 2.54 \times 10^{-3}} = 480\ (\text{m}\Omega)$$

在流过较大电流时或者精细测量中，这个电阻值是不可忽视的。

（1）1cm 长 10mil 宽的走线，大约有 19mΩ 的电阻。

（2）1m 长截面积为 1mm^2 的铜导线，大约有 22mΩ 的电阻。

PCB 走线的电感量

对一个厚度为 H，宽度为 W，长度为 L（单位均为 mm）的 PCB 走线，其电感量为

$$L_{\text{T}} = 0.2L\left[\ln\left(\frac{2L}{W+H}\right) + 0.2235\left(\frac{W+H}{L}\right) + 0.5\right](\mu\text{H}) \tag{4.9}$$

我绘制了常见线宽下，电感量与走线长度的关系，如图 4.26 所示。在这个范围内，还是具有明确的规律的：同样线宽下，长度越长，电感量越大；同样长度下，线宽越宽，电感量越小。虽然不是线性的，但单调性上与电阻值是类似的。

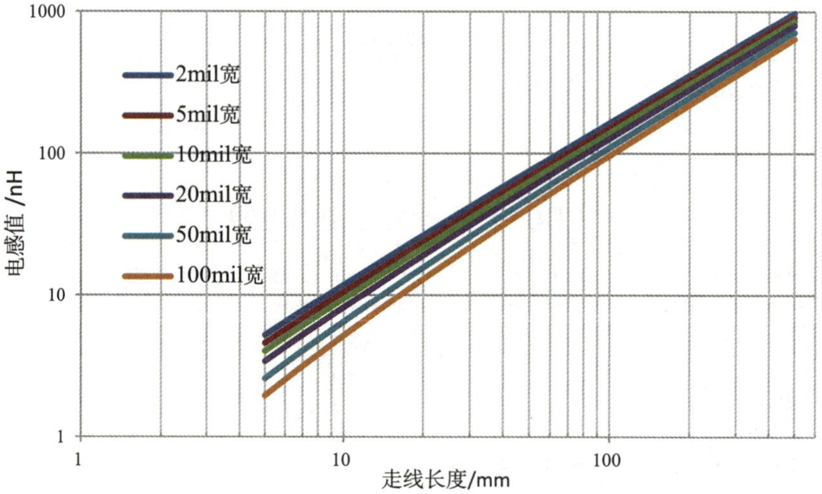

图 4.26 电感量与走线长度的关系

PCB 走线与地层的电容量

PCB 一层为地，另一层有一个面积为 A（单位为 mm^2）的节点区域，这两者之间就存在电容：

$$C = 0.00885\frac{E_{\text{r}}A}{d}(\text{pF}) \tag{4.10}$$

其中，E_{r} 为介电常数，对于常见 PCB 为 4.7；d 为 PCB 板材厚度，一般为 1~1.5mm。

一般来说，PCB 电容对设计电路板影响最大的是，关键信号线的对面层是地平面。此时，越粗的信号线会产生越大的电容量。

比如一根长 10mm、宽度为 30mil 的 PCB 导线，与板材厚度为 1mm 的背面大面积地层之间存在的电容为

$$C = 0.00885 \times \frac{4.7 \times 10 \times 30 \times 0.0254}{1} = 0.317(\text{pF})$$

在高速放大器中，反馈线如果具有这个电容，一般来说是不容忽视的。因此，在这根线背面将地层挖空，是一种常见的降低杂散电容的方法，见 4.8.4 节。

4.8.2 布局原则——近、顺

良好的布局是成功的一多半。

原则一：近。在满足散热、安装等位置必须要求的情况下，元器件之间的距离尽量短。好处有二：第一，减小了信号传输距离，这在高频信号传输中尤为重要；第二，节省面积。其缺点是布线难度增加，造成某些线、节点之间距离过近，引发较大的杂散电容。

原则二：顺。所谓的“顺”，是元器件布局形成后，信号走向比较顺畅，尽量避免信号的来回绕线。实在不知道怎么顺，就想想交通流。

4.8.3 走线原则——短、粗、远、滑

短：信号线越短越好。电阻小，电感小，电容也小。

粗：一般来说，线越粗，电阻越小，这对于电源线非常重要。

以 50mil 宽的电源线为例，它持续 25.4cm(差不多就是一块电路板上的流径)存在 0.1Ω 左右的电阻。1A 电流流过，就会产生 0.1V 的电压跌落。

对信号线来说，不要一味追求粗。第一，可能带来更大的对地电容。第二，可能挤压其他线路布线。因此，这是一个矛盾。第三，一般来说信号线上不会通过大电流，一味降低电阻意义不大。

没有特殊要求的情况下，10mil 线传送信号是足够粗的。

远：关键信号线，距离其他节点越远，造成的电容越小，互相干扰也就越小。

远分两个方面，一是同层线路和覆铜区域，二是和背面地层或者其他信号线。比如两个信号线持续平行走，就加大了它们之间耦合的概率。

滑：走线中少不了转弯，转弯要平滑。

你就当画出的线是公路。你见过硬碰硬的 90° 弯吗？没有，都是打个角转弯。怎么修路舒服，你就怎么布线。

插话：电源线需要多粗？

当我要求学生使电源线尽量粗时，学生说：电源管脚宽度只有 15mil 左右（如图中黄色），你要求外边再粗，不也是白搭吗？于是，他们就把电源线布成了左图的样子：红色电源线和芯片管脚宽度基本一致。

这看起来是有道理的。多数情况下，这样做是没有问题的。但是，真到了必须降低电源线阻抗的时候，右图是正道。请大家注意几个问题。

（1）在本级运放需要较大的供电电流，且要求电源稳定性极高的情况下，任何降低电阻、电抗的努力，都不会白费。毕竟总的阻抗，来自于串联中微小阻抗的叠加，能减小一部分就减小一部分。

（2）不要轻视电源管脚的宽度。你看它只有 15mil 宽度，却不知它的厚度是 PCB 走线厚度的 10 倍以上。PCB 上铜皮厚度只有 36μm，而电源管脚处，由于焊料的堆积，其厚度可以达到几百微米。因此，很多电源芯片，流进超大的电流，仍采用极细的管脚配合外部极粗的走线，就是这个道理。

因此，不要过多考虑芯片管脚的宽度，按照你的要求，尽量加宽电源线吧，甚至可以采用大面积覆铜作为电源。一般来说，从电路板电源入口到芯片最近的旁路电容处，采用 50mil 以上宽度走线；从电容到芯片电源管脚，采用 15~20mil 走线，右图是较为合适的。当然，如果要求不高，怎么做随你。

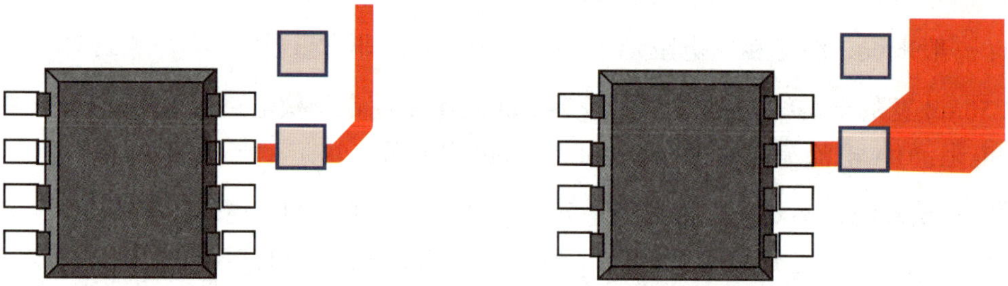

4.8.4　反馈支路——背面挖空

高速运放的反馈支路布线，背面一定不能有地层。比如一个高速运放，6 脚输出，要通过反馈支路回送到 2 脚。这个线路的背面，如果原本有地层覆铜，请一定要挖空。

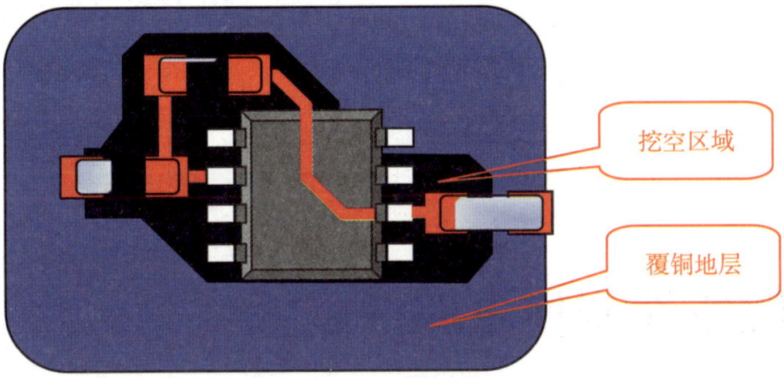

图 4.27　背面挖空

4.8.5　尽量不要自动覆铜

自动覆铜，一方面不易实现刚才说过的挖空操作，另一方面很容易造成“孤岛地”。

所谓的“孤岛地”，是指一个较大的区域，它在电路节点中仍属于“地”，但是它由一根很细的线与真正的地平面相连。特别地，当这根很细的线上有较大的回流电流时，就造成这个看似比较大的区域（长得像地平面一样），其电位已经不是真正的“地”。

让这样的“孤岛地”充当真正的地平面，你就上当了，就像交了一个不靠谱的朋友。

如果不使用自动覆铜，设计者就会发现这个问题，从而采取其他方法，让这个区域通过较粗的线与真正的地平面相连。

4.8.6　多看，多悟，少记

这么多年来，我几乎没有记住什么布线规则。记也记不住，太多了，像家长的唠叨。

我感觉比较靠谱的学习方法是，找到 ADI 这类大公司，找他们的评估板，一块一块看，看他们的布局，看他们的走线。看着，琢磨着，问问为什么，时间长了，自然就会了。

这才是学习布线的诀窍。

第 5 章 典型放大电路分析

本章以几类典型电路为例，重点讲述放大电路的分析方法。

5.1 单电源线性变换电路

本节围绕表达式 $y = kx + b$ 进行。这类电路是运放实现的最简单的电路，也较为常用。其中，系数 k 指电压放大倍数（包含绝对值小于 1 的，称为衰减），k 是正值，为同相放大；k 是负值，为反相放大。b 代表要实现的移位，大于 0，提升式、向上移位；小于 0，下降式、向下移位。多数电路都属于提升式。

这类电路种类繁多，从实用角度看，有以下几种常见的线性变换。

（1）将双极性信号转变成单极性信号，以方便接入单极性型 ADC 中。此时 b 大于 0。

（2）将宽摆幅的单极性信号，比如 0~20V 的信号，转换成窄摆幅的单极性信号，如 0.5~4.5V，以方便接入动态范围较小的 ADC 中。此时 k 小于 1。

（3）其他特殊要求的场合。

这类电路有单端输出信号和差分输出信号两种。其实，本节也可称为 ADC 驱动电路。

多数线性变换电路都试图将双极性信号转换成一定范围内的单极性信号。因此，本节电路均采用单电源供电。

5.1.1 交流耦合

交流耦合电路和直接耦合电路都可以实现信号线性变换，各有优缺点。

交流耦合电路只对交流信号有效，实际上就是一个高通滤波器。当待处理信号包含直流成分或者较低频率时，交流耦合电路不适用。

它最大的优点，一是设计简单，几乎不需要复杂的运算；二是可能降低静态功耗；三是一般不再需要考虑第 2 章所述的“直流意外”。

同相电路一

图 5.1 是一个有较强适用性的同相电路，它可以实现衰减，也可以实现放大。

（1）短接 R_1，此电路是一个含放大作用的电平移位电路。

（2）短接 R_1，开路 R_G，就是一个 1 ∶ 1 的电平移位电路。

（3）在 1 ∶ 1 电路基础上，增加 R_1，可以起到衰减作用。

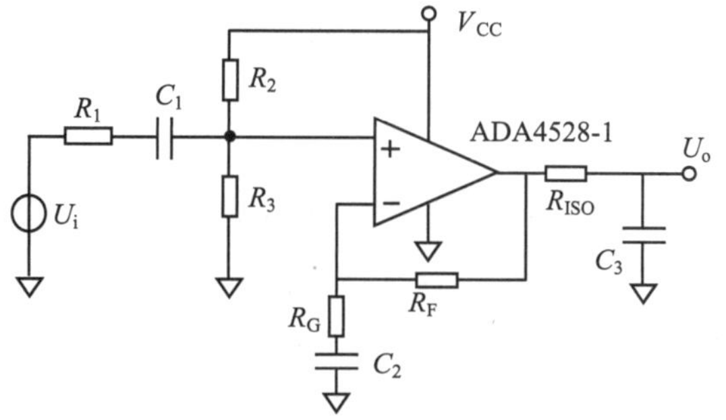

图 5.1 交流耦合单电源单入单出同相线性变换电路

电平移位

输入信号是基于 0V 的，即静默电位为 0。我们期望输出信号是基于某个确定性电位的，假如 ADC 的输入电压最高值为 5V，最小值为 0V，那么输出静默电位最好是 2.5V。将输入信号 0V 静默电位，变换成输出信号 2.5V 静默电位，就是电平移位，一般通过给运放的正输入端加载某个确定电位来实现。

R_2 和 R_3 从 V_{CC} 分压得到一个固定电压加载到 V_{IN+} 端，1 ∶ 1 传递到运放输出端。在这里，C_2 起到了关键作用。如果 C_2 短接，放大器会对 V_{IN+} 端直流电压也进行放大，会引起一系列联动，必须联立方程才能得到结果。C_2 的存在，阻断了直流电压放大，仅有 R_F 反馈，电路为跟随器。

放大和滤波

将较大的信号压制到 0~5V 时，R_1 的介入可以实现衰减，衰减比为

$$A_1 = \frac{R_2 || R_3}{R_1 + R_2 || R_3}$$

反馈支路的电阻和电容，起到对交流信号放大、直流信号跟随的作用。交流信号的高频增益为

$$A_2 = 1 + \frac{R_F}{R_G}$$

R_2 和 R_3 的选择，除实现分压提供静默电位外，还兼具高通滤波器的截止频率设置：

$$f_{l1} = \frac{1}{2\pi(R_1 + R_2 \| R_3)C_1}$$

直流信号的增益为 1 倍，存在和交流信号的频率分界线，也可理解为截止频率：

$$f_{l2} = \frac{1}{2\pi R_G C_2}$$

为保证 f_{l1} 通带内的增益平坦性，当然要保证 $f_{l2} << f_{l1}$。

在输出端，一个电阻和电容实现低通滤波，是为后级 ADC 输入端服务的。

同相电路二

图 5.1 中，输出静默电位靠两个电阻分压获得。这种方法简单易行，但有明显的缺点：

（1）电源噪声或者纹波，通过分压电阻进入信号链路，污染了信号链路。

（2）在要求较高，需要输出静默电位严格位于 2.5V 时，两个分压电阻难以实现这种准确性要求。

（3）分压电阻上会消耗不小的静态电流。

图 5.2 是一种改进型电路。显然，它复杂多了，主要的差别来自于静默电位的实现——不再使用分压电阻，而用一个电压基准源实现。

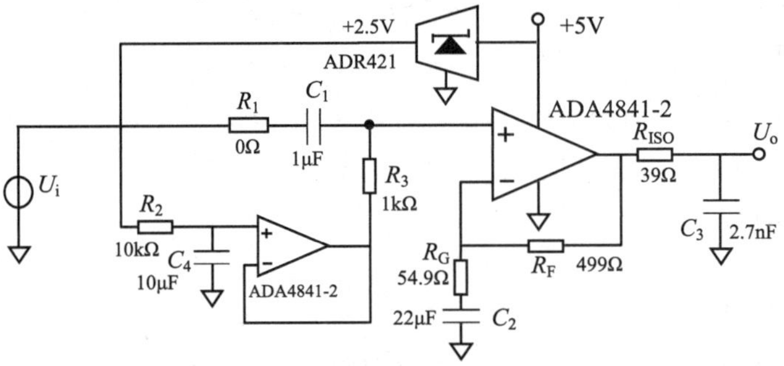

图 5.2　交流耦合单电源单入单出同相线性变换电路低噪版

ADR421 是一款串联型的低噪声 2.5V 电压基准源，它的输出 2.5V 经过一个时间常数较大的阻容网络 R_2、C_4，完成低通滤波，进一步降低噪声，进入一个电压跟随器中。此电压跟随器的作用是，以较大的输出驱动能力，保证 R_3 下端是一个稳定的 2.5V 对地电位。

这样，通过 R_3 和 C_1 之间的阻容耦合，信号得以耦合到主放大器的正输入端。

电源上的纹波和噪声，在 ADR421 的输出端已经得到非常有效的抑制。此后的阻容滤波、低噪跟随器等，能保证 R_3 上端在静默时具有极小的噪声——这就谈不上污染信号链路了。

本电路的运放 ADA4891-2，属于宽带低噪放大器，一个芯片内含两个放大器，多出的一个刚好用于静默电位的产生。

图 5.2 中，设计主放增益为 10 倍，这很容易计算。

关于截止频率，在低频处，有下限截止频率：

$$f_{l1}=\frac{1}{2\pi R_3C_1}=159\text{Hz}；\quad f_{l2}=\frac{1}{2\pi R_G C_2}=132\text{Hz}$$

虽然没有达到 $f_{l2}<<f_{l1}$，但至少基本满足要求。

在输出端，低通滤波器产生上限截止频率为 $f_{h1}=\dfrac{1}{2\pi R_{ISO}C_3}=1.51\text{MHz}$。这主要取决于后级 ADC 入端的要求——抗混叠滤波，以及建立时间等因素。

同相电路三

图 5.3 是 ADC4891-3 数据手册中的电路。它与图 5.1 相似。主要区别有以下几点。

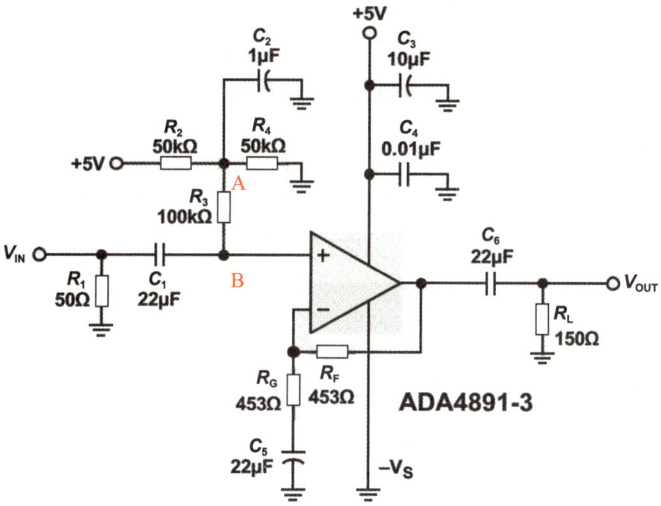

图 5.3 单电源视频驱动电路

静默电位的提供，由 2 个电阻分压变成 3 个电阻加 1 个电容

这很妙。在图 5.1 中，2 个电阻分压后包含电源内的噪声（其幅度大约为电源噪声的 1/2），如果在分压点处并联滤波电容，在滤除电源噪声的同时，也会把有用信号滤除。而这个电路不同，它首先通过 C_2 滤波，削弱了 A 点的噪声，且保证 A 点为 2.5V。然后通过 R_3 和 C_1，实现了信号的耦合，进入 B 点。如果 C_2 滤波有效，那么 B 点只包含电源噪声的很小一部分，且信号几乎没有受到伤害。

输出变成高通滤波器

这没有什么可讲的。视电路功能不同，可以采用不同的滤波。这个电路不是给 ADC 提供驱动的，而是用于视频信号的传递——看到输入端那个 50Ω 电阻就应该能想到——它更需要隔直输出，以降低直流分量。

反相电路

图 5.4 是一个包含信号源内阻 R_S 的电路，端接电阻 R_T 的引入，是为了使得 $R_T//R_G$ 等于 R_S，以实现阻抗匹配。此时在 R_T 头顶，将存在 $0.5U_s$ 的信号电压，然后才被后续的 R_F/R_G 放大。

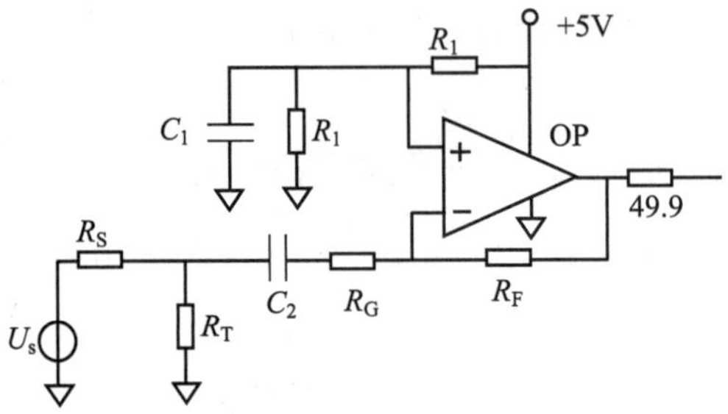

图 5.4　交流耦合单电源单入单出反相线性变换电路

在放大器的同相输入端，两个相等的电阻分压得到 2.5V，并接的 C_1 实现低通滤波，降低该点的噪声。C_2 是核心：第一，它阻断了放大电路的直流电流，使得正输入端干净的 2.5V 顺利传递到运放的输出端；第二，它耦合通过了交变信号，使其完成了放大。

该电路的下限截止频率为

$$f_{11} = \frac{1}{2\pi(R_G + R_T \| R_S)C_2}$$

该电路通带内（即 C_2 容抗可以忽略的频段）电压增益为

$$A_u = \frac{U_o}{U_s} = -0.5\frac{R_F}{R_G}$$

输出端串联 49.9Ω 电阻是为了与后级传输电缆实现阻抗匹配。

插话：针对本电路的问题

（1）请推导下限截止频率公式。为什么与 C_1 无关？

（2）对比同相放大电路，反相放大电路有何优缺点？

5.1.2 直接耦合

直接耦合最大的特点是没有下限截止频率，可以对包括直流量在内的信号实施处理。但是，它带来的缺点是设计更复杂，需要大量计算。

同相增益大于 0.5

图 5.5 是一个能够实现直流电平由 0V 提升到 $V_D/2$，交流增益大于等于 0.5 的电路。

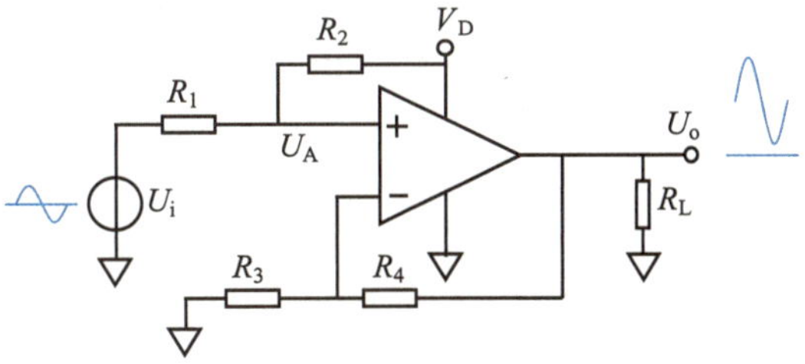

图 5.5 直接耦合单电源提升式同相，$G \geqslant 0.5$

输入为双极性信号，要求输出骑在 U_{OZ} 上（静默电位 U_{OZ}，一般为 $0.5V_D$），增益为 G。

$$U_o = U_{OZ} + GU_i \tag{5.1}$$

很显然，这个电路的计算就复杂了。在交流耦合中，要实现 2 倍放大，图中 R_3 和 R_4 相等即可。但在直接耦合电路中，情况远比这个复杂：交变信号先经过 R_1、R_2 衰减，再经过 R_3 和 R_4 放大；直流电位也是如此，先经过 R_1、R_2 衰减，再经过 R_3 和 R_4 放大。既要满足静默电位为 U_{OZ}，又要满足增益为 G，需要列出多个方程联立求解。

先设两个临时参量：

$$a = \frac{R_1}{R_1 + R_2}$$

$$k = \frac{R_3 + R_4}{R_3}$$

则输出表达式为

$$U_o = V_D ak + U_i(1-a)k$$

对比式（5.1）得：

$$\begin{cases} ak = \dfrac{U_{OZ}}{V_D} \\ (1-a)k = G \end{cases}$$

两个未知量，两个独立方程，解得：

$$\begin{cases} k = G + \dfrac{U_{OZ}}{V_D} \\ a = \dfrac{U_{OZ}}{GV_D + U_{OZ}} \end{cases} \tag{5.2}$$

已知 a、k，独立考虑，自行选择 4 个电阻即可。

如果有更严苛的要求，要保证两个输入端外部电阻的对称性，即尽量减小偏置电流引起的“直流意外”（见 2.5 节），则需要有$R_1 // R_2 = R_3 // R_4$的约束。方法如下。

先选择 R_3 为一个基准电阻（这个电阻的选择与整个噪声水平、功耗设置有关，也与电阻精度造成的易选性有关），则

$$\begin{cases} R_4 = (k-1)R_3 \\ R_2 = \dfrac{R_3 // R_4}{a} \\ R_1 = \dfrac{a}{1-a}R_2 \end{cases} \tag{5.3}$$

至此，即可得到各电阻值。

举例：V_D 等于 5V，输入幅度为 0.1V 的正弦波，希望输出为基于 2.5V 的幅度为 2.0V 的同相正弦波。

解：首先根据设计要求，确定交流增益 $G = 20$，0 输入时的输出 $U_{OZ} = 2.5\text{V}$。

代入式（5.2），得到 a 和 k：

$$\begin{cases} k = G + \dfrac{U_{OZ}}{V_D} = 20 + \dfrac{2.5}{5} = 20.5 \\ a = \dfrac{U_{OZ}}{GV_D + U_{OZ}} = \dfrac{2.5}{20 \times 5 + 2.5} = \dfrac{1}{41} \end{cases}$$

选择 $R_3 = 1\text{k}\Omega$，根据式（5.3），解得

$$\begin{cases} R_4 = (k-1)R_3 = 19.5\text{k}\Omega \\ R_2 = \dfrac{R_3 // R_4}{a} = 39\text{k}\Omega \\ R_1 = \dfrac{a}{1-a}R_2 = 0.975\text{k}\Omega \end{cases}$$

根据电阻系列表（图 5.6）。选择$R_4 = 19.6\text{k}\Omega$、$R_2 = 39\text{k}\Omega$、$R_4 = 0.976\text{k}\Omega$即可。

	1	2	3	4	5	6	7	8	9	10	11	12	13	14	15	16	17	18	19	20	21	22	23	24
E3	1								2.2								4.7							
E6	1				1.5				2.2				3.3				4.7				6.8			
E24	1.0	1.1	1.2	1.3	1.5	1.6	1.8	2.0	2.2	2.4	2.7	3.0	3.3	3.6	3.9	4.3	4.7	5.1	5.6	6.2	6.8	7.5	8.2	9.1
E96	1.00	1.10	1.21	1.30	1.50	1.62	1.82	2.00	2.21	2.43	2.74	3.01	3.32	3.65	3.92	4.32	4.75	5.11	5.62	6.34	6.81	7.50	8.25	9.31
	1.02	1.13	1.24	1.33	1.54	1.65	1.87	2.05	2.26	2.49	2.80	3.09	3.40	3.74	4.02	4.42	4.87	5.23	5.76	6.49	6.98	7.68	8.45	9.53
	1.05	1.15	1.27	1.37	1.58	1.69	1.91	2.10	2.32	2.55	2.87	3.16	3.48	3.83	4.12	4.53	4.99	5.36	5.90	6.65	7.15	7.87	8.66	9.76
	1.07	1.18		1.40		1.74	1.96	2.15	2.37	2.61	2.94	3.24	3.57		4.22	4.64		5.49	6.04		7.32	8.06	8.87	
				1.43		1.78				2.67									6.19				9.09	
				1.47																				
	4	8	11	17	20	25	29	33	37	42	46	50	54	57	61	65	68	72	77	80	84	88	93	96

图 5.6　电阻系列表

插话：调配电阻，值得吗?

当我期望 R_4 是 R_3 的 19.5 倍，而只能选择 1kΩ 和 19.6kΩ 时，我会有一种冲动：能不能重新调配 R_3，在 96 个电阻表中选择出一对儿——A 是 B 的 19.5 倍？因为毕竟我们太需要某个电阻是另一个电阻的多少倍了。每次需要确定电阻时，这无聊的念头就会出现。

其实，列出一张表，组合计算每个电阻与其他电阻的比值，并排序方便大家找寻，这不是难事。但几年过去了，我迟迟没有这么做，是因为这样不值得。

你费半天劲，好不容易找到了一组配对儿，比值最接近 19.5，高兴吧，就实施吧。另外的同学不管这么多，就选了 19.6k。结果呢，说不定，你的结果比他还差。

这不是六月飞雪吗？

其实一点都不冤，你活该。电阻选择必须科学，不能只认标称值。

每个电阻值，都归属于 E96 系列中最近的那个标称值。比如一个实际电阻为 19.5k，有两个标称值包围它——19.1k 和 19.6k，归谁呢？自然归 19.6k。

每个 E96 标称值电阻，都包括了标称值正负 1% 之内的电阻。标称值是个箱子，实际的电阻在里面放着，取到哪个，是你的运气。

找了半天，终于找到了标称值合适的电阻配对儿，但取出来焊到电路板上，结果就不一定了。

想要严格匹配，实施精准的 19.5 倍，请选择更精准的电阻系列，还要考虑温度变化引起的不稳定等，绝不是简简单单在数据表中找到配对儿——那完全是自欺欺人，获得心理安慰而已。

同相增益小于 0.5

在假设输出基于 2.5V 的情况下，图 5.5 电路只能实现 $G \geqslant 0.5$ 的增益。其中，$G=0.5$ 可以采用断开 R_3，$R_2=R_1=2R_4$ 实现。但是，如果需要交流增益小于 0.5 的同相放大，上述电路就无能为力了。

要实现更小的增益，在 U_A 处增加一个电阻 R_5 接地，且将后续 R_3 的增益环节去掉，让其变成跟随器。只要 R_5 足够小，就可以实现更大程度的衰减，电路结构如图 5.7 所示。

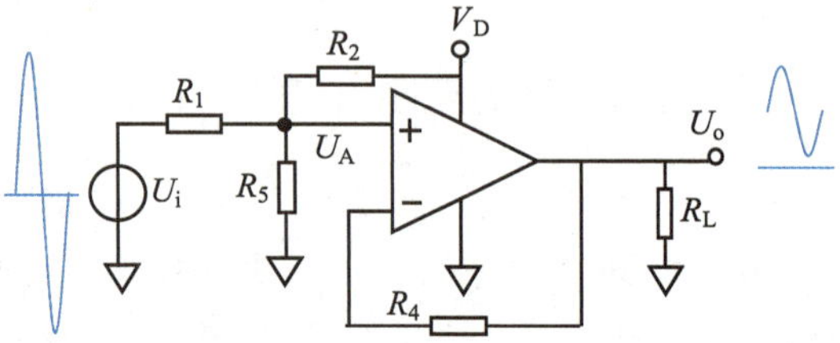

图 5.7　直接耦合单电源提升式同相，$G \geqslant 0.5$

这个电路较为简单，推导交给大家自行完成。这里只给出我推导的结论。

已知电源电压 V_D，要求增益为 G，小于 0.5；输出端静默电位 U_{OZ}。

先确定 R_1，则：

$$\begin{cases} R_2 = \dfrac{G\times V_D}{U_{OZ}}R_1 \\ R_5 = \dfrac{G\times V_D}{V_D - G\times V_D - U_{OZ}}R_1 \end{cases} \tag{5.4}$$

如果考虑运放两个输入端对外电阻对称，可以选择 R_4 为上述 3 个电阻的并联。

举例：单一 5V 供电系统，原信号幅度为 20V，基于 0V 的正弦波，频率范围为 DC~2kHz。设计线性变换电路，使得输出供给输入范围为 0~5V 的单端输入 ADC。

解：

（1）确定单电源可以解决问题。给放大电路用单电源 5V 供电，因增益约为 1/10，采用图 5.7 所示电路结构。

（2）单电源下需要考虑输入 / 输出至轨电压，加之 ADC 最好不要满幅度输入，因此，确定电路输出最大值为 4.5V，最小值为 0.5V。这样，第一，静默电位为 2.5V；第二，其峰峰值为 4V，而输入信号峰峰值为 40V，$G=0.1$。

（3）按照式（5.4），选择 $R_1=10\text{k}\Omega$，得：

$$\begin{cases} R_2 = \dfrac{G\times V_D}{U_{OZ}}R_1 = \dfrac{0.1\times 5}{2.5}\times 10 = 2(\text{k}\Omega) \\ R_5 = \dfrac{G\times V_D}{V_D - G\times V_D - U_{OZ}}R_1 = \dfrac{0.1\times 5}{5-0.1\times 5-2.5}\times 10 = 2.5(\text{k}\Omega) \end{cases}$$

（4）根据 E96 电阻表，选择 $R_1=10\text{k}\Omega$、$R_2=2\text{k}\Omega$、$R_5=2.49\text{k}\Omega$。

（5）根据频率特性、供电电压、价格等要求，选择非常便宜的 AD8541 即可实现。

在此情况下，发现 AD8541 的偏置电流仅为 4pA，乘以千欧级外部电阻，只会产生微伏级的直流意外，远小于 AD8541 失调电压 1mV 本身。因此，以此角度看，不需要电阻 R_4。为了更保险，还是找找数据手册中关于输入端保护的描述，没有。且查到极限参数中，输入差模电压最大值为 6V，显然没有保护。因此，也不需要 R_4。

反　相

图 5.8 是一个反相放大电路。要求如前：已知 V_D、U_{OZ}、G，求各电阻。

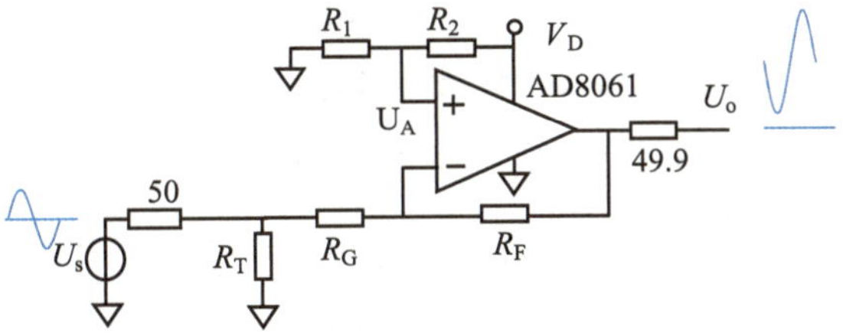

图 5.8　直接耦合单电源提升式反相

因电路包括端接电阻 R_T，自然的，就有阻抗匹配要求，即包括端接电阻在内，向右看进去的输入电阻等于 50Ω。再考虑其他要求，列出方程如下：

$$\begin{cases}\dfrac{R_F}{R_G}=2G\\ R_T//R_G=50\Omega\\ U_A=U_{OZ}\dfrac{R_G+R_T//50}{R_G+R_T//50\Omega+R_F}\end{cases}\qquad [5.4(a)]$$

多数高速放大器，在不同增益下都给出了最佳的反馈电阻。也就是说，可以先确定电阻 R_F，然后按照上式第 1 行确定 R_G，再利用第 2 行确定 R_T，最后得到静默时的 U_A。

得到 U_A 后，可以按照本电路，通过下式求得电阻 R_1 和 R_2，也可以采取其他方法产生 U_A——通过稳压管、电压基准分压驱动等。反正你得想办法，给运放正输入端提供一个低噪的稳定电压 U_A。

$$\frac{R_1}{R_1+R_2}=\frac{U_A}{V_D}$$

$$R_1//R_2=(R_G+R_T//50\Omega)//R_F$$

解得：

$$\begin{cases} R_2 = (R_G + R_T // 50\Omega) // R_F \times \dfrac{V_D}{U_A} \\ R_1 = R_2 \dfrac{\dfrac{U_A}{V_D}}{1 - \dfrac{U_A}{V_D}} = \dfrac{U_A}{V_D - U_A} R_2 \end{cases} \qquad [5.4\text{(b)}]$$

按照式［5.4（b）］解得的电阻值，可以保证两个输入端看出去的电阻是相等的，这有助于消除因失调电流引起的直流意外。如果不在意这个，也可以直接设定 R_2，然后按照式［5.4（b）］第 2 行公式计算出 R_1。

举例：设计一个高频直流放大器，信号源电阻为 50Ω。要求输入端实现阻抗匹配，通带增益为 –0.1 倍，带宽大于 100MHz，单一 5V 供电，要求输出静默电位为 2.5V，输出电压范围为 1.2~3.8V，放大电路输出电阻为 50Ω。

解：首先这是一个反相电路，选用图 5.8 所示电路。

其次，必须先确定运算放大器，然后才能合理选择反馈电阻 R_F，因为在高频放大器中，不同的运放，其最佳的反馈电阻是不同的。根据带宽要求、压摆率、电源电压、可单位增益放大、输出至轨电压小于 1.2V，综合考虑，选择 ADI 公司的 AD8000 作为本电路运放。

第三，选择确定 R_F。根据 AD8000 数据手册，选择 499Ω 的反馈电阻较为合适。

第四，根据式［5.4（a）］，解得：

$$R_G = \frac{R_F}{2G} = 2495\Omega$$

$$R_T = \frac{R_G \times 50\Omega}{R_G - 50\Omega} = 51.02\Omega$$

$$U_A = U_{OZ} \frac{R_G + R_T // 50\Omega}{R_G + R_T // 50\Omega + R_F} = 2.087\text{V}$$

第五，根据式［5.4（b）］，解得：

$$\begin{cases} R_2 = (R_G + R_T // 50\Omega) // R_F \times \dfrac{V_D}{U_A} = 998\Omega \\ R_1 = R_2 \dfrac{\dfrac{U_A}{V_D}}{1 - \dfrac{U_A}{V_D}} = \dfrac{U_A}{V_D - U_A} R_2 = 714.9\Omega \end{cases}$$

按照 E96 系列选取最接近的电阻值，设计 Multisim 仿真电路如图 5.9 所示。

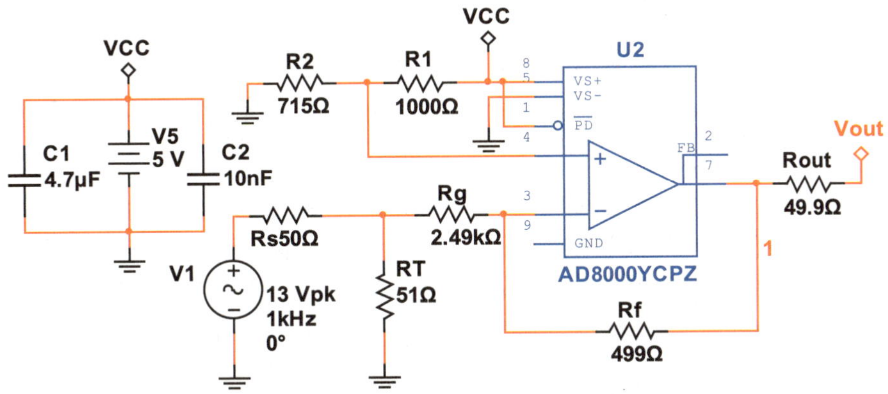

图 5.9　高频直流放大器的仿真电路

输入信号为 100MHz，幅度为 13V 的正弦信号，得到输入 / 输出波形如图 5.10 所示。通道 A（蓝色）为输出波形，通带 B（红色）为输入波形。满足设计要求。

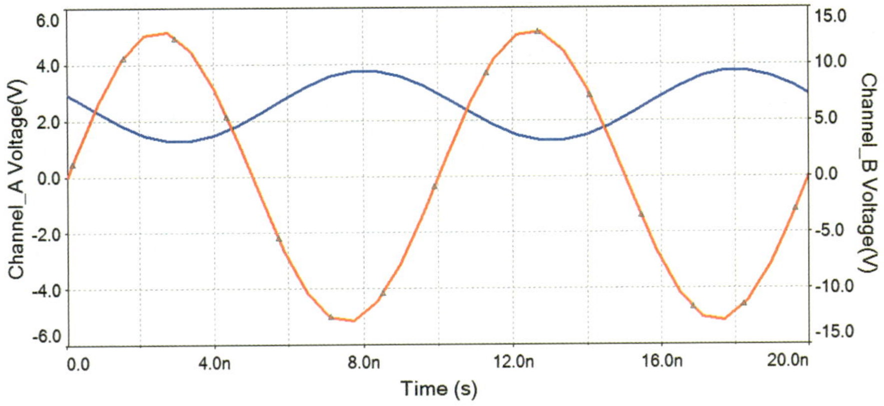

图 5.10　高频直流放大器的输入 / 输出波形

5.2　电流源电路

写这一节的时候，正好是情人节，也是我们的元宵节。本该极为浪漫的日子，我却有些纠结——写了删，删了再写。原因是，我触碰到了一个庞大的领域——电流源，而本书的架构，又不容我展开。

所谓的电流源，包括恒定电流的产生，恒定电流或信号电流的缩小和放大，电压到电流的转换，以及电流到电压的转换，等等。我们以前习惯于用电压传递信号，产生了大量的电路结构，而电压和电流像鸡和蛋一样密不可分且不分先后。应该说，所有与电压相关的电路类型，在电流部分都该有映射，说它庞大一点都不为过。

但是，别想那么多了，本节只说几个典型电路。

5.2.1　Howland 电流源

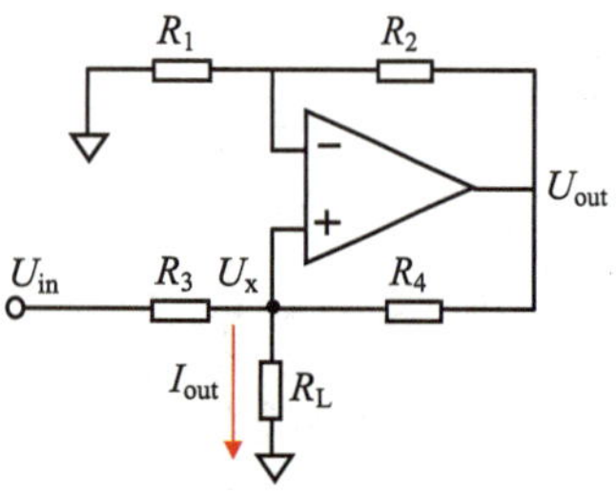

图 5.11　Howland 电流源

第一次看到 Howland 电流源（图 5.11），会感到有点怪：除了负反馈，怎么还有正反馈呢？在这种情况下，运放还能处于线性区吗？虚短、虚断还能用吗？

我们这么看会更容易理解：输出通过 R_2、R_1 实现了回送到入端的目的，这是负反馈，其反馈系数为 $F_N=R_1/(R_1+R_2)$；输出通过 R_4、R_3，还有 R_L 实现了回送到入端的目的，这是正反馈，其反馈系数为 $F_P=(R_3/\!/R_L)/(R_4+R_3/\!/R_L)$。Howland 电流源中，除负载电阻之外的那 4 个电阻是相等的。因此，只要 R_L 接入电路，正反馈系数就一定小于负反馈系数——最终，电路呈现出负反馈效果。

因此，分析这个电路时，只要满足上述条件，就大胆使用负反馈的结论吧。

$$U_{out}=\frac{R_1+R_2}{R_1}U_x$$

$$\frac{U_{in}-U_x}{R_3}=\frac{U_x}{R_L}+\frac{U_x-\frac{R_1+R_2}{R_1}U_x}{R_4}$$

解得：

$$I_{out}=\frac{U_x}{R_L}=\frac{R_1R_4}{R_1R_4R_L+R_1R_4R_3-R_2R_3R_L}U_{in}$$

如果 $R_2 = kR_1$，$R_4 = kR_3$，则简化为

$$I_{out} = \frac{R_1kR_3}{R_1kR_3R_L + R_1kR_3R_3 - kR_1R_3R_L}U_{in} = \frac{U_{in}}{R_3}$$

$$U_x = \frac{U_{in}}{R_3}R_L$$

$$U_o = (1+k)\frac{U_{in}}{R_3}R_L$$

如果 $k=1$，即 4 个电阻全部相等，则进一步简化为

$$\begin{cases} I_{out} = \dfrac{U_{in}}{R_3} \\ U_x = \dfrac{U_{in}}{R_3}R_L \\ U_o = \dfrac{2U_{in}}{R_3}R_L \end{cases} \tag{5.6}$$

利用 4.7.3 节的内容，也可方便得出结论——先假设 4 个电阻相等，都是 R_3 吧。

$$m = \frac{\dfrac{R_4R_L}{R_4+R_L}}{\dfrac{R_4R_L}{R_4+R_L}+R_3} = \frac{R_4R_L}{R_4R_L+R_4R_3+R_3R_L} = \frac{R_3R_L}{2R_3R_L+R_3^{\ 2}} = \frac{R_L}{2R_L+R_3}$$

$$F = \frac{R_1}{R_1+R_2} - \frac{\dfrac{R_3R_L}{R_3+R_L}}{\dfrac{R_3R_L}{R_3+R_L}+R_4} = \frac{R_1}{R_1+R_2} - \frac{R_3R_L}{R_3R_L+R_4R_3+R_4R_L}$$

$$= 0.5 - \frac{R_3R_L}{2R_3R_L+R_3^{\ 2}} = 0.5 - m$$

利用式（4.2）得：

$$U_o = \frac{m}{F}U_{in} = \frac{m}{0.5-m}U_{in} = \frac{2U_{in}}{R_3}R_L$$

$$U_x = 0.5U_o = \frac{U_{in}}{R_3}R_L$$

$$I_{out} = \frac{U_x}{R_L} = \frac{U_{in}}{R_3}$$

这又一次印证了 4.7.3 节内容的普适性。同时，注意反馈系数 F 的表达式，一旦 m 大于 0.5，F 就由正数变为负数了，原先设计的负反馈，就变为正反馈了。

Howland 电流源的主要问题如下。

（1）稳定性问题。特别是负载去掉后，运放将进入饱和状态，这会引发一系列问题。

（2）电流限制问题。负载电流的来源只有两个，一是运放输出端提供，二是输入电压源提供，因此指望它输出大电流显然不行。

（3）效率问题。在标准电路中，输出电压是负载电压的两倍，效率不高。

（4）运放偏置电流的影响，在分析中没有考虑。我估计，输出很小的电流的准确性也不高。

（5）最困难的是，这 4 个电阻要求相等，一般人难以做到这点。

5.2.2　利用差动放大器实现的电流源

针对 Howland 电路中的 4 个电阻匹配问题，自然会想到差动放大器——它内部有 4 个精密调节好的电阻，而且有相等的，比如 AD8276（图 5.12）。

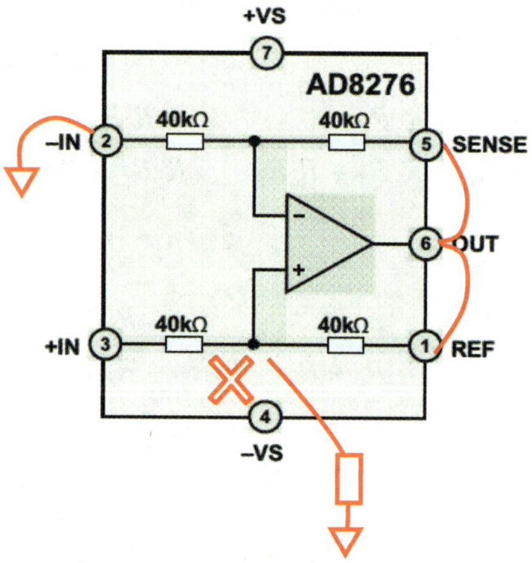

图 5.12　AD8276

但是仔细看却发现有问题:Howland 电路中关键的接负载的节点,没有被连接出来——你干着急，用不成。

这阻挡不了谁，问题很快就被解决了。图 5.13 是基于差动放大器的电流源，最基础的原型。

电路分析

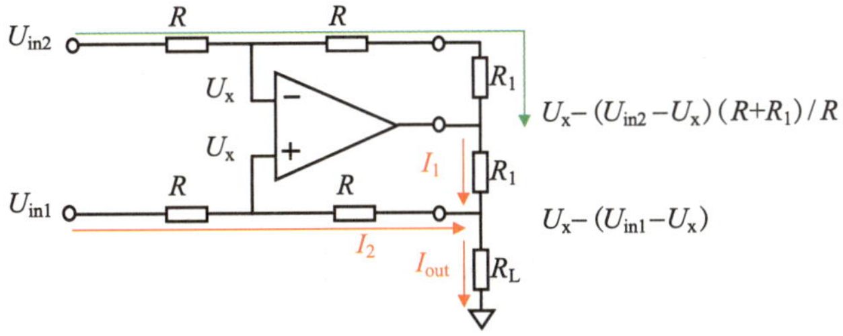

图 5.13　基于差动放大器的压流转换器（电流源）

$$I_1=\frac{U_{in1}-U_x-(U_{in2}-U_x)\dfrac{R+R_1}{R}}{R_1}$$

$$I_2=\frac{U_{in1}-U_x}{R}$$

$$I_{out}=I_1+I_2=\frac{U_{in1}-U_{in2}}{R//R_1}$$

优缺点分析

（1）对 Howland 电路中的前 4 个缺点，都没有克服。

（2）唯一的优点是，当 R_1 远小于 R 时，电路对两个 R_1 的一致性要求不再很高。使用者不再需要为寻找配对儿电阻操心了。

（3）电路输出电流的准确性，将几乎唯一取决于电路中紧挨着 R_L 的那个 R_1。

5.2.3　改进电路

图 5.14 是对图 5.13 的改进，它增加了一个运放构成的电压跟随器，这样只需要一个电阻 R_1 就可以了。从图 5.14 上就能看出来了，不用我分析。

$$I_{out}=\frac{U_{in1}-U_{in2}}{R_1}$$

该有的毛病基本都有，虽然看起来显得比前一个电路“专业”一些。

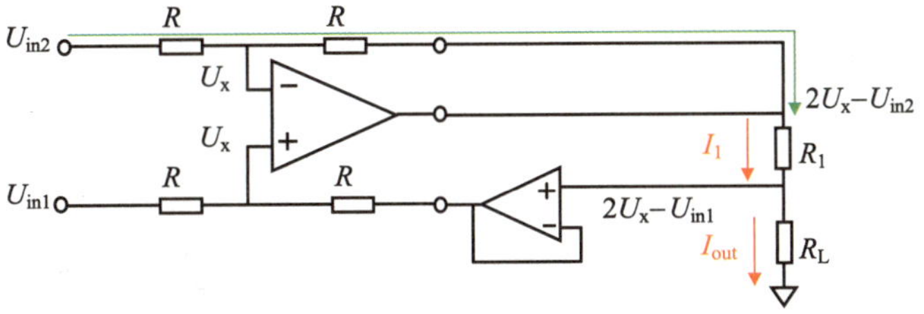

图 5.14　基于差动放大器的压流转换器——改进

5.2.4　用晶体管增加输出电流

图 5.15 是由含运放的基准电压源 ADR821、差动放大器 AD8276、晶体管 2N3904 组成的一个输出电流较大的恒流源。

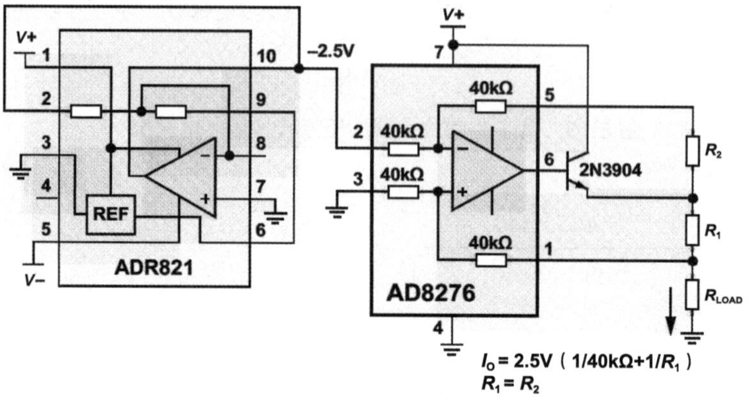

图 5.15　输出电流较大的恒流源

无需细致研究晶体管的工作状态，它就是一个射极跟随器，在保证信号传递极性不改变的情况下，使得 AD8276 的 6 脚只需要输出较小的晶体管基极电流，即可使发射极流出较大的负载电流。这就是常见的扩流方法。

当需要输出电流为双极性时，可以采取互补推挽，依靠正负电源驱动方法实现。

ADR821 是一款内嵌双电阻运放的基准电压源。它内部的结构图画得实在差劲，如果你实在看不懂，我告诉你：它内部就是一个 +2.5V 的基准电压源，加上含有 2 个相等电阻的运放。因此，你一方面可以直接从 6 脚获得 +2.5V 基准输出，另一方面可以从 10 脚获得另一个基准电压，两种外部接法可以获得两种基准输出。如果把内部运放接成反相器，10 脚就输出 –2.5V；如果把内部运放接成 2 倍同相比例器，10 脚就输出 +5V。本例中采用了 –2.5V 输出。

ADR827 与 ADR821 类似，是 1.25V 版本的。它们的内部电阻均为 10kΩ，匹配度为 0.5%。

图 5.16 是一个含晶体管扩流的双向压流转换电路。我没有试做实际电路，但是仿真效果是不错的。AD8675 属于精密运放，输出轨至轨型，可接受 ± 18V 供电。图中的晶体管选择，应考虑其最大输出电流大于拟输出电流峰值。

本电路的输出电流为

$$i_{OUT}=\frac{u_{IN}}{R_2//R_3}$$

式中，u_{IN} 为输入电压的瞬时值，可正可负。因此，输出电流也是双向的。

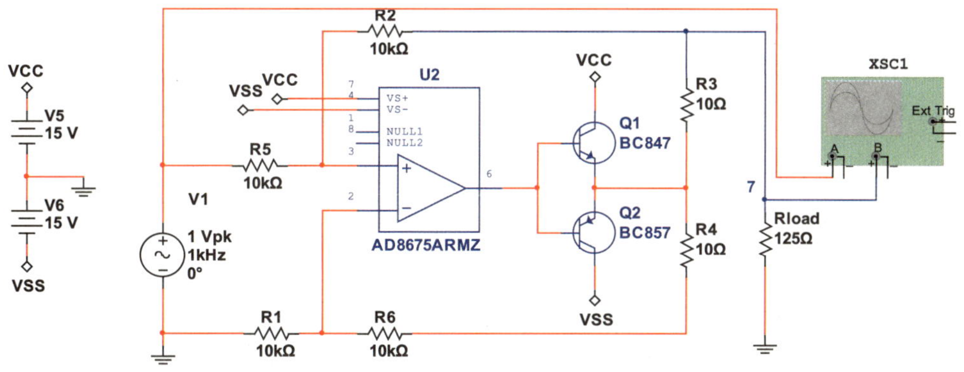

图 5.16　含晶体管扩流的双向压流转换电路

5.2.5　以 R_{SENSE} 为核心的电流源一

图 5.17 来自 ADI 技术资料：AN968-Current Sources: Options and Circuits by Martin Murnane。这是另一种思路的电流源。它的构造更加直接，丝毫没有 Howland 电路痕迹。一般都由供电电压源、可控电流环节、电流采样环节、放大环节组成一个闭环，直接采样输出电流（可以在高侧，也可以在低侧），用负反馈强迫输出电流为指定值。

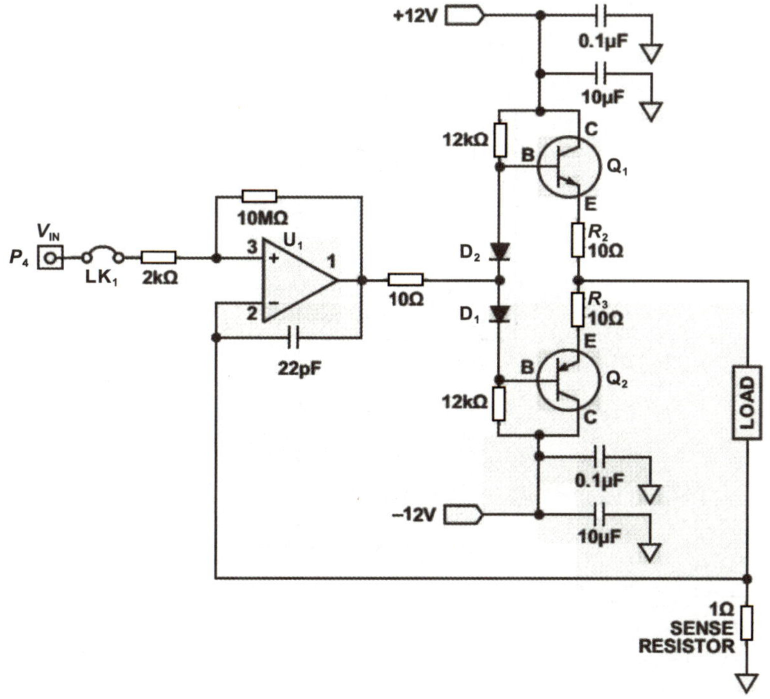

图 5.17　100mA 或更大输出电源的电流源

按照这种思路设计的电流源，最大可能存在的问题是稳定性。为了避免振荡等稳定性问题，图中的 22pF 电容起到关键作用。

先把 LK_1 旁边的 2kΩ 电阻短接，10MΩ 电阻去掉。这变成了一个极为简单的闭环负反馈电路。1Ω 采样电阻上的电压一定等于 V_{IN}，这导致输出电流为

$$I_{LOAD}=\frac{V_{IN}}{1\Omega}$$

中间那一大堆电路包括晶体管、二极管、电阻等，都是提高输出电流能力的标准驱动电路，其中二极管的引入会进一步降低交越失真的影响。显然，这两个晶体管最好选择输出电流足够的成对儿管。我用 BC846 和 BC856 实现，成功了。

我不敢肯定刚才去掉的两个电阻（2kΩ 和 10MΩ）的作用，感觉必要性不大，实验中我去掉了它们,也没有引起什么变化。但我肯定,它们是有用的,但 ADI 的资料中没有详述。

显然，我也不是世界“大拿”，搞不定的东西也很多。

5.2.6　以 R_{SENSE} 为核心的电流源二

AD8278 差动放大器内嵌电阻对为 40kΩ/20kΩ，可以实现 0.5 倍和 2 倍放大。现在看图 5.18，它是一个 0.5 倍的衰减器。发挥你的想象力，悄悄地把内部运放左右颠倒一下，把 6 脚置于 2、3 脚中间位置，它就变成了 2 倍——此时输入脚就是 SENSE 和 REF 了。

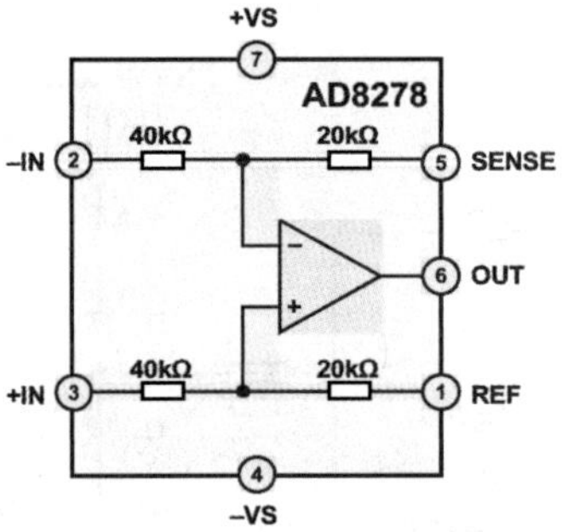

图 5.18　AD8278

所有差动放大器都可以这样做。图 5.19 中的 AD8278 就是如此连接的，实现了 2 倍差动放大。

图中 U_3 是一个电流表，显示实际的输出电流。

这个电路稳定的核心是，理论上，积分器 U_2 的输入电压必须为 0，以使得积分器失去变化的动力——积分器输入只要不为 0，输出就会不停变化。为此，AD8278 的输出必须为 0。于是，R_{SENSE} 两端的压降必须和 V_{in} 达成平衡。

标准差动放大器输出表达式为

$$V_{OUT}=V_{REF}+A_d(V_{IN+}-V_{IN-})$$

此电路中，V_{REF} 为输入电压 V_{in}，$V_{IN+}-V_{IN-}$ 就是 R_{SENSE} 两端反向压降，即 $-I_{OUT}R_{SENSE}$。而 A_d 为 AD8278 接成如此结构时的电压增益，为 40kΩ/20kΩ = 2 倍，则有：

$$0=V_{in}-2I_{OUT}R_{SENSE}$$

得：

$$I_{OUT}=\frac{V_{in}}{2R_{SENSE}}$$

Multisim 仿真电路中，1V 输入应该产生 1A 电流输出，实际电流为 0.999A，基本吻合。

仿真实验中，差动放大器输出并不是 0V，而是 1.335mV，这就是 ADA4000-1 的输入失调电压。而 0.999A 误差来自 AD8278 的输入失调电压。

另外，本电路中负载的另一端可选接地或者接负电源，这不会影响输出电流。只是当负载另一端电位过低时，会导致场效应管的 U_{DS} 过大，可能烧毁晶体管。

电路中 R_2 和 C_2 组成低通滤波器，将减小晶体管 G 极电压波动，减小输出电流噪声。

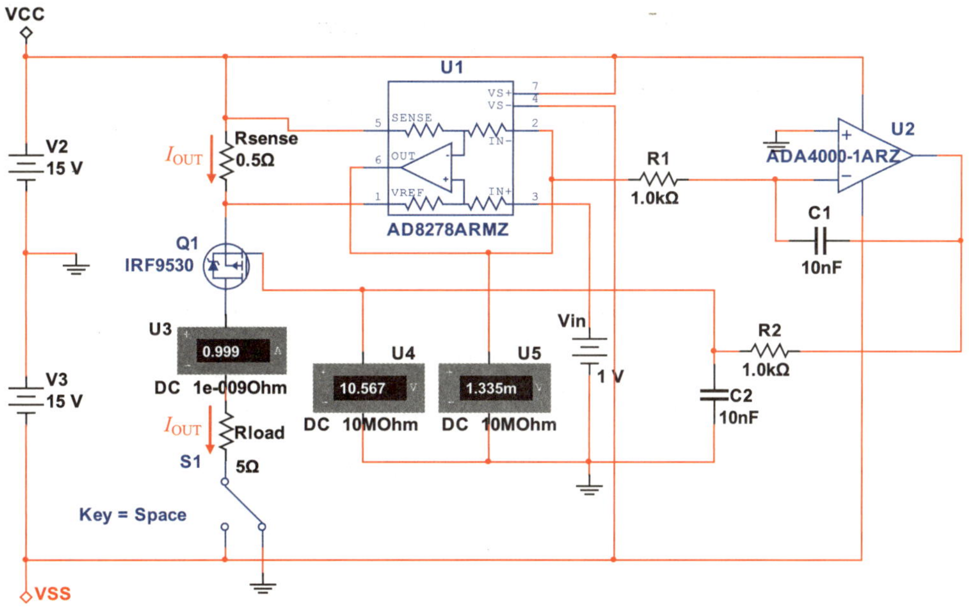

图 5.19　用 AD8278 实现的电流源

5.2.7　用仪表放大器实现的电流源

结合 5.2.3 节电路思想，用仪表放大器也可以实现相同的电压 - 电流转换，形成电流源。图 5.20 中的 AD620 是一款应用极为广泛的低成本仪表放大器，配合一个合适的运放 AD705，实现了低电流输出精密电流源。

仪表放大器的标准输出表达式为

$$V_6 = V_5 + G(V_{\mathrm{IN+}} - V_{\mathrm{IN-}})$$

而输出电流为

$$I_{\mathrm{L}} = \frac{V_6 - V_5}{R_1} = \frac{G(V_{\mathrm{IN+}} - V_{\mathrm{IN-}})}{R_1}$$

注意，这个电路要增加晶体管以提高输出电流，是有困难的。因此一般用于较低电流输出场合。为什么呢？请大家思考。

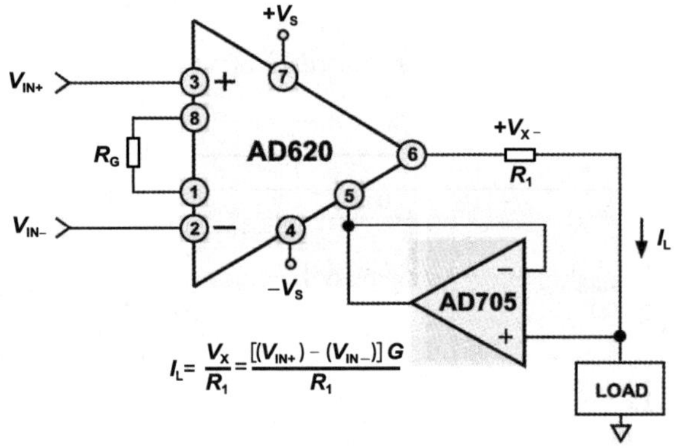

图 5.20　精密电压电流转换器（工作电流 1.8mA，工作电压 ±3V）

5.2.8 低压高效电流源

设计要求

设计一个恒流源，输出电流为 100mA ± 10%，负载介于 10mΩ~8Ω 未知。负载可接入，也可断开。要求功耗小，带载稳定性好（全负载范围 1%），温度稳定性好（正常工作时波动不超过 1%）。

方案一

最简单的设计如图 5.21 所示。

负载电压最高可达 100mA × 8Ω=0.8V，考虑到可能存在的 0.2V 左右饱和压降，保守起见使用较低的供电电压 1.0V，在相同输出电流情况下，以降低整个功耗。

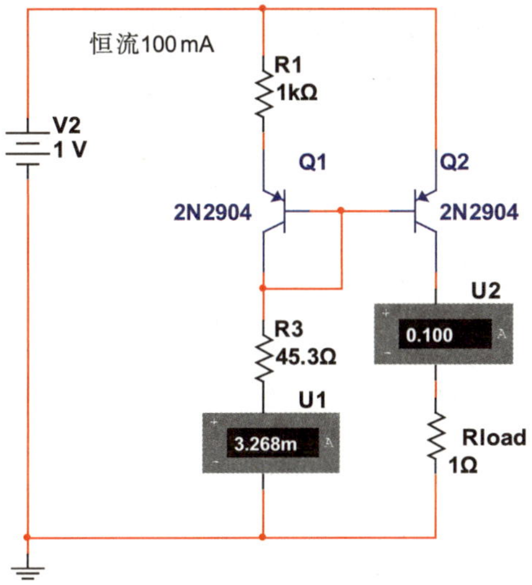

图 5.21 电流镜实现的 100mA 恒流源

左侧支路流过的电流远小于负载电流，可以提高效率。从图上表现看，输出 100mA，而左侧只有 3.2mA。

但这个电路问题很大。

（1）负载改变时，输出电流波动较大。其实这个电路的电流镜作用，是维持右侧 I_B 基本稳定。大家回忆一下模电课基本内容，当 I_B 稳定时，输出电流 I_C 与 U_{CE} 之间满足一个稍向右上倾斜的曲线（就是输出伏安特性曲线中较为平直的那一段），当负载电阻增大时，Q_2 的 C 端电位会上升，导致 U_{CE} 下降，工作点左移，I_C 自然就下降了。用 Multisim12.0 仿真负载电阻从 0.01Ω 变化到 10Ω，输出电流情况如图 5.22 所示，电流从 101mA 变到 85mA，效果很差。

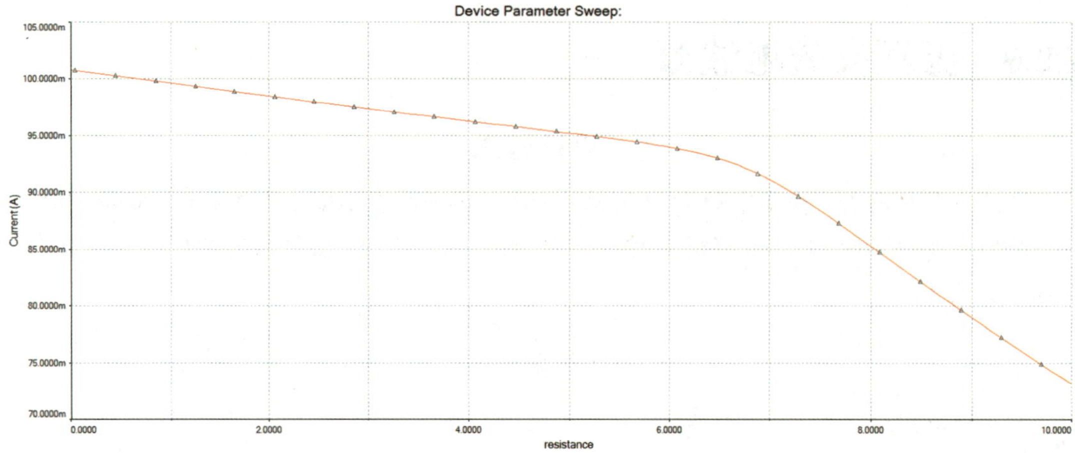

图 5.22　电流镜型 100mA 恒流源带载能力很差

（2）温度稳定性极差。当接入负载后，最差情况下，全部 100mW 会消耗在晶体管 Q_2 上，这会产生 60℃左右的温升（假设晶体管热阻为 600℃ /W）。而仿真温度效果如图 5.23 所示，可以看出 60℃的变化，会产生大约 34mA 的变化。

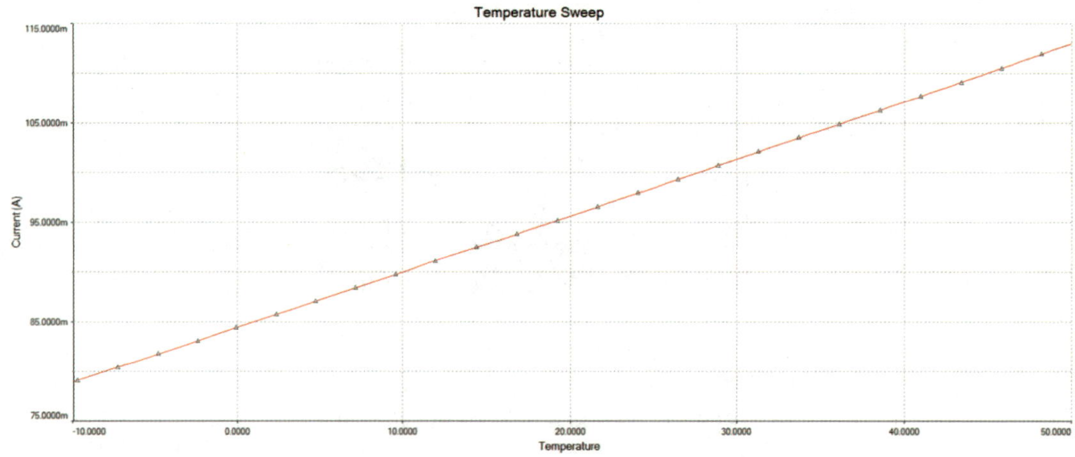

图 5.23　电流镜型 100mA 恒流源温度稳定性很差

方案二

大家可以参照前述电流源电路，自行设计本电路。图 5.24 是我设计的电路，不能说最好，但是基本实现了设计要求。

工作原理

电路核心是含晶体管电流驱动的大运放（运放 + 晶体管扩流），组成了一个电压跟随器。C_1、R_1、Q_1 均可视为大运放内部电路。

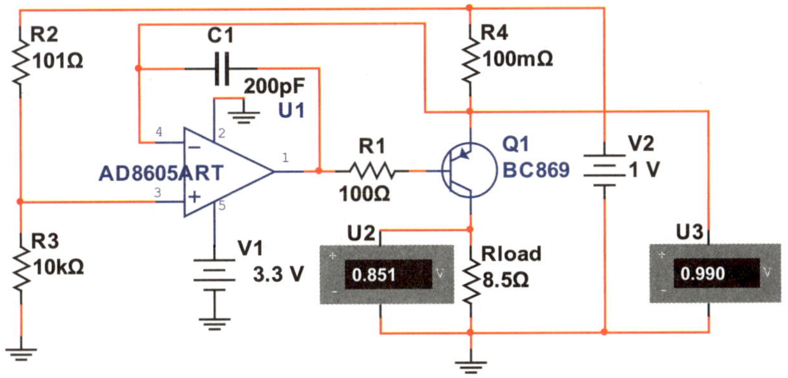

图 5.24 方案二电路

C_1 的作用是保持 AD8605 的稳定。当一个运放本身开环使用，其输出经过很长的信号路径才反馈到入端时，就需要较长的反应时间，此时极易出现负闭环还未建立，运放就已经饱和的情况。面对这种情况，一般都会给原本开环使用的运放，就近通过 C_1 回连，形成对高频变化的强负反馈，避免不稳定情况的出现。在稳态分析中，C_1 处于消失状态。

R_1 的作用是限流。避免上电瞬间，Q_1 流过太大的电流。

在此情况下，以 AD8605 为核心的电路组成了一个深度负反馈，虚短成立，则采样电阻 R_4 下端电位一定等于运放正输入端电位。此时只有合理选择 R_2 和 R_3，即可控制 R_4 下端电位。而流过 R_4 的电流与流过负载电阻 R_{load} 的电流基本相等，于是

$$I_{\text{OUT}} \approx I_{\text{R4}} = \frac{V_2 - V_{\text{A4}}}{R_4} = \frac{V_2 - V_{\text{A3}}}{R_4} = \frac{V_2\left(1 - \dfrac{R_3}{R_2 + R_3}\right)}{R_4} = 100\text{mA}$$

电阻参数选择

理论上说，每选定一个 R_4，就可以确定 R_2、R_3 的比例。图中 R_4 选为 100mΩ，则 R_3 等于 99 倍 R_2。

选择 R_4 为 100mΩ，是一个折中。

首先考虑 R_4 尽量小，好处是效率高，使得输出电流的顺从电位尽量高一些：最大 8Ω 负载，Q_1 的 C 端电位最高可达 0.8V；如果 R_4 大于 1Ω，其压降超过 0.1V，此时 Q_1 的 U_{CE} 就只剩 0.1V，易进入饱和区。如果选择 100mΩ，则 R_4 上只会产生 10mV 的压降。

但是，R_4 又不能太小，否则：第一，R_3 和 R_2 的选择会很困难，图中显示 101Ω 是仿真输入，理论计算应为 101.0101，E96 系列还没有这个值，即便挑选出这个值，R_3 存在的 1% 偏差也是不可忽视的；第二，AD8605 的失调电压将不能被忽视。

我觉得 R_4 在 100~500mΩ 是比较好的。

运放和晶体管选择

我在设计这个电路时，是按照如下方法选择运放的。

（1）失调电压考虑。

更换一个运放势必会造成失调电压的改变，在不改变其他参数的情况下，输出电流也将发生变化。设计要求输出电流可以有 ±10% 波动，不代表每次更换运放都允许输出电流发生 ±10% 波动。一般来讲，设计者可以考虑允许 ±1% 的波动，是合理的。即便原先设计为 108mA，距离 110mA 上限仅有一点裕量，更换运放带来的 ±1mA 改变，还不至于引起不合格。所以

$$\Delta I_{OUT} = \frac{\Delta V_{OS}}{R_4} < 1\text{mA}$$

则 $\Delta V_{OS} < 0.1\text{mV}$。

此处给出的其实不仅仅是运放的失调电压，而应该是 2.5 节讲述的“直流意外”，它包含输入失调电压，还包含由偏置电流、失调电流引起的入端等效电压失调。考虑到本电路中两个输入端外接电阻并联值均很小，对电流引起的直流意外，可以适当放松要求。

因此，我提出的要求，输入失调电压在 0.1mV 之内，偏置电流尽量小。

AD8605 输入失调电压最大为 65μV，偏置电流为 1pA，很小，符合要求。

（2）输出轨至轨。

运放正常工作时，Q_1 的 E 端应为 0.99V，假设晶体管 BE 压降为 0.7V，则 B 端大约为 0.29V（甚至更低），假设 Q_1 的 $\beta = 200$，则 $I_B = 0.5\text{mA}$，在 R_1 上的压降为 0.05V，那么运放输出端应为 0.29V−0.05V = 0.24V。

要求运放在线性工作区内输出最小电压小于 0.24V。非轨至轨输出运放难以达到这一点。因此要求运放应为输出轨至轨的，且负端至轨电压小于 0.24V。

AD8605 在输出 1mA 电流的情况下，负至轨电压典型值为 20mV；输出 10mA 的情况下，最大值为 210mV，是符合要求的（图 5.25）。

OUTPUT CHARACTERISTICS						
Output Voltage High	V_{OH}	I_L = 1 mA	4.96	4.98		V
		I_L = 10 mA	4.7	4.79		V
		−40°C < T_A < +125°C	4.6			V
Output Voltage Low	V_{OL}	I_L = 1 mA		20	40	mV
		I_L = 10 mA		170	210	mV
		−40°C < T_A < +125°C			290	mV

图 5.25　AD8605 的负至轨电压

（3）其他考虑。

因运放长期工作在两个输入端都是 0.99V 的状态，运放输入范围应小于 0.99V，这一点很多运放都能实现。AD8605 的输入范围为全部电源范围，满足要求。

AD8605 的供电电压为 2.7~6V，满足低压供电要求；静态电流为 1mA，对整个输出功耗影响不大。

对运放的带宽几乎没有要求，噪声几乎没有要求。

考虑价格、封装等因素，还可以选择 AD8603 等。

（4）晶体管选择。

晶体管主要考虑最大输出电流。多数输出 100mA 的晶体管是不可考虑的，毕竟这达到了它的上限。本电路选择 NXP 公司的 BC869，其输出电流可达 2A，足够了。

电路仿真效果

图 5.26 是带载仿真效果。负载从 0.01Ω 变化到 10Ω，输出电流在 8Ω 内几乎看不出变化；负载变为 9Ω，就进入了快速变化区；到 9.5Ω，电流变化超出 1% 区间。

结论：满足设计要求。

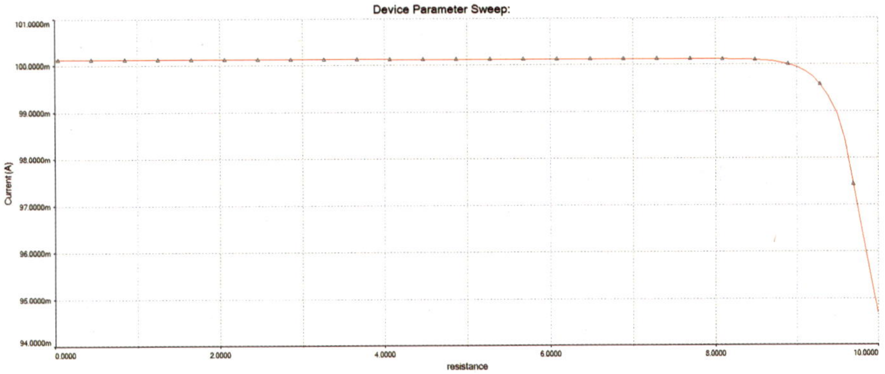

图 5.26 方案二带载稳定性很好

图 5.27 是温度仿真效果。从 −10℃变化到 50℃，输出电流从 100.105mA 变化到 100.092mA，相对变化量为 0.013%，满足设计要求。

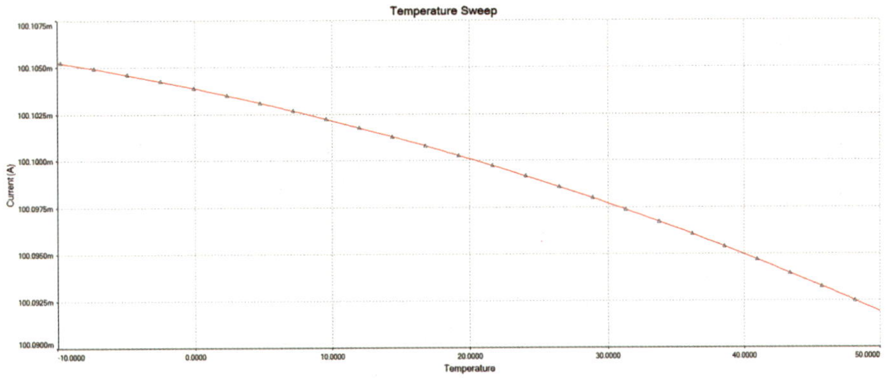

图 5.27 方案二温度稳定性很好

5.3　电流检测

检测电流的重要性无需多言。电流有大小之分，交直流之分，因此检测方法各异。本节在进行一般性探讨后，重点陈述以放大器为主的分流电阻检测方法。

5.3.1　检测电流的基本方法

检测电流的方法很多。常见的有霍尔传感器、罗氏线圈、电流互感器、光纤电流传感器、磁通门、分流电阻等。其中，电流互感器和罗氏线圈仅用于交流电流检测。

不同的测量方法，使用的测量原理不同，导致测量对象不同，测量精度也不同，且测量效率、测量成本、占用体积均有差异。有时，测量与被测之间还需要隔离。

在电力电子应用中，多数情况下需要检测较大电流——交流或者直流，此时使用霍尔传感器较为广泛。在小信号测量领域，多数情况下电流较小，但频率范围从直流到高频均有，此时使用分流电阻较为广泛。

所谓分流电阻，就是将固定阻值的感应电阻（Sense Resistor）串联于被测支路中，采用不同的方法测量感应电阻两端的压差，以表征被测电流。

5.3.2　低侧还是高侧?

分流电阻检测方法，分为高侧测量和低侧测量两种基本类型，如图 5.28 和图 5.29 所示。

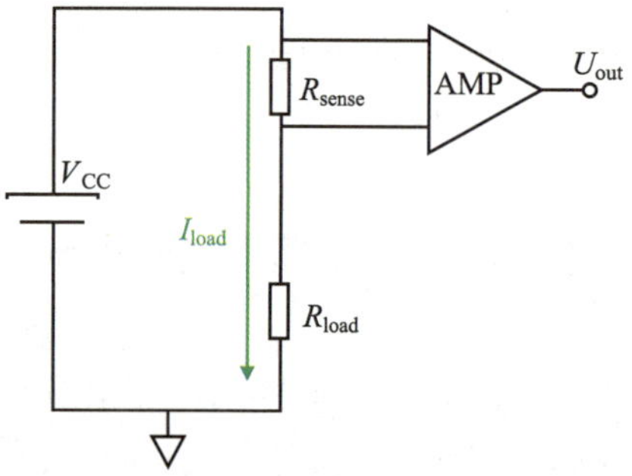

图 5.28　高侧（High Side）电流检测

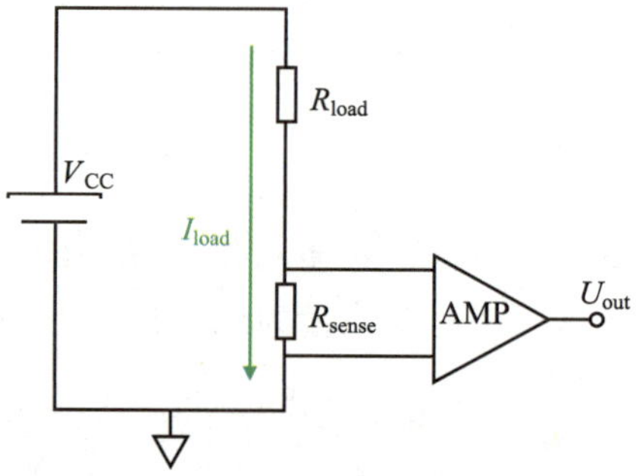

图 5.29　低侧（Low Side）电流检测

高侧电流检测，好处是保证负载具有稳定的 GND，其顶端电压稍有下降一般不会影响其正常工作。但是，这样给测量电路带来了很大问题：测量放大器必须承受较高的共模电压，从中取出可能很小的差模电压以表征被测电流。很多放大器直接使用，难以承受这样的高共模电压，必须另想办法。

低侧电流检测，不存在放大器承载高共模电压的问题，这很好。但是，这引起了负载脚底不稳，可能会影响负载的正常工作。特别是当负载是含有处理器和模拟电路的精密测量电路时，保证其 GND 的稳定性极为重要。

多数情况下，为了不影响负载正常工作，都采取高侧检测。除非你保证，低侧检测不会影响负载工作，比如负载是一个灯泡。

5.3.3 分流电阻

感应电阻，也称为分流电阻（Shunt Resistor），一般为较小阻值的电阻。多数分流电阻均为 4 触点的，如图 5.30 所示。分流电阻本身阻值很小，焊料电阻不容忽视。而焊料电阻不确定，且随温度变化，会影响测量输出。图 5.31 说明了 2 触点电阻的测量失准原因。

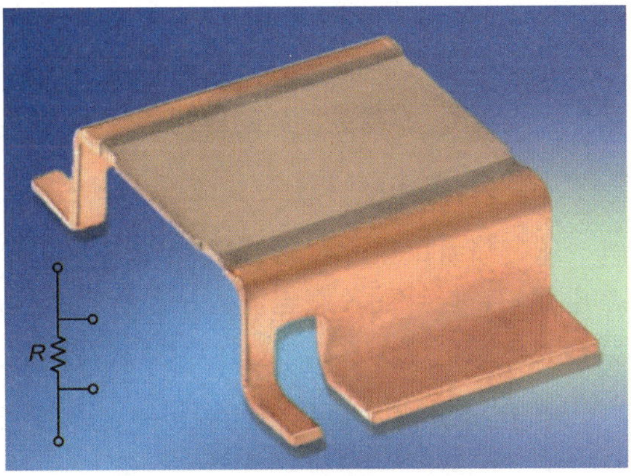

图 5.30 4 触点分流电阻

（截图于“ZIEGLERet al.: CURRENT SENSING TECHNIQUES: A REVIEW, IEEE SENSORS JOURNAL, VOL. 9, NO. 4, APRIL 2009”）

图 5.32 中的 4 触点感应电阻，宽焊点是用于流过被测电流的，而窄焊点用于将感应电阻两端的压降提供给放大器。A 点是电流流入点，A、B 之间是焊料，B、C 之间是铜片电阻，很小。实际有效的感应电阻位于 C、D 之间。注意，所有的 C 点电位都相同，因为后级的检测放大器输入阻抗很高，感应电阻上不会产生横向的电流。这样，检测放大器获得的就只是 C、D 之间的电位差，不包含焊料部分。

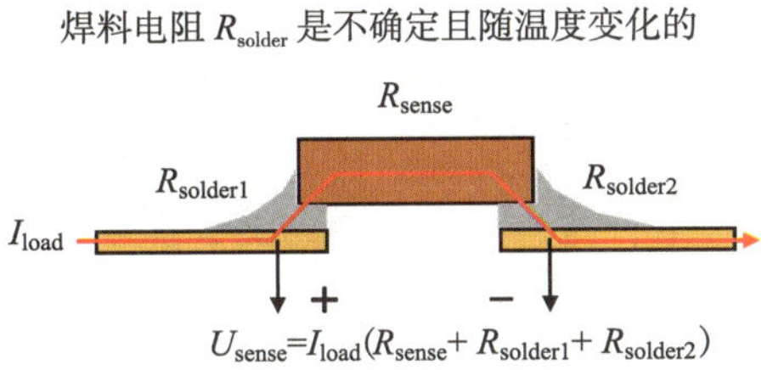

图 5.31 普通电阻充当感应电阻带来的问题

每次看到这里，我都觉得这些家伙怎么这么聪明。

需要特别注意的是，多数感应电阻都有 0.5~5nH 的内部串联等效电感。当被测电流频率很高时，不可忽视电感带来的误差。1nH 在 1MHz 时会存在 6.28mΩ 的感抗，与多数 1~100mΩ 的感应电阻相比，已是不能忽略的。

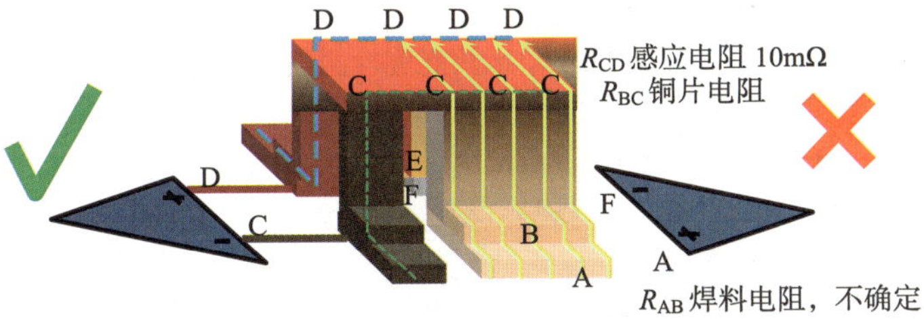

图 5.32 4 触点电阻回避焊料问题的效果示意

5.3.4　运放检测电流

图 5.33 为单运放高侧电流检测电路，用于低压负载电流的检测。首先分析工作原理。

这是一个深度负反馈电路。反馈回路：运放输出端加载⊕到晶体管 G 极，Q1 的 D 极为反相输出⊖（S 极为同相输出，但不属于反馈回路），加载到运放正输入端⊖，引起输出端⊖，因此为负反馈。

在深度负反馈情况下，因为有虚短成立，所以 R_2 两端电压降一定等于 R_{sense} 两端电压降——$I_1 \times R_{sense}$。流过 R_2 的电流等于流过 R_3 的电流。因此有下式成立：

$$I_{R2}R_2 = I_{load}R_{sense}$$

从电路看出，R_{sense} 选择 10mΩ，而 R_2 为 49.9Ω，流过 R_2 的电流为负载电流的 1/4990。本电路中，设计的负载电流为一个含有 1A 静态电流的，幅度为 1A 的正弦波电流。因此，其最大负载电流为 2A，最小为 0A。对应流过 R_2 的电流最大约为 0.4mA，最小为 0A。

由于 MOSFET 晶体管的源极电流与漏极电流相等，有下式成立：

$$U_{out} = I_{R3}R_3 = I_{R2}R_3 = I_{load}\frac{R_{sense}}{R_2}R_3$$

因此，通过测量 R_3 上的电压，即 U_{OUT}，即可反算出负载电流值。

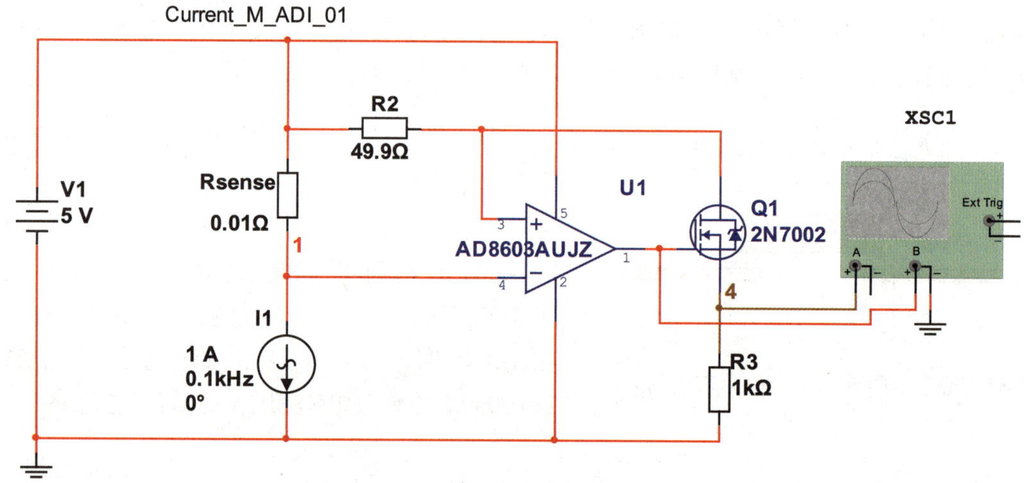

图 5.33　单运放高侧检测负载电流

其次，分析对放大器的要求。

（1）输入电压范围：从电路看，放大器必须能接受正电源电压输入。AD8603 可以接受 –0.3V~V_{DD} + 0.2V 输入，显然满足要求。

（2）输出电压范围：晶体管 2N7002 开启电压 U_{GS} 约为 1.0~2.5V，运放输出端最低必须低于 1.0V，以保证能够关断晶体管。因此，所选运放在负电源接地情况下，应该能够输出小于 1V 的电压。对运放最高输出电压的考虑，应该能够使得 Q_1 流过最大电流 2A/4990 = 0.4mA，且保证晶体管的 U_{GS} 满足 0.4mA 需要的电压，一般比开启电压大 0.1V 左右即可实现。此时应以最坏情况，即开启电压为 2.5V 考虑，即 U_{GS} > 2.6V。注意，此时电阻 R_3 上存在 0.4V 电压，运放输出端必须提供大于 3.0V 电位。因此，预估运放输出电压为 3V 以上即可。综上所述，在供电为 5V 的情况下，只要保证运放能够输出最小 1V、最大 3V 电压即可，这个要求基本都能实现。

（3）最重要的就是失调电压要求。刚才说理论上 R_2 两端的压降，就是 R_{sense} 两端的压降，实际不是。真正 R_2 两端的压降，为 R_{sense} 两端压降 + 运放失调电压。为提高测量准确性，失调电压越小越好。至于选取什么规格，完全取决于你的要求。

AD8603 失调电压约为 50μV，属于较好级别。

（4）偏置、失调电流应该远小于流过 R_2 的最小分辨电流。其最大电流为 0.4mA，按照 1‰计算，最小分辨电流为 0.4μA。偏置、失调电流要求小于 0.1μA 是正常的，这点很容易满足。AD8603 的偏置电流约为 1pA。

图 5.34 所示电路设计得非常巧妙。这个电路应用于 –48V 供电系统。感应电阻位置如图所示，它的一端为 –48V，另一端大约为 –47V 多一点，取决于感应电阻大小以及负载电流大小。

测量电路的供电仍是 0V 和 +5V。

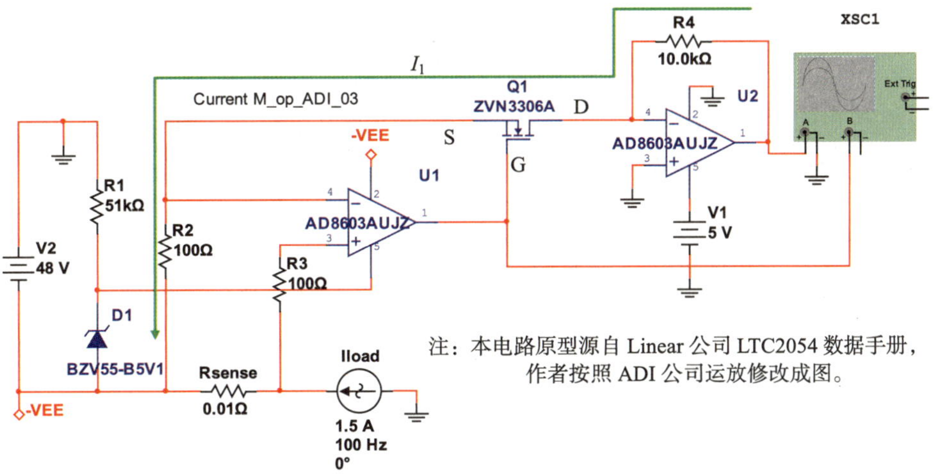

注：本电路原型源自 Linear 公司 LTC2054 数据手册，作者按照 ADI 公司运放修改成图。

图 5.34 运放 –48V 高侧检测负载电流

首先，第一个运放的供电问题如何解决？图中采取了稳压管供电方式，利用稳压管产生 5V 左右的压差，形成 –48V/–43V，以 –43V 作为运放的正电源，–48V 作为运放的负电源。BZV55-B5V1 击穿电压约为 5.1V，为保证运放工作消耗的电流，稳压管击穿电流需要留有足够裕量，又要尽量小。AD8603 消耗电流仅为静态电流（其输出端驱动场效应管 G 极，不需要电流）50μA。电路中稳压管击穿电流设计为 840μA，足够了。如果测量电路需要更小功耗，可以考虑进一步增大电阻 R_1。

此时，运放 U_1 的供电电压为 –48V/–42.9V。按照 AD8603 指标规定，运放 U_1 的输入电压范围即为 –48–0.3 = –48.3V 到 –42.9 + 0.2 = –42.7V。

在图中负载电流设计为 2A 的基础上存在一个 100Hz、幅度为 1.5A 的电流。因此，最大电流为 3.5A，最小电流为 0.5A。R_{sense} 两端电位分别为 –48V，以及 –47.965~–47.995V。均在 AD8603 要求范围内。

以上解决了供电和输入范围问题。

再看负反馈。反馈环为 Q_1 的 G 端⊕→ S 端⊕→运放负输入端⊕→运放输出端⊖→ G 端⊖，形成负反馈。其中 G 到 S 的同相，源自这个晶体管在环路中处于源极跟随状态。图中的 Q_1 很像一个卧在地面（0V 附近）的抽水泵，把井下（–48V 附近）的水（电流）抽上来，既保证了电流的传递，又隔离了两处的不同电位。

形成负反馈后，根据虚短，有下式成立：

$$I_1 R_2 + V_{OS1} = I_{load} R_{sense}$$

其中，R_3 上没有明显的电流存在，不出现在表达式中，其作用仅为抵消直流意外中的偏置电流。从上式可以得到：

$$I_1 = \frac{I_{load} R_{sense} - V_{OS1}}{R_2}$$

在 U_2 处形成输出：

$$U_{out} = V_{OS2} + I_1 R_4 = V_{OS2} + \frac{I_{load} R_{sense} R_4}{R_2} - \frac{R_4}{R_2} V_{OS1}$$

输出电压与负载电流成正比，且与两个运放的失调电压有关。而且，第一个运放的失调电压影响更大。因此，选择第一个运放为低失调，作用巨大。

5.3.5 差动放大器检测电流

高侧检测负载电流，最大的问题是感应电阻两端对地电位都处于高位，即其被测位置具有较高共模电压。仪表放大器也会遇到相同的问题。因此，一般不能用仪表放大器实施高侧电流检测。

但，差动放大器不同。它可以检测共模电压超过供电电压很多的高侧负载电流。原因很简单，差动放大器输入管脚上的电压，并不直接加载到内部运放的输入端，而是经过两个电阻分压后加载。这样，较高的共模电压输入，在加载到差动放大器内部的运放真正输入端时，已经被衰减了。衰减比，取决于差动放大器内部的电阻比例。ADI 的差动放大器，可以衰减 1/2，也可以 1/3；还有更厉害的，衰减 1/11。

衰减越厉害，它可以承载的共模电压也就越高。这就是差动放大器实施高侧电流检测的好处。因此，高侧电流检测中，差动放大器是一种常见的选择。

差动放大器高侧电流检测电路一

如图 5.35 所示差动放大器 AD8278，内部是两对儿 40kΩ/20kΩ 电阻，它属于 1/3 衰减。它工作于 ±5V 时，可以检测共模电压 10V 以上信号的差值。

首先，电源 V_3、电阻 R_1、电流源 I_1 串联，形成了一个模拟的被测环境。I_1 设定为 1A、1kHz 正弦电流源，注意它是双向的。R_1 是 0.1Ω 感应电阻，其上端电位始终为 10V，其下端电位随电流变化，10V（0 电流）→ 9.9V（1A 电流）→ 10.1V（–1A 电流）。

AD8278 以 ±5V 供电。理论上，如果它内部的放大器属于轨至轨输入，图中 E 点和 B 点可以承载 ±5V 的共模输入范围。但是很遗憾，它不是，器件手册规定 E 点和 B 点实际能够承载共模大约为电源电压减去 1.5V 左右，即 ±3.5V。按照图示连接，C 端共模范围为 ±10.5V。前述的实际输入范围（9.9~10.1V）在此之内。

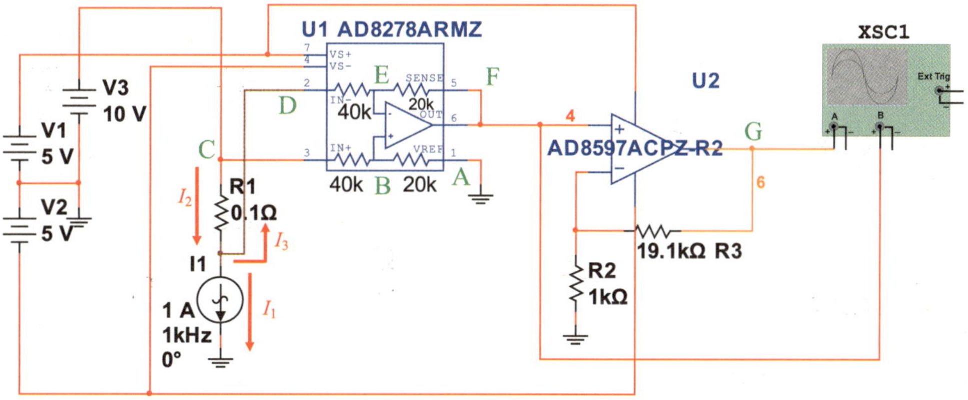

图 5.35 差动放大器检测高侧电流电路一

粗略看，差动放大器 AD8278 将 D 点、C 点之间的电位实施了减法放大，在 F 点电压中只有 D 点和 C 点的电位差，而没有它们的共模量。

$$U_F = U_{out} = 0.5(U_C - U_D) = 0.5 \times I_2 R_1 \approx 0.5 \times I_1 R_1 \quad (5.5)$$

这个电位差恰恰表明了负载电流 I_1 的大小。但是可以看出，AD8278 差动放大器对差模信号的放大，倍率是 0.5 倍，也就是实施了衰减。因此，后级的 AD8597 组成了一个 20 倍放大电路，最终实现 10 倍的差模放大。

但是，细致看，差动放大器 AD8278 电路并不是我们想象的那么简单。让我们先回忆一下模电课中学过的差动放大器，也就是减法电路吧。

标准减法电路如图 5.36（a）所示，它的输出为

$$U_{out} = k(V_1 - V_2) = \frac{R_2}{R_1}(V_1 - V_2)$$

这是一个很清爽的结论，它保留了两个输入信号的差模信息，而去除了共模信息。得到这样的美好结论是有前提的：第一，4 个电阻必须满足 $R_2/R_1 = R_4/R_3 = k$；第二，两个信号源必须是无输出内阻的纯正电压源。

但是，请看图 5.36（b），这是图 5.36（a）的局部，只是电阻标号不同。我们发现，对第一个前提它是满足的。对第二个前提，C 点，也就是感应电阻 R_9 的顶部，是一个无输出阻抗的纯正电压 10V，这没有问题；但是 D 点，是有输出阻抗的，为 R_9，这个电阻的存在，会使得输出（节点 8）不再是严格的、可以消除共模的减法表达式，而变成：

$$U_{out} = k_1 U_C - k_2 U_D = k_3 U_C + k_2(U_C - U_D)$$

这个结论很讨厌，因为 U_C 和 U_D 的差值恰好代表流过感应电阻的电流大小，近似于流过负载的电流。一旦输出中除（U_C–U_D）外还包含 $k_3 U_C$，就说明 U_C 也在影响输出，我们就无法从输出中得到负载电流。

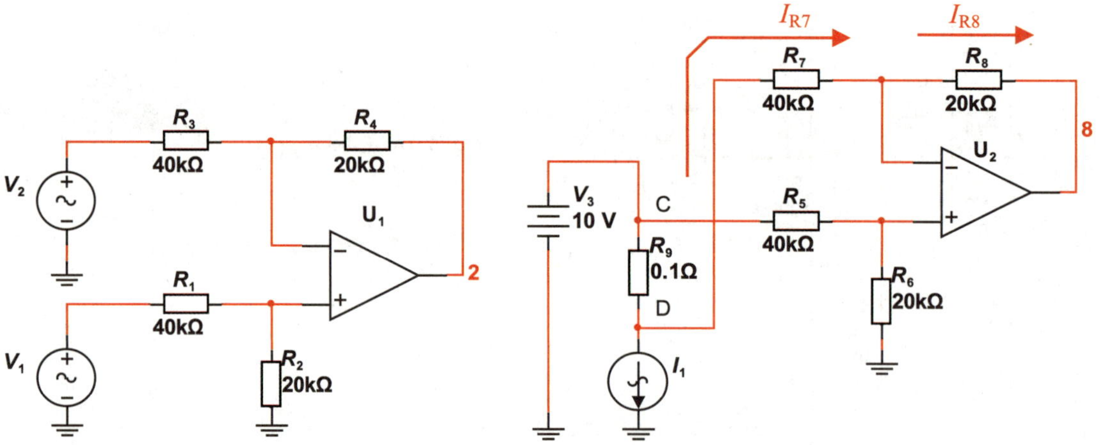

（a）　　　　　　　　（b）

图 5.36　标准减法器

为此，我们必须分析图 5.36（b）中 U_C 对输出的影响，以及 I_1 对输出的影响，并尽量减小 U_C 对输出的影响。利用叠加原理，分别处理图中 V_3，也就是 U_C，以及 I_1 的独立存在。

当 U_C 独立存在时，应将 I_1 开路，有：

$$U_{out\_UC}=U_{-}-I_{R8}\times R_8=U_{+}-I_{R7}\times R_8=U_C\frac{R_6}{R_5+R_6}-\frac{U_C-U_C\dfrac{R_6}{R_5+R_6}}{R_9+R_7}\times R_8$$
$$=U_C\frac{R_6(R_7+R_9)-R_8R_5}{(R_5+R_6)(R_9+R_7)} \tag{5.6}$$

可以看出，$R_6=R_8$，$R_7=R_5$，分子虽然很小，但绝不是 0。因此可知，在此电路中，U_C 对输出是有影响的。

当 I_1 独立存在时，应将 U_C 短接至地，有：

$$U_{out\_I1}=U_{-}-I_{R8}\times R_8=U_{+}-I_{R7}\times R_8=0-\left(-I_1\times\frac{R_9}{R_9+R_7}\times R_8\right)=I_1\times\frac{R_9}{R_9+R_7}\times R_8 \tag{5.7}$$

可以看出，输出与 I_1 成正比例。

将式（5.6）和式（5.7）按照叠加原理合并，得：

$$U_{out}=U_{out\_UC}+U_{out\_I1}=U_C\frac{R_6(R_7+R_9)-R_8R_5}{(R_5+R_6)(R_9+R_7)}+I_1\times\frac{R_9}{R_9+R_7}\times R_8 \tag{5.8}$$

当 R_9 远小于 R_7 时，式（5.8）可以近似为

$$U_{out}\approx I_1\times R_9\times\frac{R_8}{R_7}=0.5\times I_1\times R_9 \tag{5.9}$$

它与式（5.5）完全相同，区别仅在于两个图中的电阻符号不同。这说明，如果粗略看，式（5.5）或者式（5.9）就可以用输出近似表达被测电流。但是，要想达到非常高的测量要求，必须保证消除 U_C 对输出的影响。

细细观察式（5.6），可以看出，只要让 $R_5=R_7+R_9$，即可使得分子变为 0，消除 U_C 对输出的影响。原电路中，只要在 R_5 前面增加一个串联电阻 R_9 即可实现。下面的小节中，图 5.38 就是这样解决问题的。

说了这么多，其实我都厌倦了。在绝大多数情况下，感应电阻 R_9 是远小于差分放大器入端电阻的，说了半天，最终还是利用式（5.9）。但是，学会推导这种看似简单的电路，并能从中发现问题，解决问题——给 R_5 增加一个串联电阻 R_9，以彻底消除共模电压对检测的影响，看起来也是不错的。

AD628 可承载 110V

AD628 是一款内部具有 1/11 衰减的差动放大器，因此可以承载更高的共模输入，其结构如图 5.37 所示。

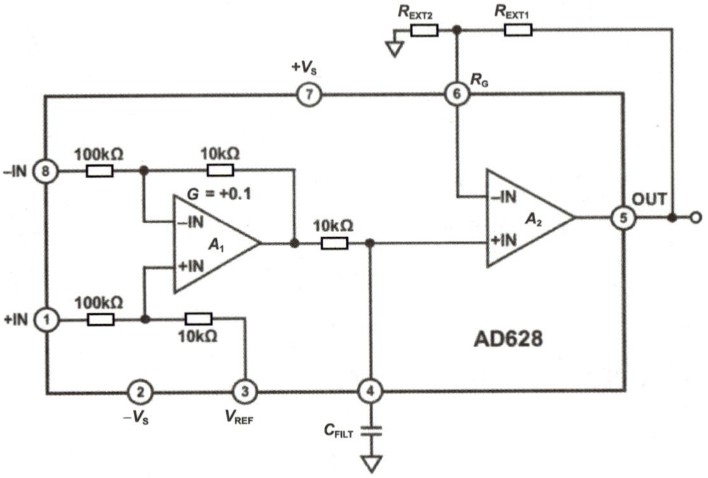

图 5.37　AD628 的结构

如前所述，它在能够承载更高共模的情况下，也衰减了差模。因此，AD628 在内部嵌入了一个单独的放大器 A_2，对差模信号实施放大。

理论上，当 AD628 以 ±18V 供电时，图中 A_1 如果是轨至轨输入放大器，则内部的 +IN 和 –IN 可以承载 ±18V 共模；当 V_{REF} 脚接地时，图中 1 脚就可以接受 ±18V×11=±198V 共模。这很了不起。但是，AD628 内部的 A_1 不是轨至轨输入运放。实际 1 脚和 8 脚可以承载的共模输入，在 ±15V 供电情况下可以达到 ±120V。

我的电脑中的 Multisim 没有 AD628 标准模型，因此我用 OP07 造了一个，如图 5.38 所示。

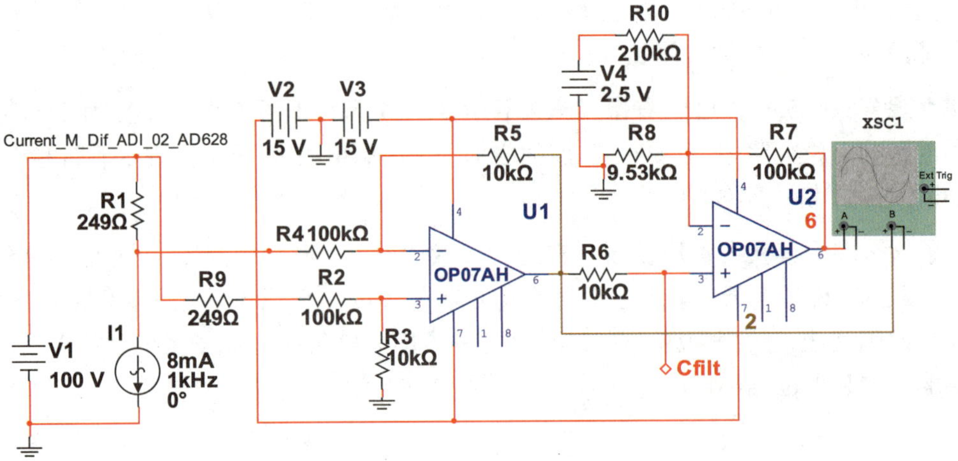

图 5.38　AD628 模型实现 4~20mA 转换成 0~5V

这个电路主要用于将 4~20mA 电流环信号，转变成 0~5V 电压输出。道理和电流检测差不多，主要区别在于感应电阻的取值，一般更大一些，图中为 249Ω。

当感应电阻较大时，一定要注意增加电阻 R_9（与 R_1 一样大），以平衡正、负输入。

插话：针对本电路的问题

图中采用了一个额外电源 V_4= 2.5V，这可能会增大设计成本。请思考，怎样改进，可以只利用 ±15V 电源实现相同的功能？

AD629 可承载 280V，AD8479 可承载 600V

一个更加巧妙的芯片——AD629 出现了。它的内部结构极为简单，只有一个运放，如图 5.39 所示。它能够承载高达 280V 的共模，且对差分输入信号没有衰减——而 AD628，就是它哥哥，只能承载 120V 共模，且对差分输入实施了 0.1 倍衰减。

我们期望的是，第一，输入管脚能够扛得住更高的共模电压；第二，在输出端对差模信号实施放大，并抑制共模，让输出实现 $U_O = k(U_+ - U_-)$。让我们看看 AD629 如何做的。

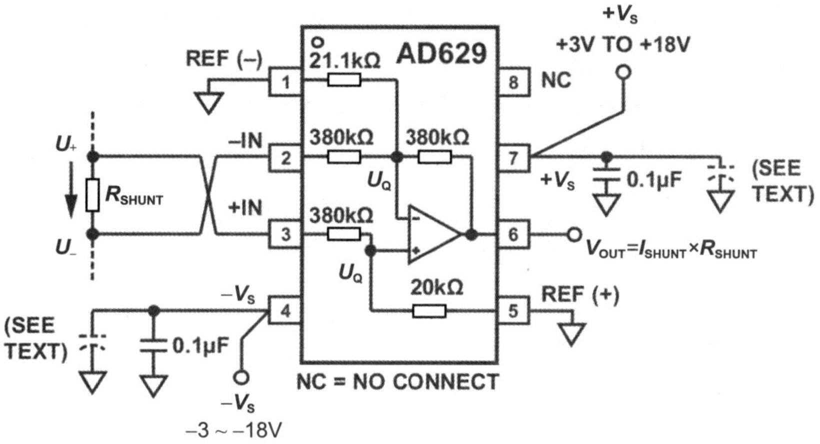

图 5.39 AD629 的结构

首先看对共模量的承受力。如果 3 脚（+IN）存在 280V 电压，那么内部运放的正输入端将出现 380kΩ 和 20kΩ 串联在 20kΩ 上的分压，为 14V。如果供电为 +18V，内部运放正输入端承受 14V 电压，是没有问题的。同样的，2 脚（–IN）也存在 280V 电压，由于负反馈的作用，内部运放的负输入端也将承受 14V 电压。因此，AD629 能够扛得住高达 280V 的外部电压。

其次看信号放大作用，在输出端如何消除共模，实现差模。

分析如下：

$$U_Q = U_+ \frac{20k\Omega}{380k\Omega + 20k\Omega} = 0.05U_+$$

$$\frac{U_- - U_Q}{380k\Omega} = \frac{U_Q}{R_X} + \frac{U_Q - U_O}{380k\Omega}$$

解上述方程，可得：

$$R_X U_- - R_X U_Q = 380k\Omega \times U_Q + R_X U_Q - R_X U_O$$

$$U_O = \frac{380k\Omega + 2R_X}{R_X} \times 0.05U_+ - U_-$$

要消除共模，必须使前一项系数为 1，解出 $R_X = 21.1111k\Omega$。AD629 数据手册上标注的电阻值为 21.1kΩ，我估计内部也是按照 21.111……kΩ 制作的。

这样，输出就变成：

$$U_O = U_+ - U_-$$

即共模增益为 0，差模增益为 1。

我对这个电路非常感兴趣。设计者就是利用那个 21.1kΩ 的电阻，改变了电路的衰减系数与反馈系数，读者可以重新翻看 4.7.3 节介绍的闭环增益内容。任何一个奇怪的反馈电路，都可以解得衰减系数 m，以及反馈系数 F，然后利用 $A = m/F$ 就可以解得闭环增益。其实这个结论对共模信号和差模信号都是有效的。

因此，我对电路内部的电阻进行了重新设计，试图列出通用表达式，进而设计出共模增益为 0，差模增益大于 1 的电路。电路如图 5.40 所示。

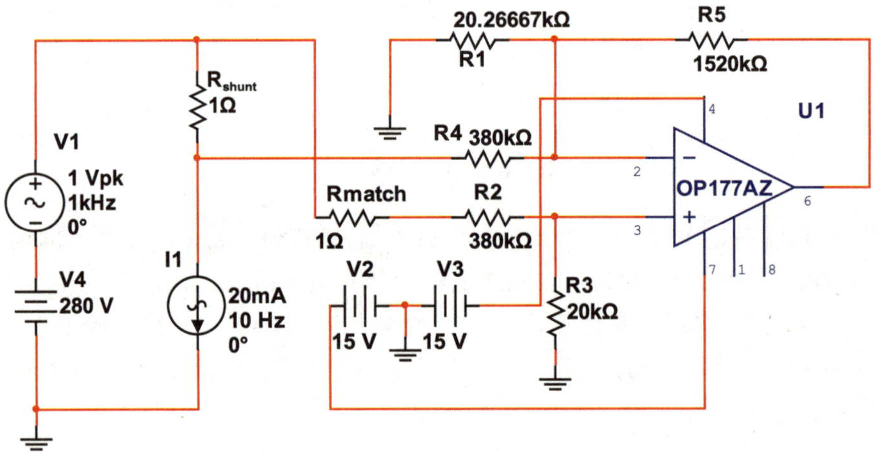

图 5.40　我自制的 AD629 改进模型

首先看共模抵抗力，与前述电路一样，还是能够承受 280V 共模电压。增大 R_2 和 R_4 可以抵抗更高的共模电压，但这只是理论分析。

其次看信号放大，这次我使用 4.7.3 节介绍的方法，即方框图法。

对共模信号，将 R_2 左侧和 R_4 左侧接共模输入 U_{ic}。

分析衰减系数 m 时，保留输入共模 U_{ic}，让输出端接地，求加载到输入端的量，占输入共模量的比例：

$$
\begin{aligned}
m_- &= \frac{U_-}{U_{ic}} = \frac{U_{ic} \times \dfrac{R_1 // R_5}{R_4 + R_1 R_5}}{U_{ic}} = \frac{R_1 // R_5}{R_4 + R_1 // R_5} \\
m_+ &= \frac{U_+}{U_{ic}} = \frac{U_{ic} \times \dfrac{R_3}{R_2 + R_3}}{U_{ic}} = \frac{R_3}{R_2 + R_3} \\
m &= m_+ - m_- = \frac{R_3}{R_2 + R_3} - \frac{R_1 // R_5}{R_4 + R_1 // R_5}
\end{aligned}
\tag{5.10}
$$

分析反馈系数 F 时，强制给输出设定一个电压 U_{oc}，让输入接地，求加载到输入端的量，占输出 U_{oc} 的比例：

$$
\begin{aligned}
F_- &= \frac{U_-}{U_{oc}} = \frac{U_{oc} \times \dfrac{R_1 // R_4}{R_5 + R_1 // R_4}}{U_{oc}} = \frac{R_1 // R_4}{R_5 + R_1 // R_4} \\
F_+ &= \frac{U_+}{U_{oc}} = 0 \\
F &= F_- - F_+ = \frac{R_1 // R_4}{R_5 + R_1 // R_4} - 0 = \frac{R_1 // R_4}{R_5 + R_1 // R_4}
\end{aligned}
\tag{5.11}
$$

因此，共模增益为

$$
A_c = \frac{m}{F} = \frac{\dfrac{R_3}{R_2 + R_3} - \dfrac{R_1 // R_5}{R_4 + R_1 // R_5}}{\dfrac{R_1 // R_4}{R_5 + R_1 // R_4}}
\tag{5.12}
$$

要想让共模增益为 0，即消除共模对输出的影响，必须使得分子为 0。即如果确定了 $R_2 = 380\text{k}\Omega$、$R_3 = 20\text{k}\Omega$、$R_4 = 380\text{k}\Omega$，那么唯一的方法就是使得 R_1 和 R_5 的并联等于 R_3，即 20kΩ。记住这一点。

$$
R_3 = \frac{R_1 \times R_5}{R_1 + R_5}
\tag{5.13}
$$

对差模信号，就是在 R_2 左侧和 R_4 左侧之间接入差模输入 U_{id}。

求衰减比 m 时，保留差模信号，将输出端强制接地，直接求解运放两个输入端的差压，占输入差模量的比值。此时应有：

$$m=\frac{U_+-U_-}{U_{id}}=\frac{U_{id}\times\dfrac{R_3}{R_2+R_3}}{U_{id}}=\frac{U_{id}\times\dfrac{R_1//R_5}{R_4+R_1//R_5}}{U_{id}}=\frac{R_3}{R_2+R_3}=\frac{R_1//R_5}{R_4+R_1//R_5} \tag{5.14}$$

求反馈系数 F 时，可以发现，它与共模输入时完全一样：

$$F=F_--F_+=\frac{R_1//R_4}{R_5+R_1//R_4}$$

因此，差模增益为

$$A_d=\frac{m}{F}=\frac{\dfrac{R_1//R_5}{R_4+R_1//R_5}}{\dfrac{R_1//R_4}{R_5+R_1//R_4}} \tag{5.15}$$

式(5.15)是个奇妙的式子。当 R_5 和 R_4 相等时，都取 380kΩ，这就是标准的 AD629 配置，其差模增益等于 1。我们可以对此不满足，期望差模增益等于 4？试试看。我将 R_5 设为 1520kΩ，即 380kΩ 的 4 倍。根据式（5.13）的要求，解得 $R_1=20.26667\text{k}\Omega$。将此值代入式（5.15），得：

$$A_d=\frac{m}{F}=\frac{\dfrac{R_1//R_5}{R_4+R_1//R_5}}{\dfrac{R_1//R_4}{R_5+R_1//R_4}}=\frac{\dfrac{20.26667//1520}{380+20.226667//1520}}{\dfrac{20.26667//380}{1520+20.26667//380}}=\frac{0.05}{0.01250002}=3.999993$$

仿真实验表明，与分析完全一致。这挺好的，但是为什么 ADI 不生产这个芯片呢？这肯定有一些问题我没有考虑到，比如集成电路生产难度等，这不是我的专长，此处不谈。

还有比 AD629 更棒的，那就是 AD8479。它具有高达 600V 的共模承受，且轨至轨输出，功耗更小，压摆率更高。这是 ADI 工程师提醒我的，我看后，大喜。它内部使用 1MΩ 电阻带来 AD629 中的 380kΩ，增加了耐高共模电压能力。

别人给出了电路，我们实现了分析，并且吻合了，可以感到高兴。但是，这么巧妙的电路，为什么都是别人想到的？难道要我们一辈子分析别人的电路吗？

5.3.6 电流检测放大器

ADI 为简化电流检测设计，推出了多款专用的电流检测放大器，用于高端检测电流。它们的特点是，可以承载远高于供电电压的共模输入电压，一般都可以达到几十伏，且能够对差模输入电压实施有效的放大，一般在 20 倍以上。有些能够实现双向电流检测，有些只能检测单一方向电流。它们都有比较高的共模抑制比。

如何实现在高共模输入中检测出较小的差模信号？ ADI 给出的思路有两种：第一种类似于图 5.34 中的电路，利用晶体管较高的 CE 耐压，实施高压侧和低压侧的隔离。第二种类似于 AD629，采用分压电阻和反馈，一方面通过分压电阻，使得实际内部运放输入脚的共模电压大幅度下降；另一方面通过负反馈，给差模信号提供非常高的增益。

这些思路都很巧妙，但是很遗憾，ADI 公司没有在数据手册中详细介绍，仅仅提到这是它们的专利技术，而且在数据手册中给出的都是非常笼统的简化结构图。

我只能根据数据手册中的只言片语，自己猜想它们的内部结构，或者猜想它们的电阻值，然后在此基础上，实施分析。目的不在于揭示 ADI 设计的神秘性，而在于帮助大家体会这种设计的巧妙之处。

当然，我的这些猜想可能都是错的，就像揭示魔术表演的诀窍一样，我说我的，魔术师可以不表态。

AD8208 之架构猜想

AD8208 内部结构框图如图 5.41 所示。首先将不困难的部分先放到一边：运放 A_2 组成了一个同相比例器，信号来自 A_1 输出（可串接低通滤波器，也可直接连接至 A_2 正输入端）。这部分简单，无需多思考，其目的是将前级输出信号进一步放大。另外，图中

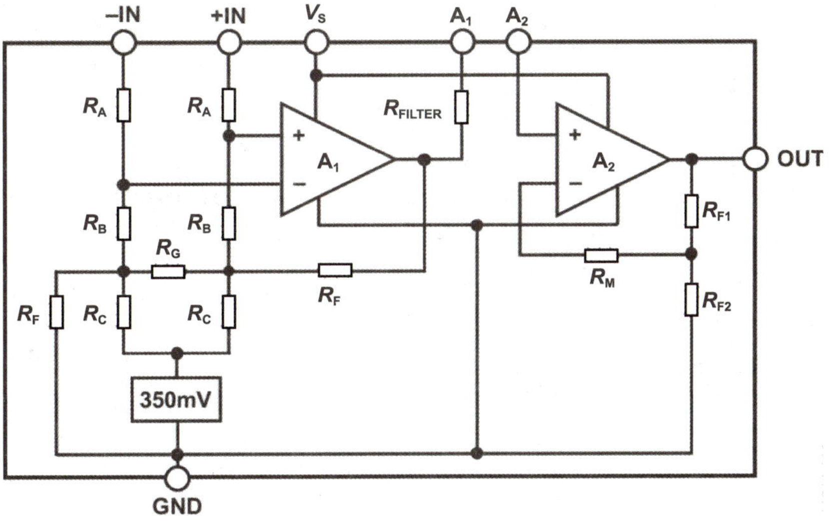

图 5.41 AD8208 的内部结构

350mV 的电压源也无需考虑，对变化量来说，它等同于接地。但是，当输入共模为负值时，350mV 的电位加载，可以使得 A_1 的入端保持在 0~V_S 的范围，因此，数据手册标明 AD8208 的共模输入范围为 –2~45V。

让我们花点时间看看 AD8208 中 A_1 的奇妙设计。它是低压供电的，V_S 在 4.5~5.5V。但是，它利用 1/14 的分压电阻衰减，将最大 45V 的共模输入电压衰减到供电电源范围内。又利用奇妙的电阻网络，配合负反馈电路，实现了对差模信号先衰减 1/14、再放大 140 倍，最终实现 10 倍差模放大的作用。

依据 AD8208 数据手册，其差模输入电阻为 400kΩ，共模电阻约为 200kΩ。据此可以简单估算两个 R_A 大约为 185.714kΩ，而下方的 R_B 和 R_C、R_F 电阻群只起到了 14.286kΩ 的作用。为减少内部电阻取值种类，设 $R_B = R_C$，均为 7.143kΩ。

图中 R_G 起到差模增益设置作用。据此，我设计了一个电路来模拟 AD8208，实现了相同的功能，如图 5.42 所示。

图中 R_{14} 是调节差模增益的。在此参数下，第一级运放实现了 10 倍的差模增益，而第二级实现 2 倍增益，共实现 20 倍差模增益。

这个电路的妙处在于 R_{14}，它的存在对共模信号没有任何作用，和开路一模一样。但是，对差模信号，它却起到了关键的放大作用。

这个电路的具体分析，相对复杂。展开分析需要较长篇幅，本书不展开。简单看，可以把电路理解为：R_{14} 类似于第一个运放反馈支路中的一个 T 型反馈电阻，它降低了图中第一个运放输出端（图中节点 4）反馈到负输入端的反馈系数，因此提升了整体增益。

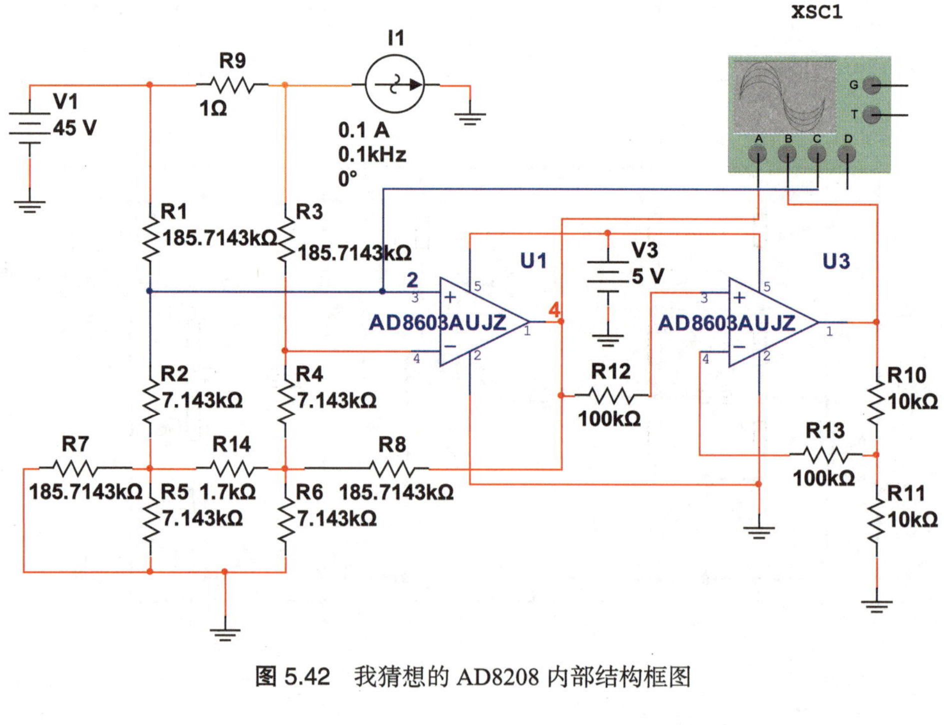

图 5.42　我猜想的 AD8208 内部结构框图

AD8211 之架构猜想

AD8211 数据手册给出的内部架构极为粗略，如图 5.43 所示。能够看出其核心思想是利用晶体管 CE 两极之间能承载高耐压，且电流几乎不受 U_{CE} 影响的特性，利用一个晶体管，将高压侧的电流顺利传递到低压侧，然后再利用一个电阻将其转换成输出电压。

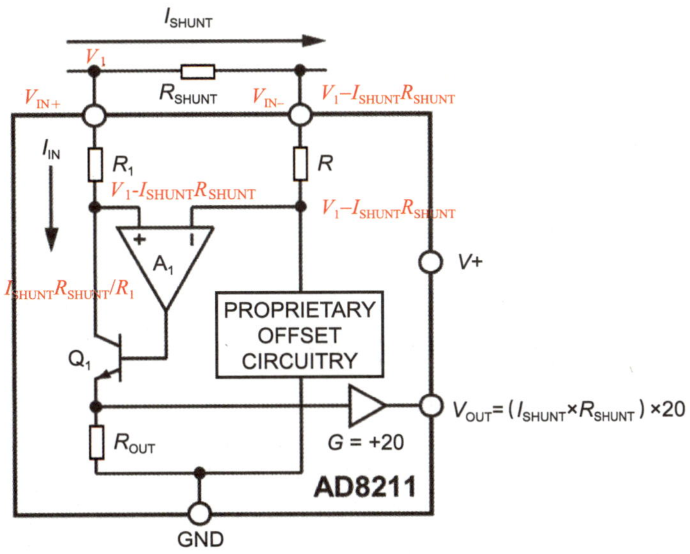

图 5.43 AD8211 的内部结构（图中红色字为作者添加）

我们先按照 ADI 数据手册的简化结构图，试着分析一下它的工作原理。

假设芯片 V_{IN+} 端接高压，此端对地电压可以达到 60V，设为 V_1。待测电流流经分流电阻 R_{SHUNT}，使得 V_{IN-} 端对地电位略低于 V_{IN+} 端，为 $V_1-I_{SHUNT}R_{SHUNT}$。注意，V_{IN-} 端具有极高的输入阻抗，几乎没有电流流过电阻 R，导致放大器 A_1 的负输入端对地电位仍为 $V_1-I_{SHUNT}R_{SHUNT}$。

放大器 A_1 的反馈环路：输出⊕→晶体管基极⊕→晶体管集电极⊖→运放正输入端⊖→输出⊖ 。此为负反馈环路，且为深度负反馈。此时可以保证该运放处于线性工作区，虚短成立，而运放 A_1 正输入端对地电压也为 $V_1-I_{SHUNT}R_{SHUNT}$。

那么，流过电阻 R_1 的电流为

$$I_{IN}=\frac{V_1-(V_1-I_{SHUNT}R_{SHUNT})}{R_1}=\frac{I_{SHUNT}R_{SHUNT}}{R_1}$$

晶体管也处于线性工作区，其 I_C 和 I_E 近似相等。于是：

$$I_E R_{OUT}=I_{IN}R_{OUT}=\frac{I_{SHUNT}R_{SHUNT}}{R_1}R_{OUT}$$

如果 $R_{OUT}=R_1$，则最终输出为

$$V_{OUT}=I_{SHUNT}R_{SHUNT}\times 20$$

这样的分析看似天花乱坠，很正确一样，其实不是。我们看看，这里有什么问题?

首先，运放 A_1 的供电是高端（60V/55V）还是低端（5V/0V）？很显然，实现 20 倍电压增益的那个小运放，应该是后者，因为它的输出符合 AD8211 规定电源电压 5V/0V，以低端电位输出，后级可以直接使用。再看运放 A_1，它的两个输入端承载的都是高端电位，

因此，它的供电必须是高端的。利用一个稳压管可以轻松实现这个目的。

其次，既然运放 A_1 的供电必须是高端的，那么它的输出电压范围就应该在 60~55V。注意看图 5.43，晶体管的基极在 60~55V 之间。而该晶体管的发射极电位应该在低端，理论分析它应该低于 5V/20 = 0.25V。这就奇怪了，晶体管的 BE 之间就会存在高达 50V 以上的电压——这是不可想象的。

只有将晶体管的集电极和发射极对调，且用 PNP 管代替 NPN 管，才有可能满足上述分析。好吧，我们调过来在看看。又有问题了，此时，反馈环变成了正反馈。因为当发射极和集电极对调后，前述分析的晶体管放大电路，就由共射级反相器变成了共集电极同相跟随器。这导致负反馈变为正反馈。

因此，还得将运放 A_1 的输入极性颠倒过来，形成图 5.44 所示的电路图。这就 OK 了。图中，用稳压管实现高端稳压给内部运放供电。

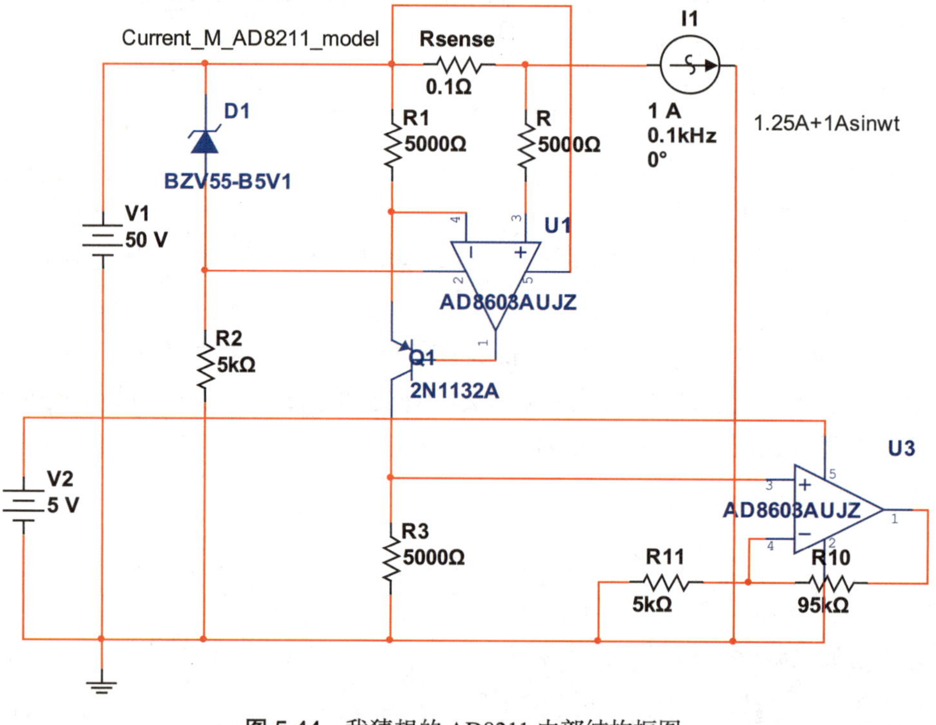

图 5.44 我猜想的 AD8211 内部结构框图

从 AD8211 数据手册中看到，它的共模输入电阻为 5MΩ，而差模输入电阻为 5kΩ，输出电阻为 2Ω，据此可以设定电阻 R_1 和 R_3 均为 5kΩ，且输出一定经过了一级运放组成的 20 倍放大电路。当然，增大 R_3 为 10kΩ，把后级放大倍数变为 10 倍也是可以的。

将其中的 PNP 管更换成 PMOS 场效应管，也可以实现相同的功能。

这样的猜想看起来很无聊，就像春晚魔术表演后的八卦。但我一点都不觉得。这就是我们学习模电的精髓——琢磨、运算、实验和总结中，最为关键的一环。

ADI 的电流检测放大器

ADI公司专为电流检测推出了几十种电流检测放大器，加上此前的差动放大器 AD628、AD629 等，都可以用于电流检测。

从类型上，我把它们分为电阻衰减型、晶体管传递电流型两类。它们抵抗高共模电压的方法完全不同。正如前述的 AD8208 属于电阻衰减型，AD8211 属于晶体管传递电流型。

所有电阻衰减型，其基本思路一致，都是利用大电阻串联小电阻，将很大的共模电压衰减至内部运放能够承载的小电压。然后利用巧妙的方法，对同样被衰减的差模信号（代表外部电流）实施有效的放大。

所有晶体管传递电流型，都得在高电位侧使用一个运放和晶体管形成的闭环，在高电位处吐出一个代表负载电流的电流，利用晶体管的 C、E 两极可以承受较高的电压，且保持电流不变的特性，将高电位处的电流引至低电位处，然后用简单的电阻将其变为低电位电压。难点是解决高电位侧运放的供电问题，可以用稳压管实现。

注意，ADI 提供的晶体管传递电流型电流检测放大器，一般只能实现单向电流检测。要实现晶体管型双向电流检测，好像可以考虑用并联双管互补推挽，但我没有细琢磨。AD8212 则利用内部的全差分电路实现了双向电流检测。

表 5.1 是我总结的 ADI 电流检测放大器，是在 ADI 官网数据基础上补充的，其中的结构栏是我自己填写的，仅供参考。

表 5.1　ADI 的电流检测放大器

产品型号	结构	最小共模输入	最大共模输入	CMR R/dB	最小供电/V	最大供电/V	带宽/kHz	单价（1000~4999）	增益温漂/(ppm/℃)	失调温漂/(μV/℃)	滤波器	封装	供电电流/mA	方向
AD8417	?	−2	70	86	2.7	5.5	250	$0.99	10	0.1	EMI			双
AD8418	?	−2	70	86	2.7	5.5	250	$0.89	8	0.1	EMI			双
AD8418A	?	−2	70	86	2.7	5.5	250	$0.99	5	0.1	EMI			双
AD8218	?	4	80	90	4	80	450	$1.05	5	0.1	No	MSOP	0.8	双
AD8219	?	4	80	90	4	80	500	$0.95	5	0.1	No	MSOP	0.8	单
AD8217	?	4.5	80	90	4.5	80	500	$0.99	5	0.1	No	MSOP	0.8	单
AD8207	电阻串 T 型	−4	65	90	4.5	5.5	150	$2.29	15	1			2.5	双
AD8208	电阻串 T 型升压	−2	45	80	4.5	5.5	70	$1.67	5			LFCSP	1.6	单
AD8209	电阻串 T 型	−2	45	80	4.5	5.5	80	$1.67	5			MSOP	1.6	单
AD8293G80	仪表放大器	1.8	5.5	140	1.8	5.5	500	$0.50	25	0.3	Yes	SOT	1.3	双
AD8293G160	仪表放大器	1.8	5.5	140	1.8	5.5	500	$0.50	25	3	Yes	SOT	1.3	双
AD8215	晶体管	−2	65	100	4.5	5.5	450	$1.21	15	6	No	SOIC	2.2	单
AD8216	电阻串 T 型	−4	65	90	4.5	5.5	3000	$1.62	10	10	No	SOIC	2	双
AD8211	晶体管	−2	65	120	4.5	5.5	500	$0.81	20	5	No	SOT	2	单
AD8212	晶体管电流出	7	65	100	7	65	1000	$1.32		10	No	MSOP	0.72	单
AD8213	晶体管 双	−2	65	100	4.5	5.5	500	$2.01	10	12	Yes	MSOP	2.5	单
AD8214	比较器	5	65	80	5	65		$0.76		15	No	MSOP	1.2	
ADM4073	晶体管电流镜	2	28	90	3	28	1800	$0.99			No	SOT	1.2	单
AD8210	晶体管全差分	−2	65	100	4.5	5.5	500	$1.81	20	8	No	SOIC	1.5	双
AD8206	全差分电阻串 T 型	−2	65	76	4.5	5.5	100	$1.37	30	15	No	DIE, SOIC	2	双
AD8203	电阻串 T 型	−6	30	82	3.5	12	60	$1.37	20	10	Yes	SOP	0.52	单

续表 5.1

产品型号	结构	最小共模输入	最大共模输入	CMR R/dB	最小供电/V	最大供电/V	带宽/kHz	单价（1000~4999）	增益温漂/（ppm/℃）	失调温漂/（μV/℃）	滤波器	封装	供电电流/mA	方向
AD8202	电阻串 T 型	−8	28	82	3.5	12	50	$1.51	20	10	Yes	DIE, SOIC, S	0.25	单
AD8205	全差分电阻串 T 型	−2	65	78	4.5	5.5	50	$1.51	30	15	No	DIE, SOIC	2	双
AD22057	电阻串 T 型	−1	24	80	3	26	30	$4.71		12	Yes	DIP, SOIC	0.5	单
AD626	电阻串 T 型	−24	24	80	2.4	10	100	$3.77	150	6	Yes	DIP, SOIC	2	双
AD628	4电阻衰减	−125	125	93										双
AD629	5电阻	−270	270	97										双

ADI 电流检测放大器的应用电路

图 5.45 是 AD8417 的高侧电流检测应用电路。电路结构非常简单，将 AD8417 的两个输入端跨接在分流电阻两端，并给 AD8417 合适的供电即可。当分流电阻选取合适时，可以实现近似满幅的输出——AD8417 具备低至 40mV 左右的输出至轨电压，这在低压供电情况下，可以保证足够的输出范围。

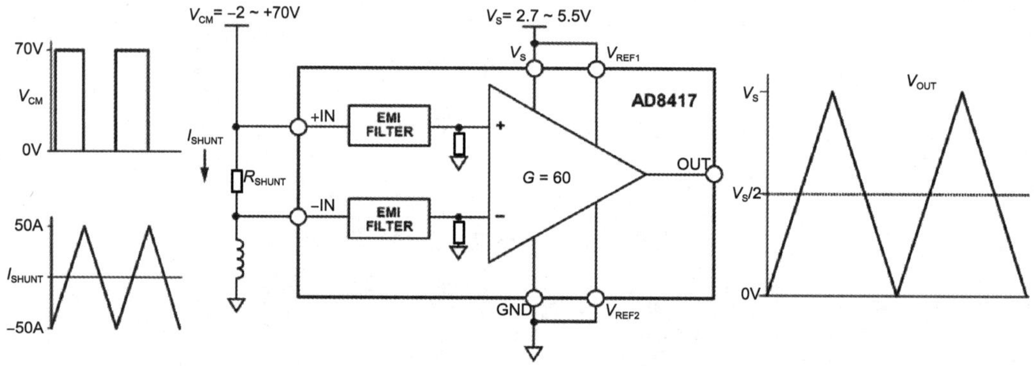

图 5.45　AD8417 的高侧电流检测应用电路

注意，AD8417 可以实现双向电流检测，并以 1/2 供电电压为 0 电流点。理论上说，它的输出可以直接给 ADC 使用。

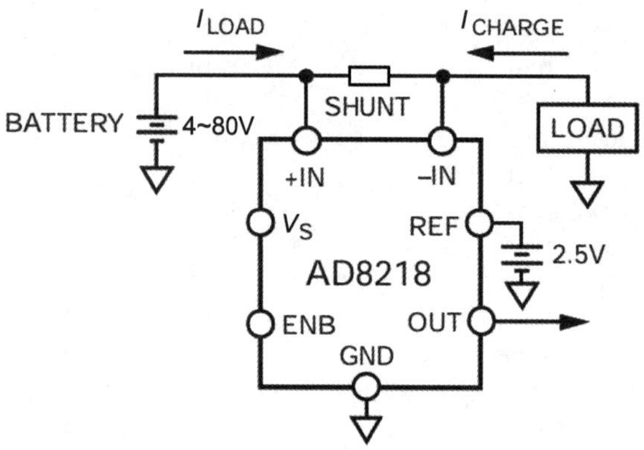

图 5.46　器件在无 V_S 的情况下工作

图 5.46 中的 AD8218 虽然只有 20 倍增益，但是它可以不使用外部供电——图中 V_S 端是悬空的。它也是双向电流检测。

在本节结尾，强调一句：在电流检测中，如果采用电阻衰减型，尽量不要自行设计，而要采用现成的电流检测放大器。否则，电路中需要匹配的电阻，会成为设计的难点。

5.4 单端转差分电路

任何电压信号，都是两个节点之间的电位差。所谓单端信号，是指一个节点接地，另一个节点电位发生变化，代表要表征的信息。差分信号，是指两个节点都不接地，当一个节点变化时，另一个节点出现反方向变化，用两个节点的电位差代表要表征的信息。

差分信号在信号传递过程中，可以有效抵抗外部的共模干扰，抑制偶次谐波失真，还能扩大动态范围，比单端信号形式更具优势。在精密信号处理和采集电路中，多采用差分信号形式。差分信号的劣势是电路相对复杂。

单端信号链——以单端信号形式进行放大传输的电路集合，类似于普通公路，接地气，但也存在很多问题。差分信号链——以差分信号形式进行放大传输的电路集合，类似于高架路，好处很多，但是不接地气。所谓的接地气，是指多数情况下，我们更习惯于使用单端信号，比如信号源、示波器，就像我们习惯于在地面生活，而不愿意在高架路旁边生活一样。

因此，生活中开车，我们有时候需要从地面开到高架路上，走一段舒舒服服的无干扰的路，然后，还得回到地面去办事。这时候就需要从地面转向高架路，也需要从高架路转向地面。信号也一样，我们需要两种电路：第一种是单端转差分电路，它将单端信号转变成差分信号，然后利用差分信号链实施很多传输放大任务；第二种是差分转单端电路，将差分信号转变成单端信号，以方便用示波器观察。

差分转单端电路相对简单，本书不介绍。

把一个单端信号转变成差分信号，如图 5.47 所示。注意，在转换过程中，并不要求实现 1:1 增益，可以根据需要将电路设置成不同的电压增益。

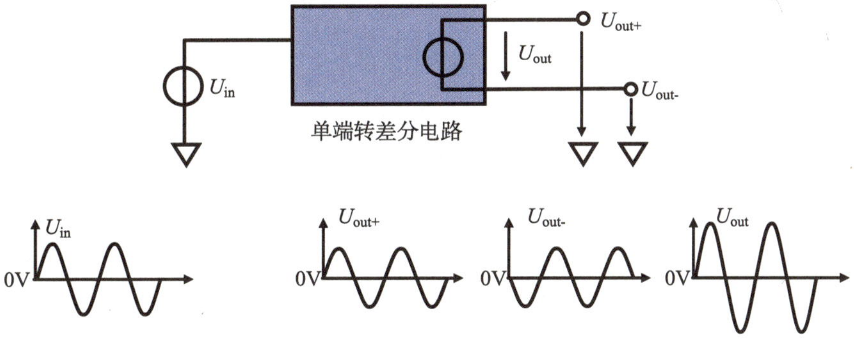

图 5.47 单端信号和差分信号及其转换电路结构

要实现单端信号到差分信号的转换，常见的方法有以下 3 种：基本电路、交叉反馈电路、全差分运算放大器组成的电路。

5.4.1　基本电路

图 5.48 是一种最基本的单端转差分电路。它由一个同相比例器（图中上部运放）和反相比例器（图中下部运放）并列组成。两个比例器设定的电压增益相同,图中均为 2 倍。

它有一个缺点，受反相比例器的影响，对 U_{in} 来说，电路的输入阻抗比较小。

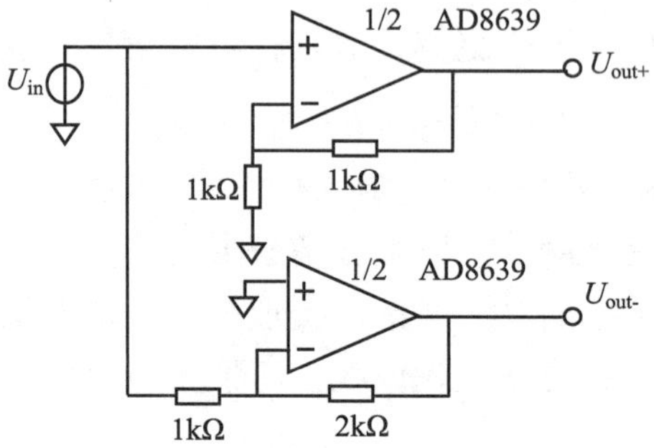

图 5.48　单端转差分基本电路一

图 5.49 是另一种基本电路，区别仅在于反相比例器的输入信号来源。本电路的输入阻抗可以做到很大，这取决于运放的选择。但是，本电路在信号延迟特性上，要比前一个电路差，U_{out-} 会比 U_{out+} 滞后更长时间。

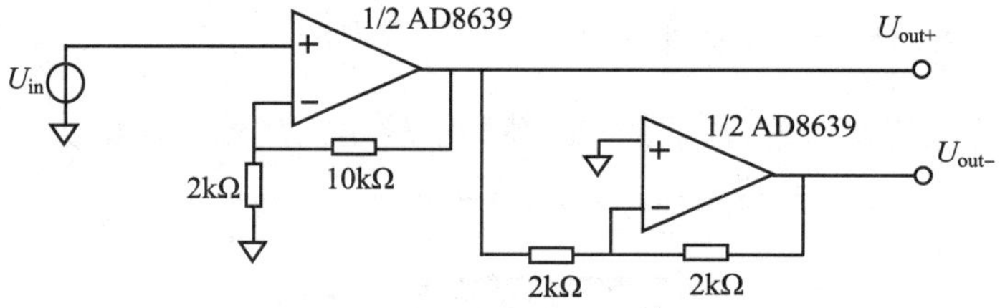

图 5.49　单端转差分基本电路二

5.4.2 交叉反馈电路

图 5.50 所示电路是一种特殊的结构，两个运放的输出互相做了对方的输入，看起来比较复杂。相比于前述的基本电路，本电路优点还是蛮多的。

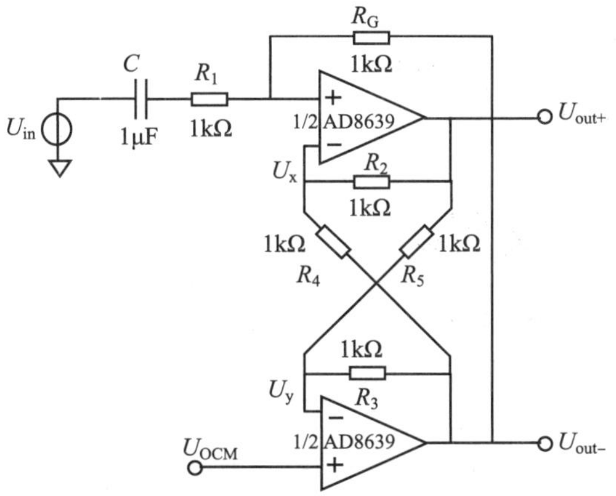

图 5.50 单端转差分至交叉反馈电路

首先，进行静态分析（即不施加输入信号）。本电路可以实现两个输出端静态电位的单输入调整：当 U_{OCM} 改变时，输出端 U_{out+} 和 U_{out-} 的静态电位跟随 U_{OCM} 改变。这对于调整差分输出信号的静态电位极为方便，可以作为 ADC 的前端驱动电路。比如，当差分输入 ADC 能够接受 0~5V 输入时，可以设置 $U_{OCM}=2.5V$；而差分输入 ADC 能够接受 0~3.3V 输入时，可以设置 $U_{OCM}=1.65V$，以最大限度地发挥 ADC 的满量程输入范围。

其次，进行动态分析。本电路可以实现单一电阻调节增益，并可方便调节高通截止频率。具体输出表达式为

$$\begin{cases} U_{out+}=U_{OCM}+\dfrac{R_G}{R_1+\dfrac{1}{j\omega C}}U_{in}=U_{OCM}+\dfrac{R_G}{R_1}\times\dfrac{1}{1-j\dfrac{\omega_0}{\omega}}U_{in} \\ U_{out-}=U_{OCM}-\dfrac{R_G}{R_1+\dfrac{1}{j\omega C}}U_{in}=U_{OCM}-\dfrac{R_G}{R_1}\times\dfrac{1}{1-j\dfrac{\omega_0}{\omega}}U_{in} \end{cases}$$

从输出表达式可以看出，两个输出围绕 U_{OCM} 发生相反方向的信号改变，增益为 R_G/R_1，且都具有截止角频率为 $\omega_0=1/R_1C$ 的一阶高通滤波效果。

另外，这个电路可以使用单电源供电，实现单极性 ADC 的输入端驱动。图 5.51 展示了 AD8042 单电源供电时作为单极性 ADC-AD9220 的驱动电路。

以上描述的都是这个电路的优点。其缺点有两个：第一，它不能应对低频输入；第二，两个运放输出端的同步性不是很好。

前述分析中，是假设 U_{OCM} 输入直流电压，用于控制输出端共模量的。这也是绝大多数应用场合的情况。其实这个电路也是允许 U_{OCM} 输入变化信号的，请读者自行分析 U_{OCM} 的频率变化对输出的影响。

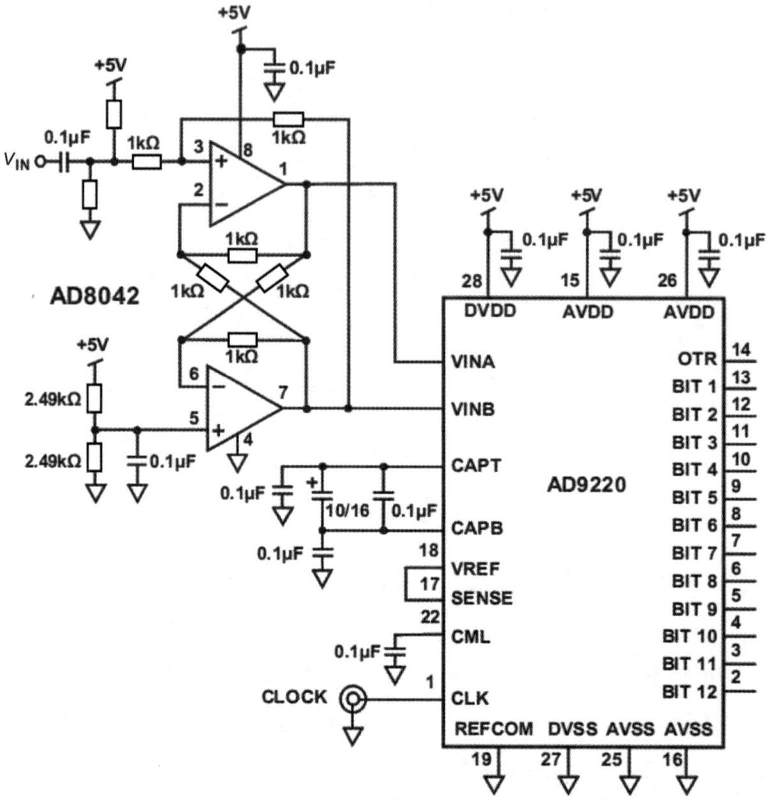

图 5.51　AD8042 单电源供电时作为单极性 ADC-AD9220 的驱动电路

5.4.3　全差分运放和变压器驱动

3.3.2 节详述了全差分运放实现单端转差分的电路，在此不赘述。

高频信号单端转差分时，还有另一种常见的思路，使用变压器作为核心部件。首先，我对这部分内容不熟悉。其次，简单的几句话也说不清楚，请读者参考其他资料。

5.5 复合放大电路

直流性能优越的精密放大器，通常带宽较窄。而高频或者宽带放大器的直流性能又不好。多数情况下，这两类放大器各自忙着自己的事情，老死不相往来：在精密测量领域，一般不需要太高的速度指标；而在高频领域，失调电压等指标也不是非常重要。但是，万事总有例外，在某些特殊场合，就会同时对失调电压和速度指标有要求。这就出现矛盾了，很难找到一款合适的、速度也快、失调也小的运放。即便找到了，你会发现它的其他指标也难以满足要求。

一种新型的放大电路就派上用场了，叫复合放大电路。它由一个精密运放和一个高速运放组合形成，最终得到的结果是，两者都好。这看起来很奇妙。

其实，被称之为复合放大器的电路很多，远不止精密运放和高速运放的组合，还有运放和晶体管的组合，低压和高压放大器的组合，精密运放和大电流输出器件的组合，等等。但它们基本都采用了相同的思想，就是优势互补。这种思想可能引发我们无限的遐想。

本书仅介绍两类电路：串联型和并联型复合放大电路，都是不同类型运放的组合。

5.5.1 串联型复合放大电路

题目要求

以一个实际要求为例，展示串联型复合放大器的优点。

技术要求：一个直流放大电路，正负电源供电。要求常温下增益在 DC~1MHz 内为 100 ± 5% 倍，输出失调电压小于 1mV，输入偏置电流小于 100pA。无其他要求。

先看看不使用复合放大电路，我们会遇到什么困难。

常规电路遇到的问题

本设计第一个难点在于 100 倍增益下，要求输出失调电压小于 1mV，含义是等效输入失调电压为 10μV。这一下缩小了可用放大器范围，而且我们还不能简单使用典型值，需要使用常温下失调电压最大值进行筛选。加上偏置电流要求，可选的见表 5.2。

表 5.2 等效输入失调电压为 10μv 的 ADI 放大器

Part#	BW/MHz	SR/ (V/μs)	V_{os}/μV	V_{osmax}/μV	I_b/pA	I_{bmax}/pA	Ch	Noise/ (nV/sHz)	V_{min}/V	V_{max}/V
ADA4528-1	4	0.5	0.3	5	90	200	1	5.3	2.2	5.5
AD8628	2.5	1	1	5	30	100	1	22	2.7	6
AD8571	1.5	0.4	1	5	10	50	1	51	2.7	6
AD8551	1.5	0.4	1	5	10	50	1	42	2.7	6
AD8638	1.5	2	3	9	1	40	1	59	5	16
ADA4051-1	0.13	0.06	2	15	20	70	1	95	1.8	5.5

满足以上要求的 ADI 公司产品只有 AD8628、AD8551、AD8571、AD8638。

在此情况下，第二个难点是带宽 DC~1MHz 内增益波动不超过 ±5%——即电压增益在 95~105 之间。看看上面这些能用的放大器，最高带宽只有 4MHz，因此单级放大电路增益不能大，即便一级放大不超过 2 倍，使用七八级放大电路串联，在 1MHz 处的增益跌落也是很可怕的，可能还难以实现。我用 AD8628 的增益隆起现象（见 4.7 节），配合 ADA4528，共用 8 级放大器实现了上述功能。调整各级增益以实现整体功能要耗费大量时间——仅仅是在 Multisim12.0 的仿真平台上，要用实际电路实现就更加困难。

还有一种方法是利用频率补偿，4 级放大电路就能够实现。仿真电路如图 5.52 所示。这种设计的基本思想是，当频率上升导致放大电路增益下降时，并联在分母上的电容开始呈现低阻抗，迫使放大电路增益增大，以抵抗原先增益的下降。很显然，这需要粗略的估算，以及精细的调整。

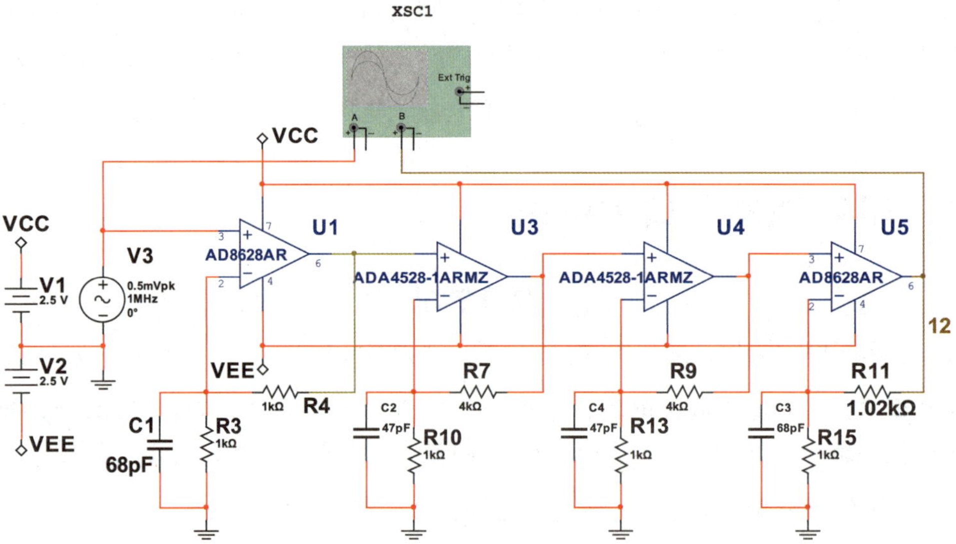

图 5.52　利用频率补偿实现的 100 倍 ±5% DC~1MHz 直流放大电路

即便如此，这个电路还存在诸多难以解决的问题。第一，增益平坦性依赖于电容的匹配，非常不靠谱，产品容差、温度漂移、时间漂移等因素都会改变其增益特性；且运放本身的开环增益特性也会有差别，实际电路要实现上述精确匹配是极其困难的。第二，该电路输出级只有 1V/μs 的压摆率，只能输出很小的正弦波幅度，虽然题目没有要求，但是一旦具有这个要求，比如要求输出幅度大于 ±1V，就陷入死胡同了，很难实现。

让我们把思路拓展到复合放大器，如图 5.53 所示，看它如何实现相同的功能。

设计串联型复合放大电路

图 5.53 是一个能够实现本节要求的串联型复合放大电路。所谓串联型复合放大电路，是指组成复合放大电路的两个放大器串联，信号先经过第一个放大器（输入放大器），再经过第二个放大器（输出放大器）。输入放大器提供高性能输入指标，包括失调电压、偏置电流、输入范围等；输出放大器提供高速、大输出电流、高压或者高压摆率等输出指标。关键是，两者只有一个大闭环反馈网络。

图 5.53 中，输入放大器为 AD8628，具有失调电压低、输入偏置电流小等特点，满足题目要求。但是它的增益带宽积较小，在 1MHz 输入信号情况下，AD8628 的开环增益只有大约 2.5 倍。此时，后级的 AD8009 电流反馈放大器被接成一个闭环增益为 1+1020/21.5 = 48.4 的放大电路，串联在 AD8628 之后，相当于和 AD8628 组成了一个新的开环“运放”（图中浅绿色虚线框内）。新运放的开环增益在 1MHz 处变为 2.5 × 48.4 = 121.1 倍，可以认为将 AD8628 原本具备的 2.5MHz 带宽变为了 121.1MHz 带宽。如果感觉还不够，可以考虑将 AD8009 的闭环增益再提高——但是，这需要注意 AD8009 是否具备这个能力，还要考虑 AD8628 的增益裕度。

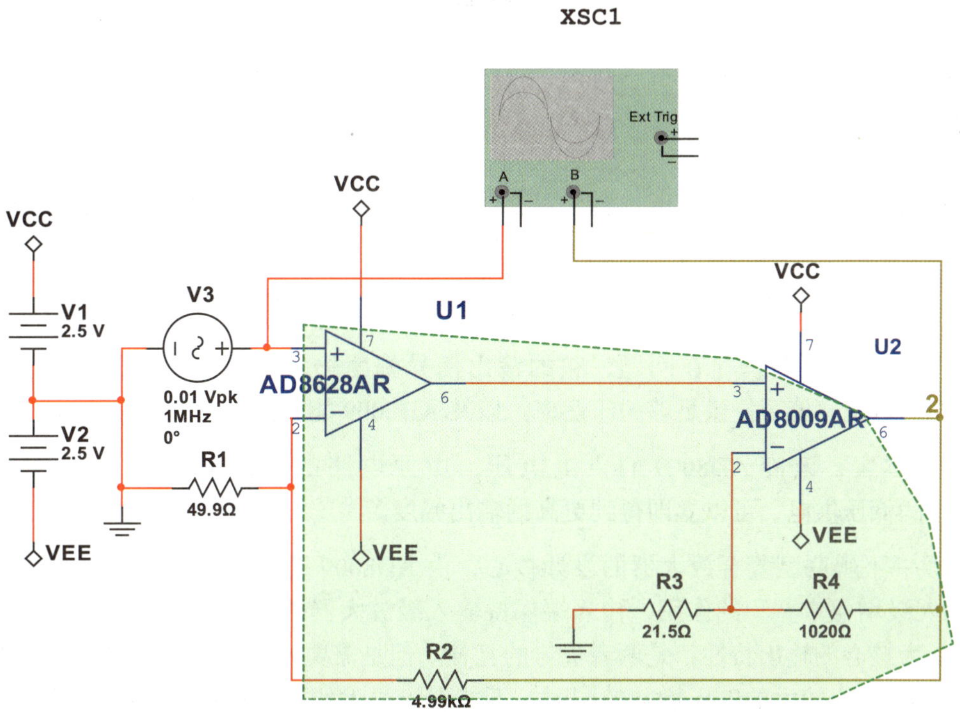

图 5.53 复合放大电路 - 串联型

这样，就可以用新运放配合 R_1 和 R_2 组成的反馈电路，形成 101 倍放大。

这种串联型复合放大电路中，电路输出失调电压与输出级放大器无关。当 $V_3 = 0\text{V}$ 时，深度负反馈肯定存在，输出失调电压表达式为

$$V_{\mathrm{O\_offset}} \times \frac{R_1}{R_1+R_2} = V_{\mathrm{I\_offset\_AD8628}}$$

即输出失调电压为输入级运放 AD8628 的输入失调电压乘以闭环增益。本例中最大不超过 $5\mu V \times 101 = 0.505mV$，满足题目要求。仿真实测为 100μV。

对输入偏置电流来说，很明显看出，与输出级放大器无关。

至此，满足题目要求的复合放大电路已经设计完毕，闭环增益幅频特性仿真结果如图 5.54 所示。

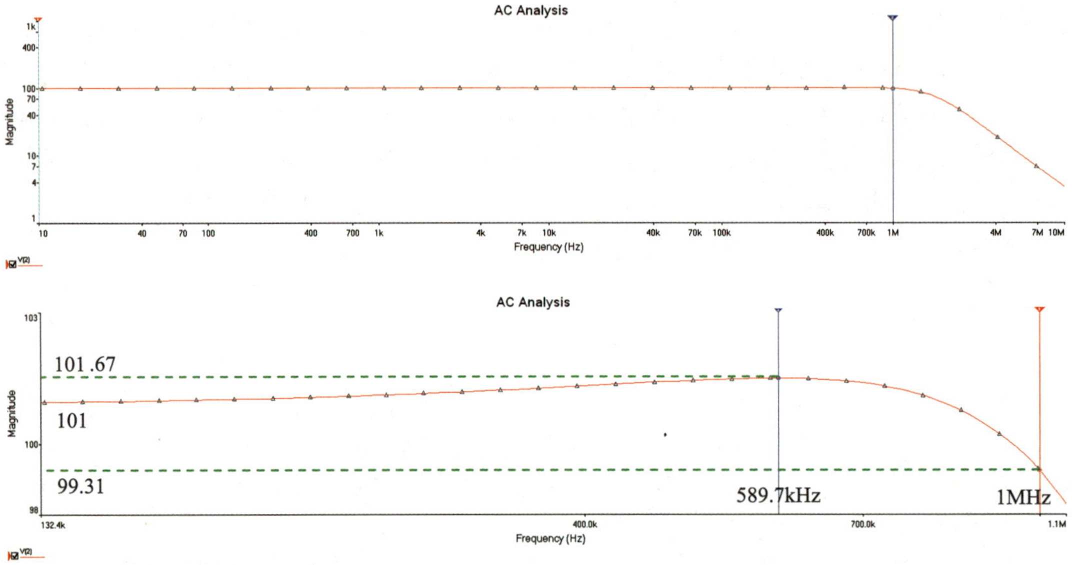

图 5.54　图 5.53 中电路的增益 - 频率曲线及局部放大图

但是，这个电路仍存在问题，它的输出信号幅度仍较小——大信号输入情况下，AD8628 的输出端能否提供足够的压摆率？以及 AD8009 能否输出大电压？

解决方案，改变 AD8009 的供电电压，由原电路的 ±2.5V 变为 ±5V，而保持 AD8628 的低压供电，可以立即得到更高的输出幅度。

回顾一下串联型复合放大器的设计核心，由 AD8009 组成的小闭环放大电路起到了提升输入级增益带宽积的作用，输入端保持输入级放大器的性能，且能够提供良好的以 AD8009 为核心的输出特性，是两者优势的互补。但是需要特别注意，增加的输出级放大电路，在具有比较大的电压增益的同时，不能引入过大的附加相移，否则新运放的开环相移将大幅度增加，使相位裕度大幅度下降，引起放大电路不稳定或者较大的增益隆起（参阅 4.7 节）。

因此，AD8009 组成的小闭环放大电路，闭环增益不得太大。

5.5.2 并型复合放大电路

串联型复合放大电路，给我们的震撼已经够大了——两种运放居然能如此精妙地结合，并形成取长补短的效果，在拓展频带的同时保持完美的静态输入特性。但是我们发现，在串联型复合放大电路中，后级增加的高速运放，顶多能够将输入级精密运放的带宽拓展几百倍左右（即便电流反馈型放大器，单级实现几百倍的电压增益，带宽也会下降很多），即总的增益带宽积也就是几百兆赫兹。

这个缺点的形成，是因为串联型放大电路中，虽然输入级精密放大器和输出级高速放大器是串联的，看起来不分主次，但潜在的主放大器还是精密放大器，只不过是一个被提升带宽的精密放大器。

并联型复合放大电路，以一个或者多个高速放大器为核心进行高频信号放大，以一个辅助放大器并联于信号链旁，通过负反馈，迫使输出失调电压维持在 0V 附近，以降低输出失调。这样的复合放大电路，其增益带宽积完全取决于高速放大器，可以做到几十吉赫兹以上，且输出失调电压可以被有效降低。

但是，这种电路也有缺点，除输出失调电压被强制降低外，其他输入特性，如偏置电流、输入阻抗、输入范围等，毫无改善。

题目要求

以一个实际要求为例，展示并联型复合放大器的优点。

一个直流放大电路，正负电源供电。要求常温下增益在 DC~30MHz 内为 60 ± 3dB，输出幅度大于 ± 10V，输出失调电压小于 10mV。无其他要求。

按照常规设计，输出失调电压在 10mV，需要寻找输入失调电压为 10mV/1000 = 10μV 以下的放大器。前面我们已经知道，这类放大器带宽都很小，根本无法实现。

设计并联型复合放大电路

图 5.55 是我利用 ADI 公司的运放设计的一个并联型复合放大电路，它的设计原型来源于 Linear Technology 公司网站 http://www.linear.com/solutions/1197。

电路分为两个部分，其一是主放大电路，包括 U_{2_AD8000}、U_{4_AD811}，以及配套的电阻 R_4、R_1、R_{10}、R_9；其二是并联的辅助放大电路，包括 U_{1_AD8628} 及其配套的 R_3、C_1、R_2 和 R_5。

主放大电路第一级 AD8000 实现了 70.8 倍的同相比例放大，–3dB 带宽约为 127MHz；第二级实现了 14.34 倍同相放大，–3dB 带宽约为 113MHz，两者串联作为主放大电路，实现了大约 1010 倍 101MHz 带宽，这在增益带宽指标上满足了设计要求。

第二级采用高电压供电的 AD811，是为了输出能够达到 ± 10V 幅度。AD811 的压摆

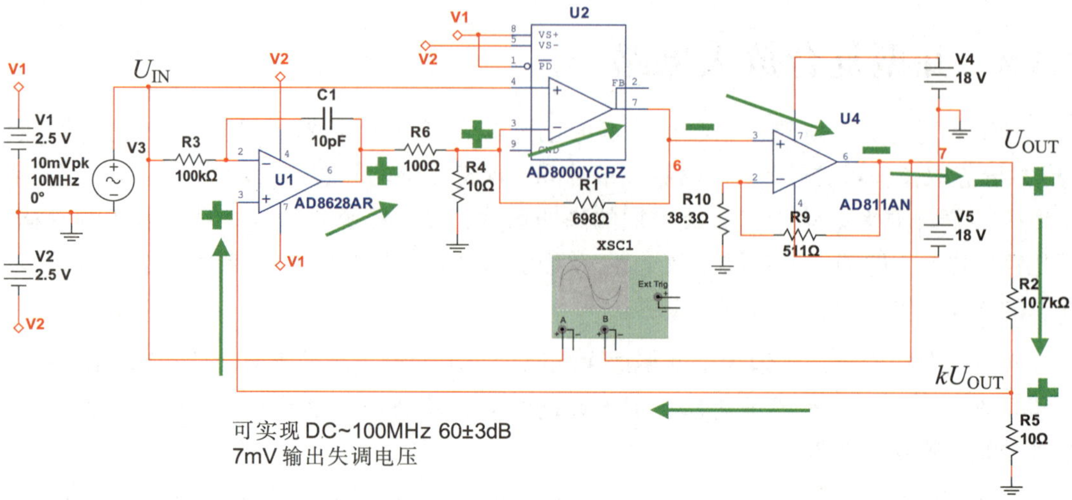

图 5.55　并联型复合放大电路

率为 2500V/μs，在 30MHz 输出 10V 幅度时，要求运放的压摆率至少为

$$SR>2\pi f_{out}U_{out\_p}=6.28\times30MHz\times10V=1884V/\mu s$$

从压摆率指标看，这个设计也是满足要求的。

但是很显然，AD8000 和 AD811 都不是精密放大器，其输入失调电压常温典型值分别为 1mV 和 0.5mV，在 1000 倍放大下，输出失调可能达到 1V 以上。因此，直接将 AD8000 和 AD811 串联实现 1000 倍放大，失调电压难以满足题目要求。

再看图 5.55，在主放大电路旁边并联了一个以 AD8628 为核心的放大电路，就实现了并联型复合放大电路。它在完成 1000 倍放大的同时，还实现了主放输出失调很小的目的。

并联型复合放大电路的工作原理

在原两级放大电路串联的基础上，将输出信号 U_{OUT} 用两个电阻 R_2 和 R_5 分压，得到 kU_{OUT}。合理选择两个电阻值，使得 $kU_{OUT}=U_{IN}$，即 $k=1/Gain$。图中 k 约为 1/1071。

AD8628 组成积分器。积分器的同相输入端接 kU_{OUT}，反相输入端接 U_{IN}，两者是相等的。对于输入信号 U_{IN}，积分器将输出 0。积分器的输出通过一个电阻 R_6 接到主放大器的反相输入端，因此，并没有输入信号信息介入主放大器。即增加的并联放大电路，并没有对主放大器带来本质的影响(唯一的影响是，接入的 R_6 会使得 AD8000 的电压增益稍稍变大)。

但是，对于输出失调电压，并联放大电路——积分器就有鉴别能力了。输入信号的直流偏置为 0V，则加载到积分器反相输入端的直流电压为 0V，而此时加载到积分器同相输入端的直流电压为输出失调电压的 k 倍，即 kU_{offset_OUT}，这个值显然不等于 0。于是，积分器开始对电容充电（或者放电），积分器的输出就会通过电阻 R_6 改变 AD8000 的负输入端电位，进而改变输出失调电压 U_{offset_OUT}，最终达到一个稳态：

$$kU_{offset\_OUT}=U_{offset\_IN\_AD8628}$$

图中用绿色箭头表示这个闭环的走向，该闭环第一是负反馈，第二对直流失调电压是深度负反馈（积分器对直流量具有无穷大增益），因此可以保证上式成立。输出失调为

$$U_{\text{offset\_OUT}} = \text{Gain} \times U_{\text{offset\_IN\_AD8628}}$$

电路中的积分器，可以选择时间常数稍大或者稍小。时间常数越大，对主放大器信号通路影响越小，但主放大电路建立稳态所消耗的时间就越长。电阻 R_6 的选择，值越大，对主放大电路影响越小，但闭环环路增益也就越小，负反馈深度就可能不够。

按照现有参数，该电路幅频特性的 Mulitisim12.0 仿真结果如图 5.56 所示。

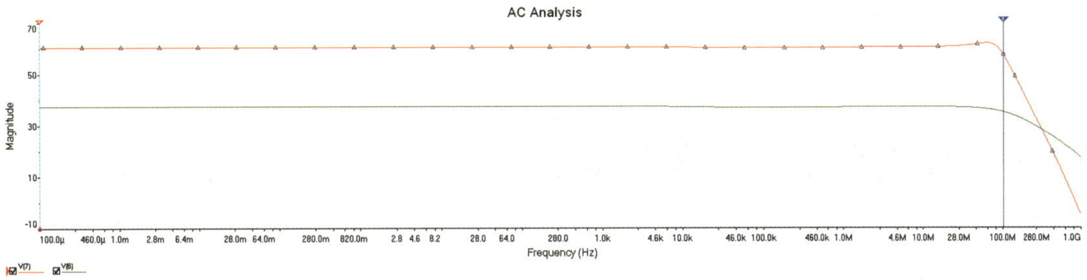

图 5.56 图 5.56 所示并联型复合放大电路的幅频特性仿真结果

在仿真软件执行中得到的示波器截图如图 5.57 所示。

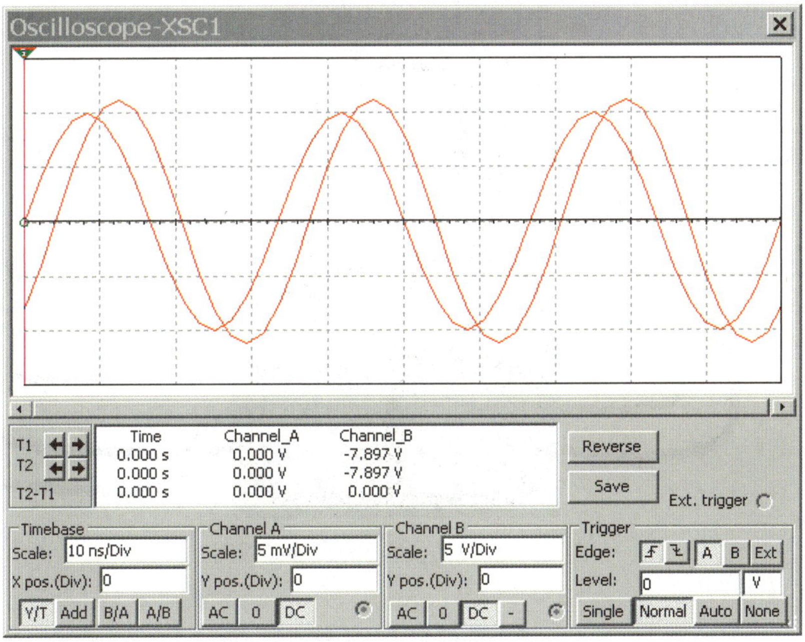

图 5.57 图 5.56 所示并联型复合放大电路的仿真执行示波器截图

第 6 章
仪器使用、焊接、调试和撰写报告

6.1 仪器使用基础

6.1.1 正确连接仪器和电路板

图 6.1 为直流稳压电源、信号源、示波器以及实验用电路板的一种接线方式，供参考。

图中信号源和示波器都由“BNC 头转双夹子线”实现输入 / 输出。为了表示两根线的不同，图中用夹子表示“地线”，用探针表示“信号线”。

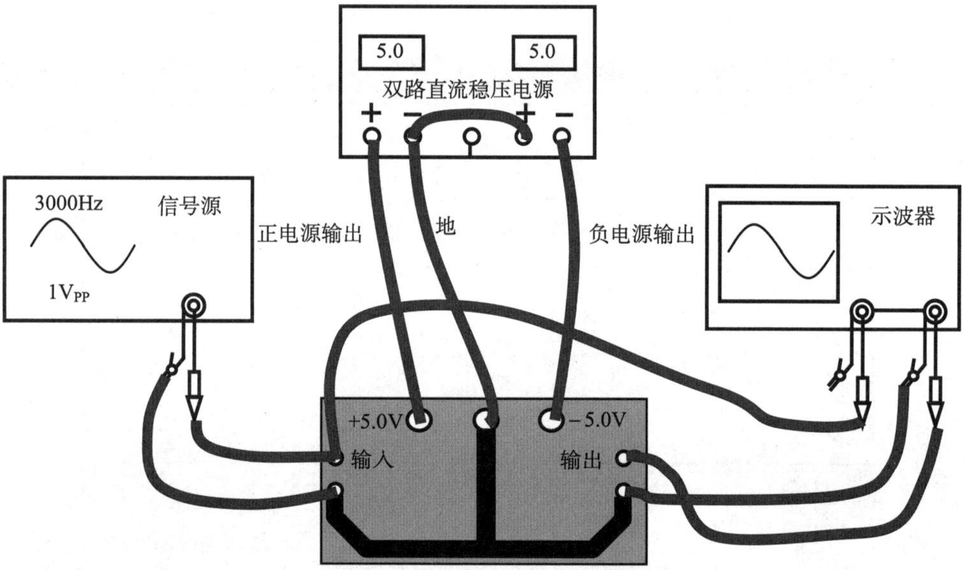

图 6.1 常见的仪器和电路板接线图

构建正负电源输出

多数双路直流稳压电源在面板上都有 5 个输出头，分别为左路正、左路负、大地（机壳）、右路正、右路负。两路输出电压都是浮空的，即它们之间只有电位差，不存在绝对电位。这就像两节独立的电池。

双路直流稳压电源的机壳，是与 220V 交流电源输入的大地相连的。

按照图中连线方式，就可以实现双路正负电源输出。它有 3 根输出线，分别为正电源输出、负电源输出、地。

当把这两路电源的中心点（图中连接左路负和右路正的线）连接到大地（机壳）时，输出就不再是浮空的了，而是基于大地电位。

给电路板供电

双电源供电的电路板，都有 3 个供电输入端：正电源、负电源、地。将前述的“正电源输出、负电源输出、地”用铜线连接，即完成了给电路板供电。

检查连接无误，电源电压数值合理后，即可打开电源开关，实现供电。

连接信号源和示波器

信号源的输出头一般为 BNC 输出。示波器的输入一般为 BNC 输入。两边均为 BNC 头的电缆线，可以直接将信号源的输出引至示波器的输入。

信号源输出头中包含两根线，信号线（中心）、地线（边缘），它属于单端输出。注意，多数信号源的输出地线，在内部被强制接到了机壳（大地）上。

示波器输入头也包含两根线，信号线（中心）、地线（边缘），属于单端输入。注意，多数示波器的输入地线，在内部被强制接到了机壳（大地）上。

因此，信号源单线输出、示波器单线输入，也可以显示稳定的波形，如图 6.2 所示。这看起来很奇怪，像表演魔术一般。但是，我们不建议这样做。

请按照图 6.1 的建议连接方式连接。

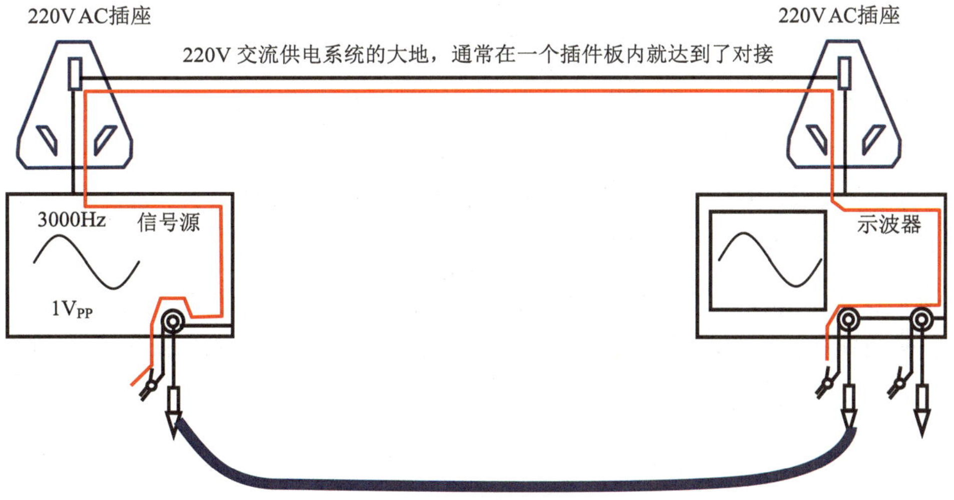

图 6.2 信号源和示波器单线连接为什么可以正常显示波形?

这里涉及到两个“地”概念：大地和信号地。

在电学系统中，所谓的大地，是指建筑物附近深埋地下的铜线，通过交流电供电系统，提供到房间内的，三线电源插座的上孔。在电学上，它代表地球电位。

所谓的信号地，完全是一个规定概念，并不代表确定性的电位。在一般电学系统中，为了描述各点电位高低，都将各点与定义的信号地之间的电位差，作为该点电位高低的表述。就像测量身高，都是以当时的地面（信号地）为基准，却没有人测量当时的海拔高度（大地基准）。

信号地的产生，以方便使用为原则。比如一个单节电池供电的手机，它的信号地就是电池的负极。而一个正负电源供电的电子系统，一般以正负电源中间做信号地。

当定义的信号地节点被人为连接到大地时，大地 = 信号地。这样做，一般会使得信号地更加稳定，因为大地具有吸收无穷多电子的能力。但是，没有人强调必须这么做，就像没有人强调必须在海平面测量身高一样。

6.1.2　电源基础

直流稳压电源，是理想电压源吗？

理想电压源有 3 个重要特征。

（1）输出阻抗为 0，或者非常小。

（2）可提供流出电流 Source，也可接受流入电流 Sink。

（3）可提供的流入、流出电流较大。

我们经常使用的线性稳压电源，并不是一个理想电压源。

它在接低电位负载——提供流出电流时，与理想电压源一样，具有很小的输出阻抗，可以提供较大的输出电流。

但是，它在接高电位负载——提供流入电流时，完全丧失了能力。或者说，它不能提供流入电流，不满足第（2）条要求。

多数情况下，电池可以视为一个理想电压源。图 6.3 给出了一个 5V 电池（1Ω 输出阻抗）和一个 5V 直流稳压电源的区别。注意，当电池不是可充电电池时，a2 图也是危险的。

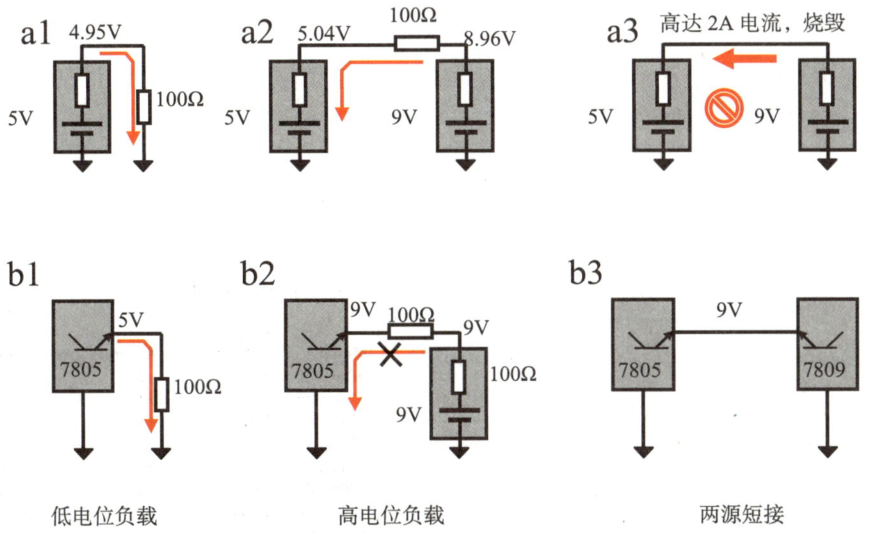

图 6.3 电池供电与线性稳压电源供电的本质区别

图 6.3 中，第 1 行是电池工作的情况，第 2 行是直流稳压电源工作情况。

其中，第 1 列分别是两者接低电位负载，图中都接地。5V 电池和 5V 三端稳压器 7805，都能保持其各自的标称电压。

而第 2 列中的 a2 图，一个 9V 电池通过一个 100Ω 电阻接到 5V 电池上，5V 电池将承受灌入电流，两个电池的输出端仍保持与源电压近似。但是 b2 图的直流稳压电源，却无法实现 a2 的功能——100Ω 电阻的左侧被拉高到了 9V。

为什么常用的直流稳压电源，无法实现高电位负载的驱动能力？原因在于，其输出端是一个射极输出的晶体管，只能提供正向输出电流，而无法承受反向灌入电流。因此，它像我们俗称的欺软怕硬一样，是一个“欺低怕高”的电源。

图中 a3 表示一个常见的禁止接法：两个电池，一个 5V，一个 9V，把它们并联会出现极高的电流，一般情况下都会烧毁电池，且持续这样连接会引起电池爆炸。这是电路课老师千叮咛万嘱咐的。

但，两个直流稳压电源这样对接，并不会出事——虽然老师不允许我们这么做。当把一个 7805（5V）的输出与一个 7809（9V）的输出对接在一起时，没有大电流，没有发热，就像什么都没有发生一样。只是它们的并接点电压为较高的那个，即 9V。

基准电压源

多数电压基准属于另一种结构，它能提供正负电流输出，且输出阻抗也很小。但是，它的输出电流（流入或者流出）非常小。

ADR43x 系列是 ADI 公司生产的高质量串联型电压基准。它能够实现最大 30mA 的流出电流（Source），以及最大 20mA 的流入电流（Sink），如图 6.4 所示。

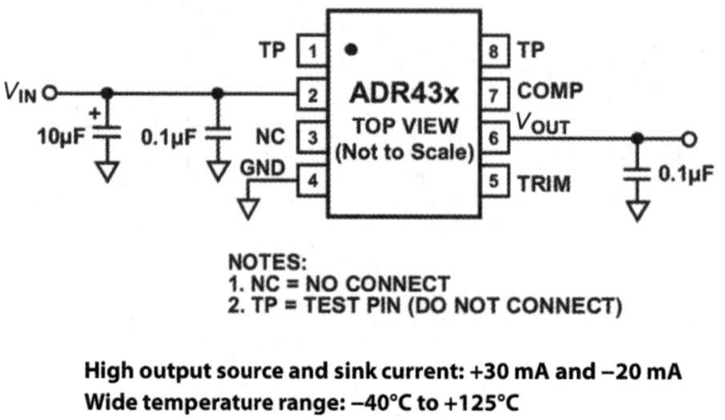

Table 1. Selection Guide

Model	Output Voltage (V)	Accuracy (mV)	Temperature Coefficient (ppm/°C)
ADR430A	2.048	±3	10
ADR430B	2.048	±1	3
ADR431A	2.500	±3	10
ADR431B	2.500	±1	3
ADR433A	3.000	±4	10
ADR433B	3.000	±1.5	3
ADR434A	4.096	±5	10
ADR434B	4.096	±1.5	3
ADR435A	5.000	±6	10
ADR435B	5.000	±2	3
ADR439A	4.500	±5.5	10
ADR439B	4.500	±2	3

图 6.4　ADR43x

这家伙的连接方法，看起来特别像一个三端稳压器——也就是线性稳压电源。但是，它们之间有本质区别。

线性稳压电源的特点如下。

（1）可提供很大的输出电流，从百毫安到安培级。

（2）只能提供正输出电流，即能够驱动低电位负载，不能驱动高电位负载。

（3）稳定性只有 1%~0.1% 数量级。

电压基准源的特点如下。

（1）只能提供很小的输出电流，一般在 10mA 级。

（2）一般都能提供双向电流输出，对于很轻的负载，无论是低电位还是高电位，都可驱动。

（3）稳定性一般按 ppm 标示，几十 ppm 到几 ppm 都有。

比如电路中需要一个 2.5V 的电压，到底该使用 2.5V 线性稳压电源，还是使用 2.5V 电压基准源？要回答这个问题，根据上面的区别，选择就容易了。

简单说，要电压精准、稳定的，就得选择基准源；要实现大的流出电流的，特别是给需要电流比较大的器件供电的，就得选择稳压电源。其他场合，见机行事。

谨慎使用基于电源的输入端保护电路

用两个二极管分别连接到正负电源端，以给昂贵器件的输入端增加限幅保护，是一个极为常见的电路。基于电源的输入端保护电路的标准接法如图 6.5 所示。

图 6.5 中的 AMP 是一款昂贵放大器，正负 5V 供电，输入端能够承载的最大共模电压为 ±6V。为此，一般用两个二极管配合一个电阻实现限幅，设计期望：当输入电压高于 5.7V 时，比如 10V，会打通上边的二极管 D_1，5V 直流电源会吸纳二极管击穿电流，1kΩ 电阻上会有压降，起到稳定输入端不超过 5.7V 电压的目的。

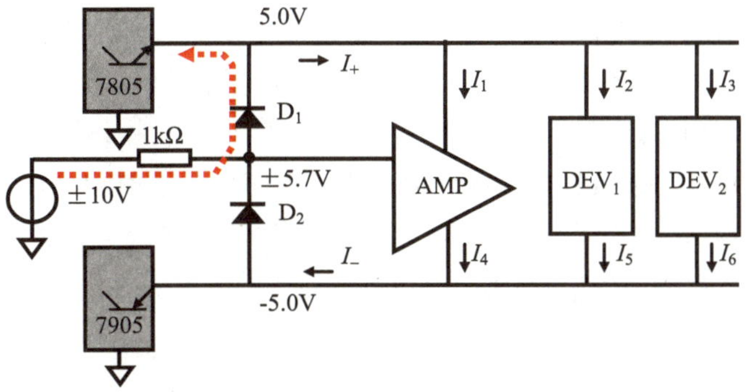

图 6.5 基于电源的输入端保护电路——期望的结果

但遗憾的是，我们使用的电源多数是射极输出型的，它几乎没有吸纳电流的能力。图 6.5 中红色虚线电流仅存在于设计者脑子中，实际应用中这个电流非常小，大量电流为图 6.6 中的绿线 I_+。如果 $I_+=I_1+I_2+I_3$ 比较小，流过电阻的压降就不足以使输入端电压维持在 5.3V。比如图中 $I_+=1\text{mA}$，则电阻上压降为 1V，AMP 输入端电压为 9V。结果是，第一，9V 电压会烧毁 AMP 的输入级；第二，更可怕的是，经过二极管后的电压约为 8.3V，也就是将原本设计为 5V 的直流电源强制到了 8.3V，甚至会烧毁用它供电的所有器件，如图 6.6 中的 DEV_1、DEV_2。

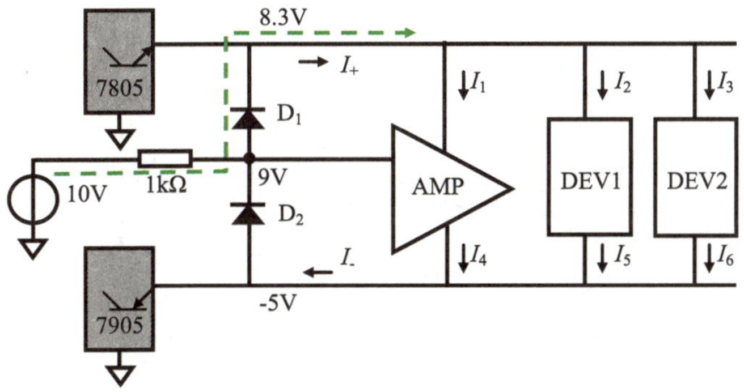

图 6.6 基于电源的输入端保护电路——实际的结果

也就是说，你原本想通过这个电路巧妙地保护 AMP 的输入级，却意外烧毁了整个系统。这才真叫弄巧成拙。需要说明的是，当电源为电池时，这种电路一般是有效的。

限幅在地线上进行，是靠谱的。可以采用稳压管接地实现。如果一定要用电源限幅，可考虑将电源设计成双向的，比如用驱动器、跟随器实现。但这种设计怎么看都很“山寨”。

因此，没有把握的话，还是不要用限幅电路。从根源上制止电压过大，是最根本的方法。

6.1.3　信号源设置与示波器观察为什么不一致？

给一个信号源设定输出大小，通常可以用峰峰值，即 V_{PP} 表示。当你给一个数字信号源设定一个 $1V_{PP}$ 的正弦波输出时，通常会在示波器上看到 $2V_{PP}$ 的波形。为什么不一致呢？

常见信号源都具备 50Ω 输出阻抗。在高频情况下，信号源和电路板的连接一般采用图 6.7 的形式：后级电路板具有 50Ω 输入阻抗（50Ω 输出阻抗、50Ω 电缆特征阻抗、50Ω 电路输入阻抗实现标准的阻抗匹配），在电路板的输入端实际只能得到信号源内部源的 1/2 电压。因此，当用户在信号源按键上输入 $1V_{PP}$ 时，信号源知道用户希望在电路板输入端得到 $1V_{PP}$ 的输入电压，那么信号源只好把内部源做成 $2V_{PP}$，用户恰好能得到 $1V_{PP}$。

看起来这更像信号源为方便用户而提供的一种“贴心服务”。

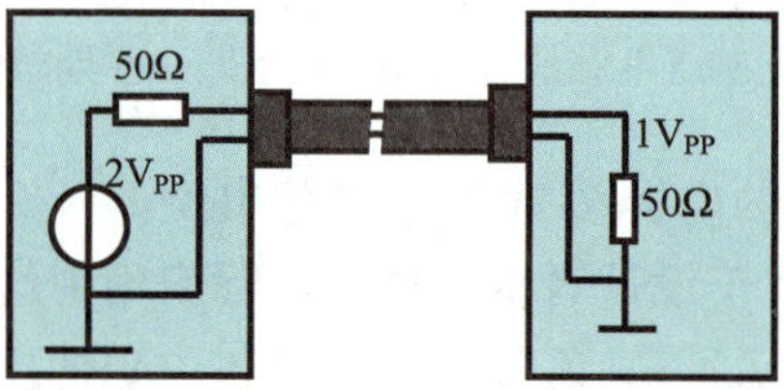

图 6.7　常用的 50Ω 匹配信号传输

但是，如果你用示波器直接探测信号源输出，如图 6.8 所示，示波器的输入阻抗一般都是 1MΩ（高级示波器可以改变输入阻抗），就导致示波器实际得到的输入电压为 $2V_{PP}$——输出阻抗上的分压可以忽略不计。

多数高频信号源都具备上述特征。一些低频信号源不提供这种“贴心服务”。

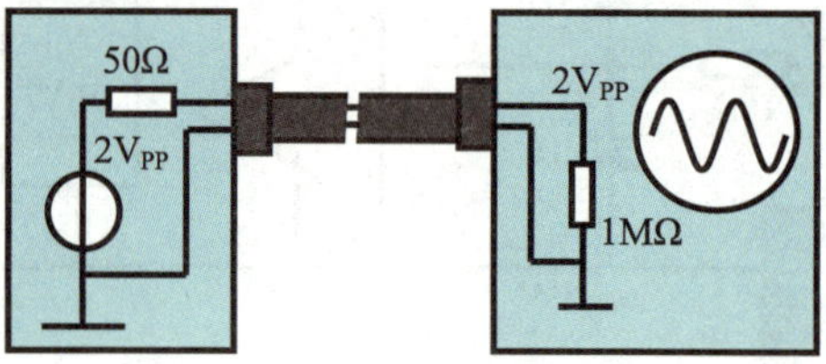

图 6.8　用示波器直接探测信号源输出

6.2 学会使用示波器

示波器，对电子工作者来说，实在是太重要了。

6.2.1 示波器的重要性

示波器是电子工作者的眼睛。

调试电路过程中，常用示波器以及其他测量仪表（万用表、毫伏表等）来观察结果，正如眼睛能够获取感知信息的 90% 以上，示波器在测量仪表中占据最重要的地位。

很多人习惯于一块万用表打天下，甚至自认为这才是高水平。调试电路已经很久了，示波器还没有打开，这种现象很常见。很久以前，示波器还是昂贵设备，不习惯于使用示波器还可以理解，现在的示波器已经很便宜，再这样就不对了。

一旦调试电路，就打开示波器，随时准备测量，是一个好习惯。

测电源电压，用示波器还是万用表?

尽量不要使用万用表的直流电压档测量电源电压，而要使用示波器。示波器在测量直流电压时，显然没用万用表准确，但是它可以看到全貌，比如纹波大小。而万用表测量的是平均值，显示不出纹波。

只有在要求直流电压精度时，才先用示波器观察大致电压，后用万用表精准测量。

所以我建议，长期把万用表关闭，仅在必须使用时打开它。常用万用表的地方是，测量工频交流电，测量精准直流电压，测量电阻（包括是否短路），测量电流。

6.2.2 示波器能干的，以及不能干的

（1）示波器具有几毫伏到几十毫伏的本底噪声，以及量级近似的直流偏移量。因此它不能用于观察和测量很小的信号。

（2）在纵轴上，示波器使用的是可变增益放大器，其增益准确性并不高；数字示波器只使用 8 位的 ADC，分辨率较低。即便被测信号较大，其纵轴测量数值也无法达到一般测量学要求。因此，虽然某些数字示波器具有自动测量峰值、峰峰值、有效值等强大的功能，也不要相信它给出的数值。

（3）对一个放大器实施增益测量，以获得放大器的幅频特性，是实验中最为常见的。如果只希望得到粗略结果，比如找到近似的截止频率点，或者看是否具有低通、高通特性，那么使用示波器读数记录，然后计算，是基本靠谱的。但是，如果要测试几个放大器的增益一致性等，使用示波器就不靠谱了。此时需要使用精密的交流信号毫伏表。

（4）示波器的带宽 f_H，是指探头在具有更高带宽情况下，对于频率为 f_H 的正弦信号输入，

示波器显示幅度不小于输入实际幅度的 0.707 倍。此时想获得幅度测量，显然不靠谱。另外，如果输入一个频率为 f_H 的方波，示波器显示一个缩小了的正弦波，就不足为奇了。

（5）模拟示波器只能稳定显示周期性重复的信号，遇到周期不确定的信号，示波器上出现不稳定波形是正常的，想让它稳住，是徒劳的——虽然它也具有单次触发功能，但模拟示波器无法存储单次触发波形，只能供照相机在单次触发时完成一次照相。数字示波器具备单次触发功能，可以将单次触发显示波形保存下来，供用户反复观察。

6.2.3　注意数字示波器的混叠现象

数字示波器的采样显示机理，与模拟示波器的电子束点亮荧光屏机理完全不同。

数字示波器都是以 ADC 为核心，而 ADC 的最高采样率通常为 1GHz 以上，比如某款示波器号称 20Gsps 采样率，是指在最高采样率情况下，可以达到每秒采集 20G 个样点。

需要指出的是，示波器工作时，并不总是以最高采样率工作。原因是，示波器中占据成本较大的一项是高速存储器，它的容量通常很小，且是固定的。示波器横轴的扫速是按照 1、2、5 间隔变化的，从纳秒每格到秒每格，这意味着不同的扫速，示波器必须在存储器内记录保存不同时间长度的波形信息，以让用户看到一帧或者几帧的波形，这可能是几纳秒到几十秒不等的波形长度。

面对固定数量的存储器，要保留不同时间长度的波形信息，唯一的方法就是在不同的扫速下选择不同的采样率——扫速越慢，采样率越低。

若输入被测信号为很高的频率 f_i，而用户随机选定的一个扫速产生的采样率为 f_s，两者之间不满足奈奎斯特采样定理，则一定会出现混叠现象：用户会看到一个很低频率的信号。如图 6.9 所示，实际波形为黑色，显示波形为低频的黄色。

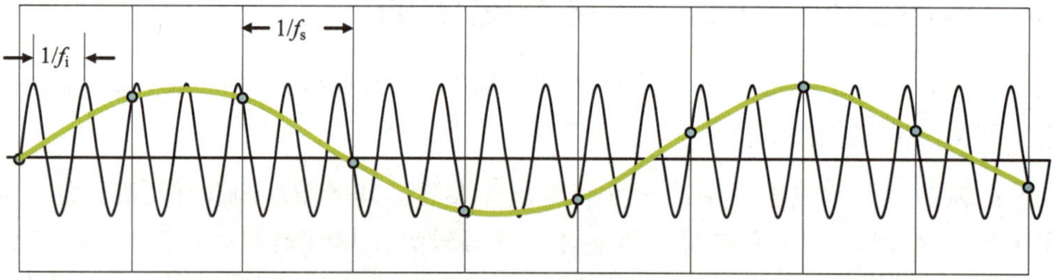

图 6.9　数字示波器采样率低于最低采样率（$2f_i$）时产生的混叠现象

也就是说，如果你给数字示波器输入了一个 50MHz 的正弦波，而在示波器上看到了一个周期为 1 格，每格 20ms 的正弦波——似乎频率是 50Hz，不要相信这个波形，你其实被混叠现象欺骗了。图 6.10 是一个实测得到的混叠现象。

多数示波器在此时仍会在屏幕上显示被测信号频率，它仍旧是 50MHz 左右，但是有时我们就忘记看了。

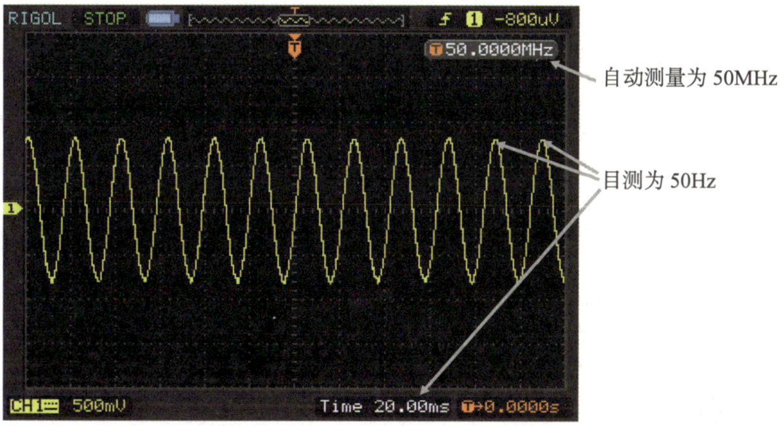

图 6.10 某数字示波器以 20ms/div 扫速测量 50MHz 正弦波得到的波形

还有一个方法可以避免这种被欺骗，就是使用数字示波器的 Auto Set 按键——自动测量使得屏幕上显示几个波形周期，此时示波器自动寻找的扫速，一定是合理的。

模拟示波器永远不会出现这种现象，因为它不存在采样率的概念——当扫速很低时，你会看到满屏幕的峰峰值，像一个粗粗的带子。此时你会自己增加扫速，以便看到清晰的周期。

需要特别声明的是，图 6.10 呈现的现象，是基于某些特定数字示波器的，并不代表所有数字示波器都有这种现象。我试验了手里有的中国大陆、中国台湾、国外的 5 种示波器，价格不一，只有一家国外企业的产品不出现混叠波形，其余 4 家产品均有前述的混叠现象。

6.2.4 利用示波器观察地线

当一个复杂芯片工作不正常时，最常见的策略是用示波器观察每个管脚的波形，是否与期望波形吻合。我们会从第一个管脚开始，一个一个测量，并与脑子中的期望波形对比，多数情况下会很快发现故障。而绝大多数的故障是焊接开路和短路。

因此，我们要求在使用示波器观察管脚波形时，注意以下两点。

（1）要尽量探测管脚根部。很多人不敢测量管脚根部，因为那里管脚太密，稍有不慎就会将两个管脚短路。于是，他们会沿着走线寻找最靠近的探测点。这样做，很容易漏掉管脚虚焊故障。因此，找一个很尖的探针，用一个修表人使用的放大镜，手不要抖，就可以达到目的。

（2）要轻触，而不是重压测量。原因很简单，如果管脚虚焊，你一用力重压，测量结果就正确了，你一松手，它还是虚焊的。

但是，这种方法在测量地线时会出现问题。

用示波器探针测量木质桌子，你会看到 0 线；测量电源的 GND，也会看到 0 线。当你测量原本的芯片 GND 脚时，如果看到 0 线，其实并不能代表它和 GND 相连了。

那怎么确定某个应该接地的管脚，是否真正接地了呢？标准的方法是，断电，然后用万用表电阻挡，一端接地，另一端轻触管脚根部：电阻很小则表示接地了，否则就是断路的。

也有一些高手，可以直接用示波器感悟出该脚是否接地。他们把示波器的纵轴灵敏度调到很高，比如每格 5mV，然后观察探针悬空时的 0 线，再用探针测量真正的 GND，记住波形模样——很显然，两者是有微弱差别的。他们就靠这点微弱的差别，判断该脚是否接地。

实践证明，这种方法多数情况下是有效的。

6.2.5　关于探头

在很短的篇幅内介绍探头是极其困难的，它复杂到很多厂家都难以将其做好的地步。因此，本小节仅介绍几个关于探头的基础知识。

多种探头的选择使用

探头可分为有源探头和无源探头两大类。

最简单的无源探头就是两根导线，而一般的无源探头多数具有 1:1 和 10:1 衰减选择。也有一些无源探头被设计成固定的 10:1 衰减。

有源探头很复杂。它需要外部供电，内部具有放大器和滤波器，因此可以实现更为复杂的频率特性调整，通带内的平坦度也可以得到保证。当然，它的价格也高出很多。

探头还可以分为单端探头和差分探头。所谓的差分探头，检测差分信号，输出单端信号，或者说就是一个差分 - 单端转换器。这种探头一般都可承受很高的共模电压，而仅输出两个被测点之间的差分电压，因此具有极高的共模抑制比。

另外，高压探头可以理解为高衰减比的探头。

注意探头的频率特性

无源探头的频率特性是最差的。

多数无源探头在 1:1 衰减时只有 6~20MHz 的上限截止频率，而产品号称的上限截止频率一般是在 10:1 衰减时测得的。也就是说，如果你使用一个 100MHz 模拟带宽的示波器，配备了 150MHz 的无源探头，那么你需要注意的是，使用 1:1 衰减时，整个示波器系统就只有 6~20MHz 的模拟带宽。只有你选择了 10:1 衰减，才会发挥探头的带宽，使整个示波器系统带宽达到 100MHz。

10:1 衰减器可以提高频率上限，原因是探头内部做了频率补偿——在低频处，其衰减率可以设计成 0.1；在高频处，则可以设计成 0.1~1 倍。如果这种过渡被设计成平滑的，且与原本的高频衰减成补偿关系，那么高频信号就得到了补偿，使得带宽得以扩大。

10:1 的衰减器仅能补偿 10 倍，因此其对频带的提升是有限的。这就导致出现了 100:1

甚至更高衰减比的探头，为高频补偿留下了更大的空间。

有些示波器随机配送的探头是固定 10:1 衰减的,那么它号称的频率就是可信的。同时，该示波器在内部工作时，也默认探头为 10:1 衰减。

因此，尽量使用原厂提供的探头，而不要随意更换探头。

保护探头

原厂配送的探头一旦损坏，重新购置的价格会很高。特别是高端示波器，探头价格可以达到整机的 10% 甚至更高。因此，一定要注意保护好原厂探头。

探头损失的第一原因就是丢失。不要把探头借给别人，一定不要。像保护女朋友一样保护探头吧。

探头损失的第二原因是配件丢失，特别是夹子。给示波器上装一个小盒子——用不干胶粘在示波器侧面即可，如果使用探针探测时需要把夹子取下，应该随手放进小盒内。

探头损失的第三原因是探针折断。这点无可防范，只能告诫自己，轻点。

对高端示波器，我们一般都配备几套性能接近的普通探头，而将原厂探头锁在柜子里。平时频率不是很高的场合，就用普通探头；仅在高要求场合，才打开柜子动用原厂探头。这也是一个方法。

调节探头

多数探头上都有一个调节孔，用于时间长了后对其内部实施调节，以便和示波器的输入端形成良好的匹配。多数示波器也有相应的调节探头界面。在示波器高级应用中，一根探头一定是和唯一的示波器配对儿，而一个示波器可以有多根和它配对儿的探头。

在调节探头的过程中，一般给探头加载一个指定频率的方波（很多示波器内部具备），在屏幕上观察波形形态，探头阻尼过大的，波形会变成明显的低通效果，方波变成缓慢的充放电波形。阻尼过小的，则会出现过冲。用小起子微调调节孔内的旋钮，会让方波变成较为纯正的方波。

我还是建议，这个调节动作，同学们最好不要自己去做，除非你的老师同意。

经常性地，用探头对接示波器自身输出方波，观察波形形态，是一个良好的习惯。

6.2.6　灵活使用示波器的触发

近年来模拟示波器以令人惊讶的速度，迅速退出了市场——多数厂家已经放弃了模拟示波器的生产。有一个主要的原因，就是数字示波器的触发实在是太丰富了。

对示波器而言，玩的就是触发条件设置和释抑时间。高手可以轻易抓捕到关键的波形，并将其稳定显示在屏幕上，而初学者常常是一头雾水。

要熟练掌握这些，首先得大致了解数字示波器触发显示的基本原理。

数字示波器的触发显示原理

假设设定的触发条件是"上沿脉冲触发，宽度大于 T"，我们用这么一个简单条件来看数字示波器是怎么工作的。原理如图 6.11 所示，假设触发电平为 Level_2。

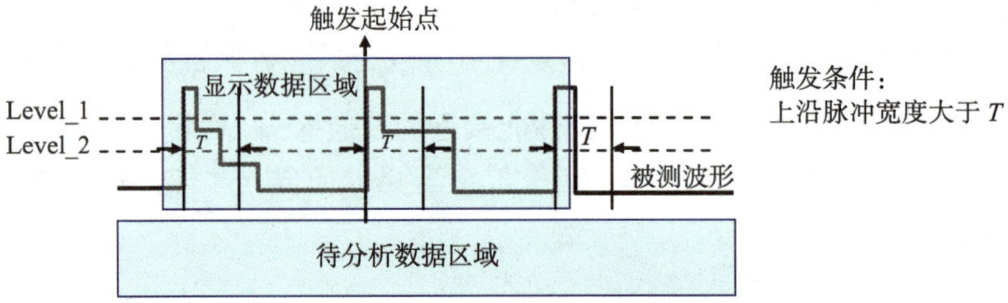

图 6.11　数字示波器触发显示原理

数字示波器有一套数据采集和缓存装置，它可以对一段波形进行复杂的分析，这在模拟示波器中难以实现。图中待分析区域就是这段被测波形，通过运算发现第一个上升沿的宽度小于 T，放弃；接着发现第二个上升沿满足宽度大于 T 的条件，则认为上升沿为触发起点，显示装置就将触发起点两侧等长的数据投放给显示。

从这里看出，数字示波器与模拟示波器最大的区别就在于，数字示波器可以记录一段数据进行综合判断，而模拟示波器仅能从当前状态进行判断——它没有记忆体。

不同档次的数字示波器具有不同复杂程度的触发条件设置。常见的触发条件有边沿触发、脉宽触发（大于、小于、等于）、斜率触发、码型触发、多通道触发等，知道并熟练使用它的触发能力，是获得期望波形的关键。

数字示波器还有一个关键指标，叫波形捕获率，是指 1s 内实施触发条件判断的次数，这与数字示波器内部 CPU 主频、算法、结构均有密切关系，一般的每秒可以实现几十次到几千次的捕获判断运算，而高级的可以达到每秒 100 万次捕获。与捕获率相关的指标还有死区时间，是指示波器完成数据采集后，有一段时间只能用于数据的后期处理，不能实施新的采集，就像吃完一顿饭，必须有一段消化时间一样。显然，死区时间的长短，与生产厂家的技术水准和所用架构的成本有关，当然也与示波器价格有关——越高级的，死区时间就越短。就像一个高级"吃货"，刚吃了前顿儿，又可以品尝下一顿儿一样。死区时间的长短，直接决定了关键波形被漏失的可能性。

很高的捕获率，极短的死区时间，会保证偶发波形被漏失的可能性降低。这在长期正常、偶然出现异常的检测中极为重要。

释 抑

释抑的字面意思是释放抑制。所谓的释抑时间 T，是指示波器完成一次触发扫描后，在时间 T 内会抑制触发条件判断；T 时刻之后释放这种抑制，也就是重新开始触发判断。就像刚吃饱饭，食堂在 2h 内不允许你再买饭。它与死区时间的区别在于，死区时间是硬指标，源自示波器的能力或者价格，而释抑时间是人为设定的。当然，释抑时间不可能小于死区时间。图 6.12 解释了释抑时间的作用。

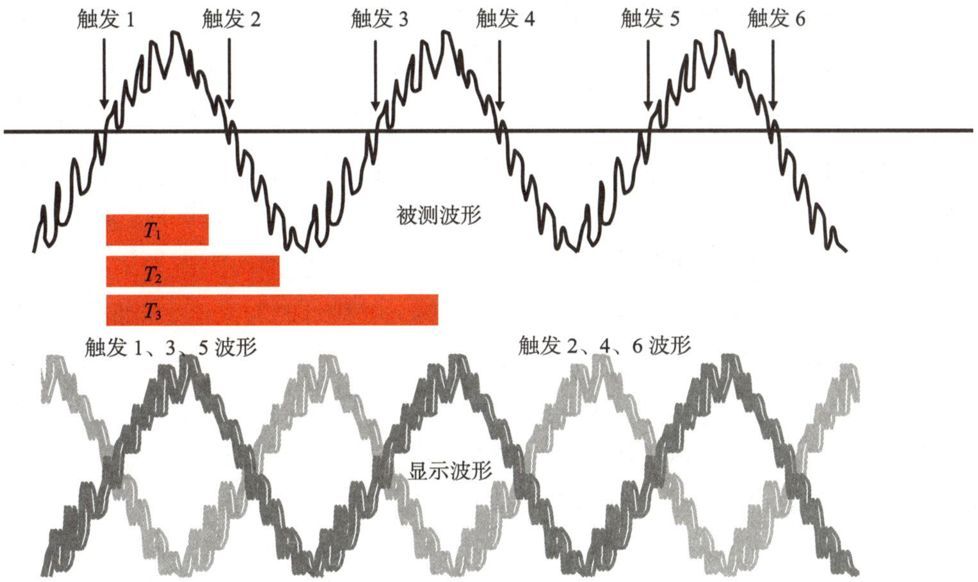

图 6.12 释抑时间示意图

假设触发条件为上沿触发,图中横线为触发电平。图中被测波形含有较为明显的噪声，注意触发 2 对应的波形，主体是下降的，但是包含了一个微小的上升沿，也会造成一次满足条件的触发。如果没有释抑作用，奇数触发和偶数触发就混在一起，在屏幕上看到了下方标记“显示波形”的图形。它有两个特征：第一，主体上升的触发和主体下降的触发混在了一起；第二，每次的触发位置不准确，导致波形横向有偏移，是一个很粗的波形。注意，释抑作用解决不了第二个问题，却能解决第一个问题。

当释抑时间为 T_1（小于波形半个周期），触发 2 发生时，触发抑制已经失效，就造成了一次错误触发，波形仍是混乱的。当释抑时间为 T_2（大于波形半个周期，小于 1 个周期），触发 2 在触发抑制区间内，因此不被触发，就可以得到如被测波形一样的显示（当然还是有一点偏移导致的波形变粗）。当释抑时间为 T_3（大于 1 个波形周期，小于 1.5 个波形周期），触发 4 又被激活了，波形仍是混乱的。

合理选择释抑时间，可以将不期望的触发屏蔽掉。这就是释抑的作用。

补充一点，当波形含有明显的噪声，又想在屏幕上看到干净的很细的波形线时，靠释抑是解决不了的，唯一的方法是选用单次触发。

边沿触发（单一电平 LEVEL）

正边沿触发：发现基于 LEVEL 的正跃变，则触发。

负边沿触发：发现基于 LEVEL 的负跃变，则触发。

这是示波器最常见的触发方式。

脉宽触发（单一电平 LEVEL）

有正脉宽触发和负脉宽触发两类。以下以正脉宽触发为例。

脉宽大于触发：当正脉冲宽度大于设定值时触发。先探测到 LEVEL 正跃变，开始计时；探测到负跃变时，终止计时，并用计时与设定脉宽进行比较，如果大于则触发。

脉宽小于触发：当正脉冲宽度小于设定值时触发。先探测到 LEVEL 正跃变，开始计时；探测到负跃变时，终止计时，并用计时与设定脉宽进行比较，如果小于则触发。

脉宽范围内触发：当正脉冲宽度在规定的两个数值范围内时触发。先探测到 LEVEL 正跃变，开始计时；探测到负跃变时，终止计时，并用计时与高值、低值比较，如果计时值小于高值且大于低值，则触发。

脉宽范围外触发：当正脉冲宽度在规定的两个数值范围外时触发。先探测到 LEVEL 正跃变，开始计时；探测到负跃变时，终止计时，并用计时与高值、低值比较，如果计时值大于高值，或者小于低值，则触发。

图 6.13 给出了以上触发类型的示意图。

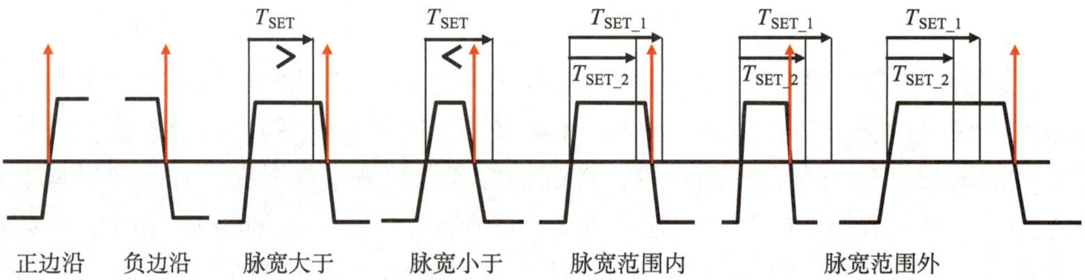

图 6.13　最常用的两种触发模式——边沿触发和脉宽触发

多通道状态触发（单一电平 LEVEL）

以单一电平 LEVEL 为分界，将各个通道当前状态分为 H 和 L。当多个通道包括外触发通道的状态在某个时刻满足某种逻辑时，触发发生。

逻辑关系分为 AND、NAND、OR、NOR 等。一般每个通道都有 H、L、Don't Care 3 种选择，用于确定该通道状态是否介入逻辑判断。

比如首先选择 AND，其次选择 CH1_L、CH2_Don't Care、CH3_H、CH4_L、EXT_Don't Care，表明：

触发 =[CH1_L]AND[CH3_H]AND[CH4_L]

只有 3 个条件均满足才能触发。

图 6.14 以上述条件为例，给出了示意图。图中红色空心圆表明当前状态满足条件，其中红色实心圆为最迟满足的状态，是触发的关键时刻——大家都准备好了，就等你了。图中仅给出了状态，实际能否触发，还与触发释抑有关。

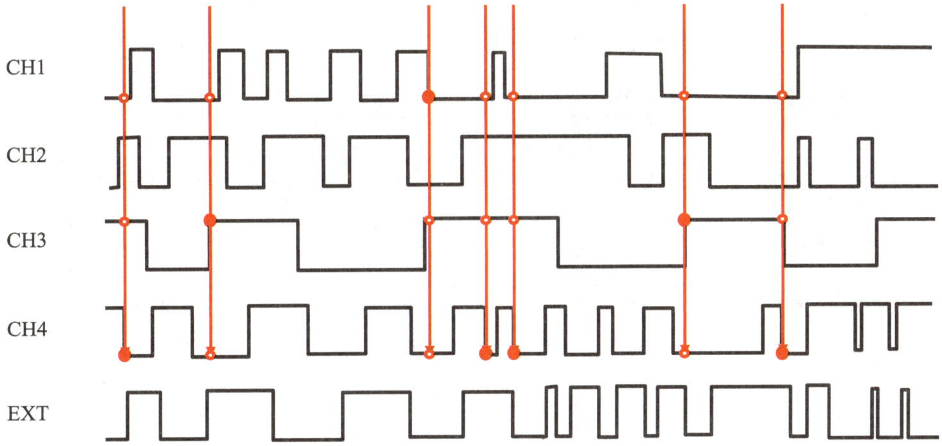

图 6.14　多通道状态触发示意图（以 [CH1_L]AND[CH3_H]AND[CH4_L] 为例）

智慧触发

智慧触发分为多种类型，是较常见的触发方法。

Windows（窗口触发）

窗口触发的含义是，设定两个不同的电平 LEVEL_1>LEVEL_2，组成一个窗口（图 6.15）。任意时刻，只要被测信号超出了这个窗口，即实现触发。常用于对被测信号幅度超限进行监测。

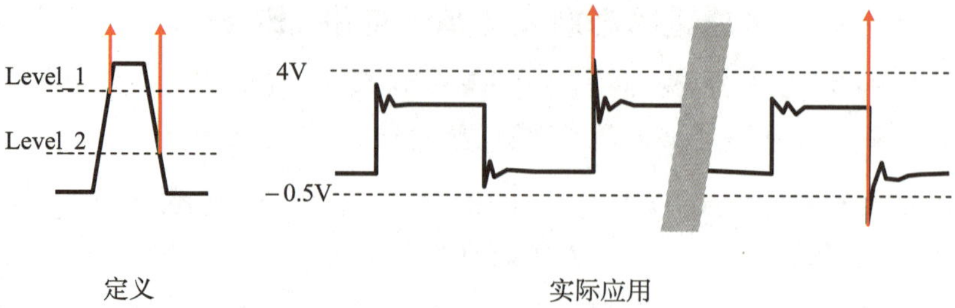

图 6.15 窗口触发

Interval（间隔触发）

间隔触发的含义是，以一个设定的电平 LEVEL 为幅度分界，第一个上升沿到第二个上升沿之间的时间差为 T_{real}，此时间差满足以下条件时，引起触发。下降沿与此相同。

less than：$T_{real} < T_{SET\_1}$ great than: $T_{real} > T_{SET\_1}$ in range:$T_{SET\_2} < T_{real} < T_{SET\_1}$

out range: $T_{real} > T_{SET\_1}$ 或者 $T_{real} < T_{SET\_2}$。用户可以选择条件，并根据条件设置不同的 T_{SET}。

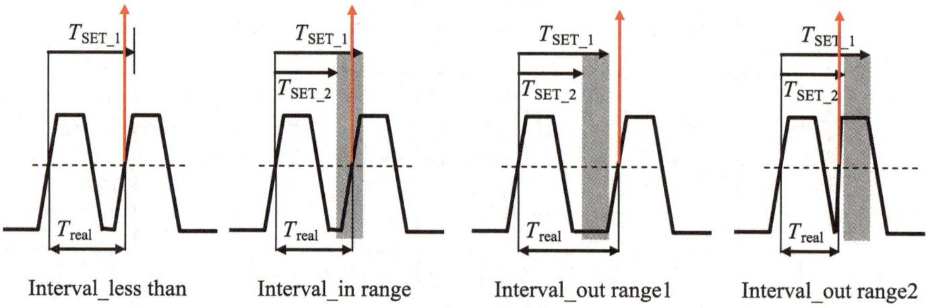

图 6.16 间隔触发

Drop Out（漏失触发）

漏失触发的含义是，若期望的边沿持续一定时间没有到来，就引起触发。以上升沿为例，它分为两种。第一种是考虑下降沿的，如图 6.17 左图，从发现第一个上升沿开始，计数器启动，在到达规定的时间 T_{SET} 前，信号一直没有变化。第二种是忽略下降沿的，如图 6.17 右图，从发现第一个上升沿开始，计时器启动，在到达规定的时间 T_{SET} 前，没有发现第二个上升沿——其中出现的下降沿不被考虑。

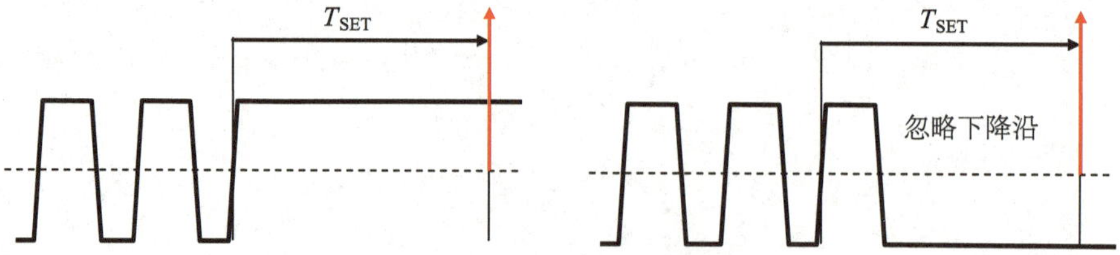

图 6.17 Drop Out(漏失触发)

Runt（矮脉冲触发）

以正脉冲为例，矮脉冲触发的条件有以下几条。第一，它必须是一个脉冲，因此它必须先超过 LEVEL_2，再回头低于 LEVEL_2，这需要用户设定。第二，脉冲必须很矮小，因此整个脉冲期间，被测信号不得超越 LEVEL_1。第三，对脉宽有时间限制，小于、大于、范围内、范围外 4 种约束。因此，用户还得设定 T_{SET}。

它主要用于数字电路中发现电平幅度不够引起的脉冲失效。

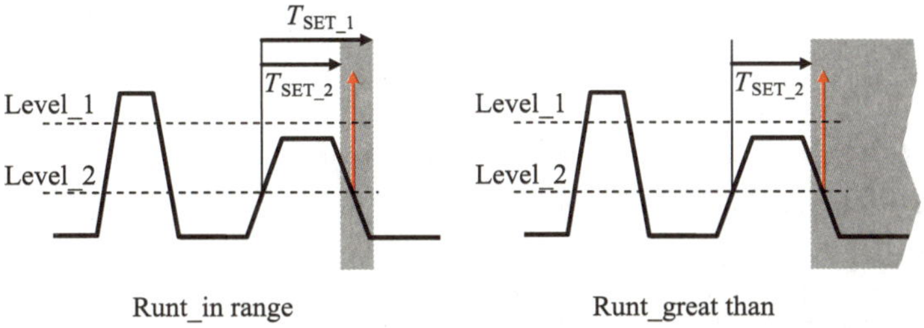

图 6.18 矮脉冲触发

Slew Rate（压摆率触发）

压摆率触发也可译为变化速率触发。它要求用户规定高电平 LEVEL_1，低电平 LEVEL_2。以上升沿为例，当被测信号超越 LEVEL_2 时，计时器从 0 开启；当被测信号超越 LEVEL_1 时，计时器得到实际的计时值 T_{real}。对此值进行 4 种时间域判断：小于、大于、范围内、范围外，满足设定条件则引起触发。

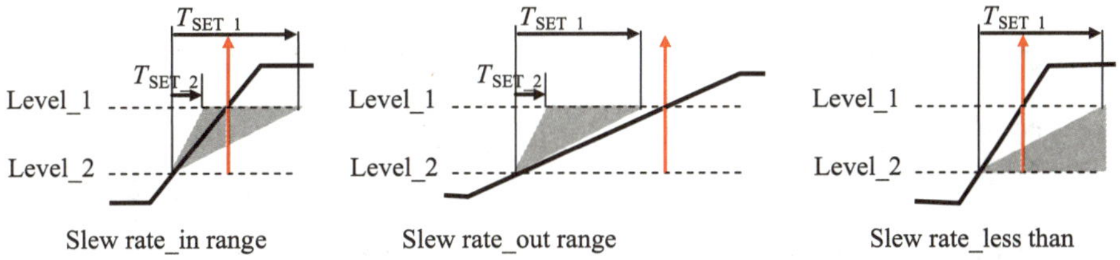

图 6.19 压摆率触发

其他触发方式

不同品牌、不同档次的数字示波器，具有不同种类的触发方式，这也是衡量示波器功能的关键。高端示波器还具备如下触发方式，本书不做详尽介绍。

数字序列触发，用于一些常用的数字序列识别，比如具有数字端口的示波器，可以准确识别出 I^2C 的地址码，或者数字码流中是否具有规定的序列。

多事件触发，可以设定多个事件，当多个事件按照设定的次序发生时引起触发。

6.2.7　数字示波器的其他有用功能

长期使用模拟示波器的工程师，在更换了数字示波器后，习惯于用老一套方法。这会浪费掉数字示波器强大的功能。

中央扩展和底部扩展

一个 ±5V 的方波，叠加了一个 100mV 左右的纹波。用模拟示波器是难以观察到这个纹波大小的。数字示波器具有中央扩展和底部扩展的选择。合理利用这个选择，可以观察到这个纹波的大小。

底部扩展，就是传统的模拟示波器的扩展方式，也称为“信号地扩展”。它的含义是，当纵轴增益变化时，以信号地为基准进行扩展。

而中央扩展，是数字示波器独有的扩展方式。它的含义是，当纵轴增益变化时，以示波器显示屏中央为基准进行扩展。

图 6.20 给出了两种扩展方式都进行 2 倍扩展的不同效果。图中红线对应中央扩展，绿线对应底部扩展。

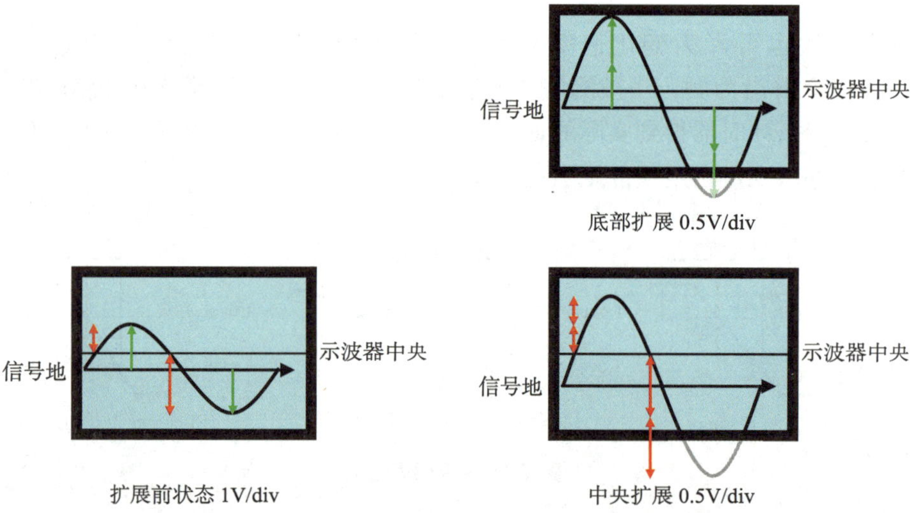

图 6.20　底部扩展和中央扩展示意图

图 6.21 给出了利用中央扩展，对 ±5V 方波叠加 100mV 纹波的观察过程。

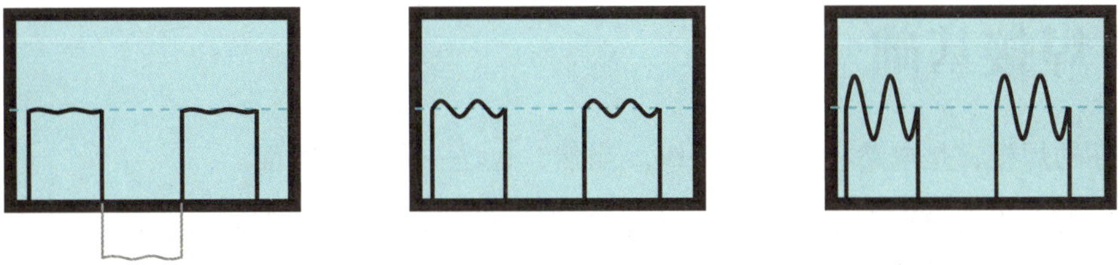

将被测波形的上部移到示波器中央位置，此时纹波大小还难以观察准确

实施 5 倍中央扩展效果

实施 20 倍中央扩展效果，此时已可清晰观察

图 6.21 利用中央扩展功能，可以清楚观察 ±5V 方波上叠加的 100mV 纹波

6.2.8 使用双通道同时测量

本小节试图告诉读者，不要总拿着 CH1 探头，一会儿测这里，一会儿测那里。要学会使用两个通道同时测量，这有助于发现问题。

A 同学用 CH1 测量放大器输出，异常。然后用示波器 CH1 测量输入，正常，就纳闷了。其实，此时如果使用 CH1 测量输入，同时用 CH2 测量输出，就会发现输入、输出都是正常的；原因仅在于放大器的入端阻抗不匹配，当不用示波器探头搭在输入端时，放大器工作是异常的，而一旦探测入端，放大器就正常了，这种现象很常见。

使用双通道同时测量，就可以避免这个让人纳闷的现象。针对前述现象，你会很快发现，只要给入端接一个大电阻接地，就一切都好了。

6.2.9 数字示波器的自动功能

数字示波器的自动功能，一般用 AUTO 键实现。按下该键后，示波器会自动分析多个通道的输入信号，包括幅度、频率，然后以设定的波形数量在屏幕上显示出适当的波形。此时，扫速、增益均是示波器自动设定的。

它的好处是避免了用户错误操作示波器导致输出波形异常。对生手来说，危难时用用，可以救命，但最好不要养成这个习惯。就像一个数码单反相机，总是用自动功能，水平是难以提高的。

6.3　焊接基础

良好的焊接，是电路板成功的关键。当然，也是一个人的脸面。

我本人对焊接没有太多的总结，应该说本书中出现本节，是唐突的。但是，这么多年来，亲眼见过很多因焊接出现的故障，也就在此多说几句。

第一，一定要将焊点焊成图 6.22 所示的样子，成型的焊料应该是下陷型弧度。

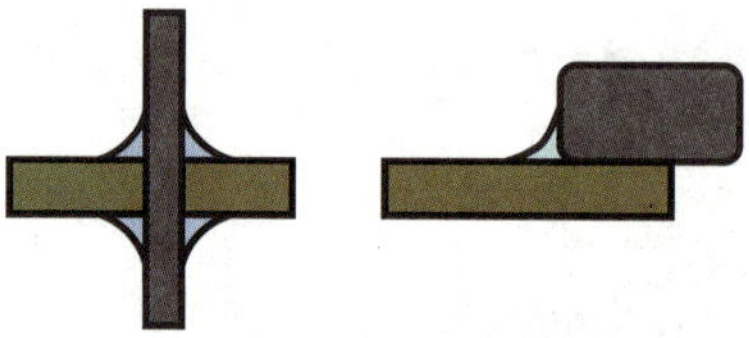

图 6.22　正确的焊点

不要把焊点焊成图 6.23 所示样子，成型的焊料成了一疙瘩，堆在管脚处。一般来说，这样的焊点都是虚焊，稍有外力就会脱离。

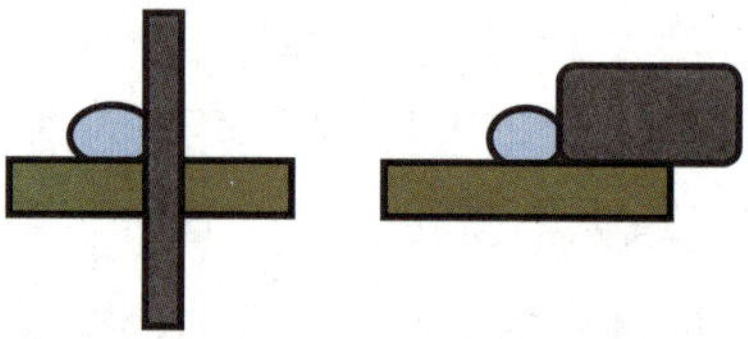

图 6.23　错误的焊点

第二，要想达到这样的目的，需要注意以下几点。

- 永远不要用手指接触电路板焊盘，一旦接触过，最好用酒精棉球擦拭。养成良好习惯，手持电路板一定要注意拿边儿。
- 焊接时注意烙铁接触焊点的时间，时间太长可能会引起器件烧毁，一般不要超过 10s；时间太短，就会出现虚焊。

6.4　故障排查的基本技巧

设计良好的电路板，在保证焊接没有缺憾的情况下，一般都会一次成功。但是，各种各样的情况，都会引起故障。这就需要我们调试电路，进行故障排查。

我最喜欢学生拿着出故障的电路板来找我，就像福尔摩斯遇到有挑战的疑案一样。这是我的强项，但很遗憾，我没法把这些心得系统写出来。

只能想到一些，写一些。我估计，这也不是有书就能学好的，还是得多见、多实践、多总结。

6.4.1　故障排查的基础

必须具备以下基础，才能实施故障排查，否则就是瞎猫碰运气。

熟练使用常用仪器

示波器、万用表是排查故障的常用仪器，像医生的听诊器。很多同学理论知识都能达到博士级别，示波器使用却停留在本科生阶段——仅仅会使用数字示波器的 AUTO 功能。这在排查故障中会很被动。

花上一两天，彻底搞懂自己常用的示波器的工作原理和功能并熟练操作，是完全必要的。

熟悉目标电路

要做到对目标电路了如指掌：正常情况下的各点波形形态，哪里出现什么情况会引起后续位置出现什么，在脑子中要形成结论。

良好的故障排查心态

- 我的知识储备足够解决这个问题。
- 问题可能不是很简单，要有思想准备。
- 着急、比速度于事无补，心静才能成事。

正确的故障排查策略

故障排查是一个具有极高技术含量的工作。它不是“苦筛查”的堆砌，也不是已有经验的再演示，更不是碰运气的买彩票。

故障排查需要缜密的逻辑思维，大量的基础知识储备，行之有效的排查动作，准确的概率预估，以及体现运气的选择技巧。可以说，每一项系统的故障排查，都可以写成一个故事。

故障排查至今尚无系统化的程控策略，还是需要人类飘忽的思维。

故障排查也不是无章可循，有一些基本的排查策略还是需要掌握的。因此，以下文字请大家慢慢读，读一句，想一句，看对不对，仔细琢磨，直到你觉得它是正确的，让文字描述的内容成为你内心真正的想法，形成习惯。多读几遍，可能是有大好处的。

6.4.2　排查故障中合理使用仪器

（1）如果可能，请尽量使用模拟示波器，以避免数字示波器采样率等因素搅乱你的思维。如果必须使用数字示波器，那么看到波形后，可以把水平扫速左右多旋转几圈，以避免被混叠信号欺骗。也可以利用数字示波器的 AUTO 键。

（2）在示波器接触测量点之前，总是用无名指触碰一下探头，让示波器短瞬间出现人体干扰波形，以保证示波器探头完好、通道显示正确，这是一个良好的习惯。

（3）总是使用示波器的 DC 挡，除非你刻意需要交流耦合。很多电路板在测试时，输入都是加载一定频率的正弦波，于是有些人就习惯于用交流耦合挡，看纯粹的交变信号。而恰恰，某些不正确的直流分量存在，正是故障根源，你却没有发现。

（4）在故障排查过程中，不要使用数字示波器的带宽抑制功能或者其他的平均运算。

（5）如果使用数字示波器，要充分发挥数字示波器丰富的触发捕获功能，以最大限度地捕捉到奇异故障波形。比如,要发现电源上是否存在瞬间的低压引起单片机奇异的复位，可以合理设置触发电平，抓住跌落的瞬间波形。

（6）能够使用示波器的,不要使用万用表或者其他数字指示设备。比如测量直流电源，用万用表显示 5V，似乎是正确的，但用示波器一看，就能发现它有很大的纹波。示波器最大的缺憾是在纵轴精准度上（多数数字示波器只有 8 位纵轴分辨率，难以实现纵轴精准测量），除此之外，它的优点是其他测量仪器无法比拟的。

（7）不要信赖信号源、电源的仪表显示，还是用示波器看看再相信它。

（8）对信号源来说，要注意它的设定输出阻抗，它不一定是 0Ω。对示波器来说，要注意它的设定输入阻抗，它也不一定是 1MΩ。而指针式万用表的电压挡，其内阻与选定的量程有关，比如 20kΩ/V。

6.4.3　故障出现后的关键几分钟

出现以下这些明显的危害性故障，必须立即切断电源。

- 爆炸，烧毁，焦糊味。
- 电源保险丝被烧毁。
- 异常的声响，明显的温度升高，明显的电源大电流指示。

对无危害故障，比如波形失真、无输出波形等，不要急于关断电源。此时注意用手摸一摸芯片温度，如果没有问题，可以持续不关断电源，进行下一步排查。否则，也请立即关断电源。

对第一次上电的电路板，要防止器件爆炸带来的危害，前面几分钟是最关键的。上电就爆裂的一般是集成芯片，持续一段时间才爆炸的一般是电解电容。在这几分钟内，请注意以下事项。

（1）最好保持身体与电路板有一定的距离。

（2）能戴上眼镜最好，电解电容爆炸飞出来的一般是电解液，有腐蚀性但不会打碎眼镜。

（3）在没有前述明显危害性故障现象的情况下，耐心等几分钟，不要断电，后面再出现爆裂的可能性就急剧下降了。

一旦度过了这关键的几分钟，而你又坚持住没有断电，那么后面的排查就轻松了。

这相当于你保护住了故障现场。这太重要了，让故障一直存在，是下一步排查的关键。

6.4.4 保护故障现场

故障分为一次性（芯片接反等）、偶发性（有时正常，有时不正常）和持续性（每次都重现）3 种。

一次性故障和持续性故障都比较好排查，最可怕的是偶发性故障。因此，假如出现的恰好是偶发性故障，保护住现场非常珍贵。

而且，有些偶发性故障，在断电后好久不重现，会让调试者存在侥幸心理，而导致故障隐患的存在。

保护故障现场的方法有以下几种。

- 在保证不会出现危害性故障的情况下，不要关断电源。
- 不要随意触碰电路板相关的任何东西——磕一磕电路板，拽一拽电源线，压一压芯片，都是坏习惯。
- 必须开始动作了，要保证“动作——恢复”，能够再现故障。比如你切断了一个电阻，故障消失了，就请一定“把电阻恢复，让故障再现”；否则，请立即终止动作，进入思考。
- 对每一项排查动作，都做详细记录，每个元件都要标注。比如你拆下了一个 10kΩ 电阻，过一会儿又要恢复故障时，随便焊上另一个 10kΩ 电阻，故障不见了。你也想不起来这个 10kΩ 是不是刚才那个了，这就乱套了。把拆下的元器件放到你能记住的位置，或者干脆给它们标注，保证能够恢复现场非常重要。看起来很麻烦，但是，既然专业，就得有点专业范儿。

- 因此，手边有个存放元器件的格子盒，贴上标签，是个好方法。
- 每次只能做一个动作。记住，所有人都有惰性，包括我自己。在排查故障中，一次性执行多个动作（比如同时更换 3 个元件），可以加快排查速度，这毫无疑问。但是，你懂的，一旦组合动作生效，故障消失了，你会高兴的，于是就会放弃对问题的思考，也没有精力再去分析到底 3 个元件中哪个是关键的。而这样，其实压根就没有发现问题，而只是解决了这个电路板的问题。这不叫排查故障。

6.4.5　故障定位——故障排查的核心

故障定位，不是简单地指出故障位置，而是找到故障的原因。

一个电学系统出现故障，原因很多。多数情况下，故障点只有一个，也有多个故障点同时出现的。宏观上，将故障按图 6.24 分类，有助于排查者分析。

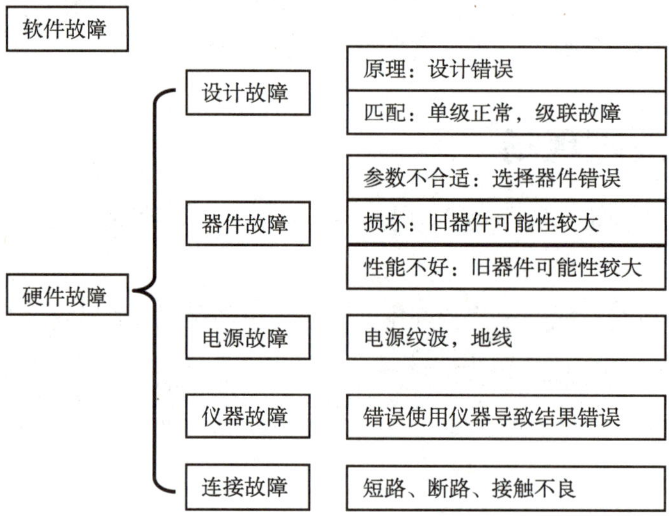

图 6.24　故障分类

6.4.6　故障定位的常见方法

以下常见方法，仅为作者总结。实际操作中应是八仙过海的。

这些方法不矛盾，可以交替使用。

顺序探测法

使用示波器探头，逐点测试。有正序法和倒序法。所谓正序法，就是从输入信号开始，一级一级逐步后移，很快就能找到故障分界线——在某个环节，输入还是正常的，而输出不正常了。倒序法是从不正常的输出开始一级一级前移，也能找到故障分界线。

这种方法特别适用于模拟信号链故障排查。在使用这种测试方法时，建议使用双通道以上示波器，在推进过程中，两个示波器探头交替推进，这样有助于及时发现示波器对信号的影响。

关键点探测法

在数字系统故障排查中，首先对某些关键点实施示波器探测，有助于很快发现故障。比如单片机工作不正常，对其时钟信号、复位信号、电源管脚，或者其他必须输出波形的管脚实施探测，是必要的。

在模拟电路中，关键点探测法也有用途。运放的电源管脚，虚短的两个输入端等，都需要及时用示波器观察。

以上探测方法中，都是以示波器为核心探测工具的。

分块定位法

核心思想是，当一个系统发生整体故障，而这个故障可能由若干个子模块中的一个造成时，可以将整个系统实施分块，采取合适的条件，强迫检测某一子模块的正确性。

举例：一个数据采集系统如图 6.25 所示。其功能是将信号源输出波形实施电平移位驱动，经 ADC 采集后，对数据进行数字低通滤波，然后经 DAC 输出，经驱动后输出波形。

上电发现，输出端波形异常——波形看不到正弦波的影子，也分辨不出明显的故障根源。

第 1 步，通过顺序检测或者关键点探测法，很快可以发现进入 ADC 的波形是正确的，从 DAC 输出的波形，与 DAC 驱动电路输出波形类似，满足驱动电路设计。这样，故障就集中在了 ADC 开始到 DAC 输出之间，如图 6.25 中红色区域。

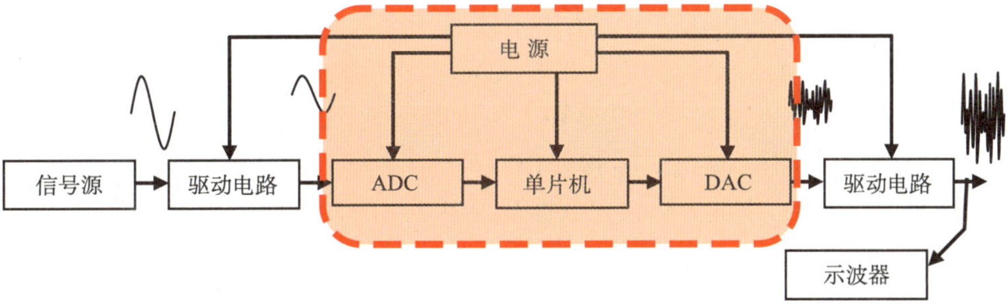

图 6.25 顺序检测或关键点探测法

第 2 步，实施电源系统和信号链系统的分割。检测容易发现问题的电源系统。由于两个驱动电路都无故障，因此无需怀疑其电源，仅需检测 ADC 电源、单片机电源、DAC 电源以及配套的基准源。

如图 6.26 所示，发现没有问题。

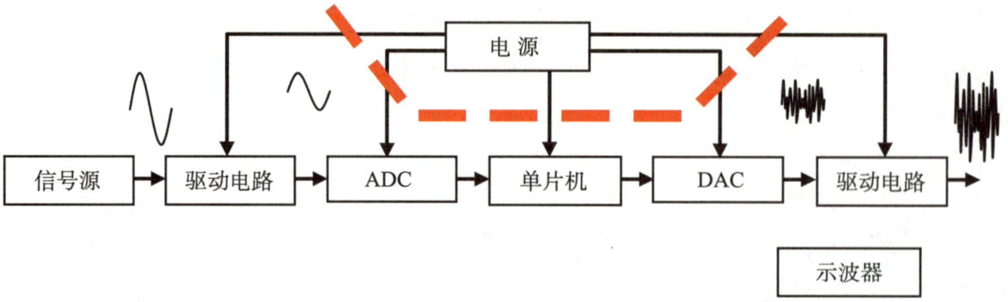

图 6.26　电源系统和信号链系统的分割

第 3 步，实施 DAC 分割。检测单片机、DAC 部分的正确性。实验方法是，不再理睬包括 ADC 在内的前端，编写一段程序，让单片机无条件发出三角波数据给 DAC。如果在 DAC 输出端和驱动电路输出端看不到三角波，则说明这里出现了问题。

如图 6.27 所示，发现没有问题。

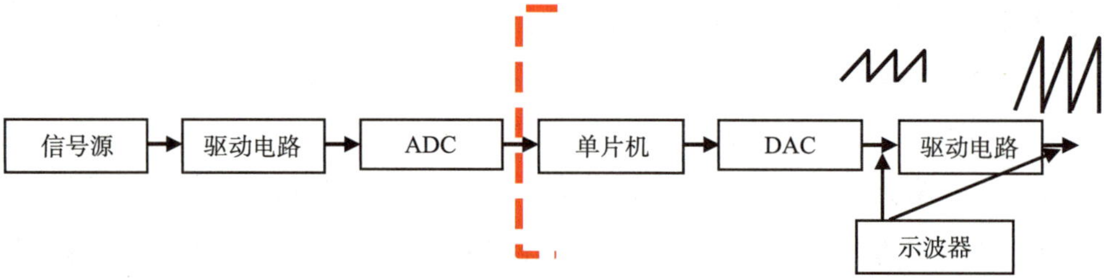

图 6.27　DAC 分割

第 4 步，实施 ADC 分割。检测单片机、ADC 部分的正确性。实验方法是，不再理睬后级 DAC 部分，需要断开 ADC 驱动电路，给 ADC 入端施加 0V、最大值、中间值 3 种电压，看单片机读取数据是否正确。

给 ADC 施加 3 种固定电压，可能有一点麻烦。需要注意，不要让驱动电路的输出和施加电压“打架”。一般来说，断开串联至 ADC 的小电阻即可实现新电压的加载。电压并不要求很准确，是个意思就行。有多种方法可以读取 ADC 的转换结果：如果这套系统中有比较可靠的单片机显示装置，直接使用就可以了；用 JTAG 调试也很方便，可以直接读取内存数据；实在没有别的方法，把数据写到单片机的 IO 口上，用示波器观察也可。

如果 ADC 转换结果与预期结果接近，特别是 3 种电压改变时，结果出现相应改变，就说明 ADC 部分是正确的。

如图 6.28 所示，没有发现问题。

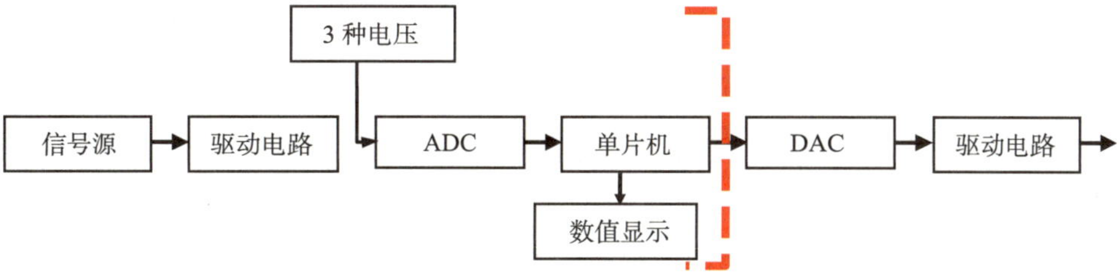

图 6.28　ADC 分割

至此，就有点让人纳闷了。哪哪都正确，问题在哪呢？别急，还有一个部分被我们忽略了，就是软件故障。任务要求对采集到的数据实施低通滤波，然后才 DAC 输出。问题可能就出现在软件数据处理环节。

在程序中跳过数据处理环节，读取数据后立即加载给 DAC，发现 DAC 和驱动电路都输出了正确的波形。于是，故障被定位在数据处理环节。

仔细检查数据处理部分的程序发现，在数据搬移时颠倒了高 8 位和低 8 位。修改程序后，工作正常。

替换法

是分块法的一种变形，使用明确可靠的某个模块替换怀疑故障的模块，以证明被怀疑模块确实出了故障。

比如计算机开机没有显示。如果你怀疑是显示器出了问题，可以拿一个正常工作的显示器替换，如果还是没有显示，可能故障就在主机上；如果有显示，就能确定显示器坏了。

在模拟电路中，如果怀疑某个运放坏了，可以用一个崭新的运放或者正在工作的运放替换，以进一步确认故障位置。

故障注入法

对于持续性故障，前述的方法基本够用。而对于更可怕的偶发性故障，可以采用故障注入法。

偶发性故障，是指电路故障一会儿出现，一会儿又消失，让人琢磨不透它的发作规律的，恼人的故障。而故障注入法，就是人为模拟可能的多种故障源，并将这些故障源依照你选择的次序，依次注入系统，观察故障发作概率是否大幅度提升。一旦注入某种故障源，引起故障概率大幅度上升，一般可以认定该故障源就是原先的故障。

比如，一个数字系统，由多个部件组成，偶然出现程序跑飞现象。等故障重现吧，要等好多次。一种方法是，用示波器观察所有关键节点，说不定就能看出某个节点的波形有些许异常或者临界抖动。但这种方法太耗时。另一种方法就是故障注入。

首先，我们可以怀疑几个故障源：电源不稳定、信号线虚焊、信号线阻抗匹配异常、上拉电阻异常、外界强干扰源。当然，你不一定能够罗列全部的故障源，想到几个就试几个吧。有了这些猜想的故障源，就可以实施逐个注入了。

（1）找个强干扰源，在附近频繁开启，看故障概率是否提升。我们经常用一个较大功率电机，实在不行用手电钻。如果一开手电钻系统就跑飞，那就说明这个系统的抗干扰能力太差。

（2）稍稍降低电源电压。如果故障概率上升，说明电源电压的低端毛刺可能是故障的根源。或者在被测系统的电源上再并接一套独立的、频率产生电流变化的系统，如果故障概率上升，也能说明是电源不稳定的原因。

（3）烫下电源的去耦和旁路电容。如果故障概率上升，说明电源处理处于临界状态。

（4）将串联阻抗匹配电阻的阻值降低或者干脆短路，如果故障概率上升，说明是阻抗匹配电阻阻值不够。

（5）改变上拉电阻阻值，看是否存在故障概率上升或者下降。

（6）注入了这么多故障根源，还是找不到毛病的话，也可以采用暴力——将电路板用劲磕一磕，那些原本松动虚焊的位置，可能就会被磕开，导致故障频发。此时，可以基本确定毛病来自于虚焊，但是你再也找不到虚焊点了。没有关系，把整个电路板焊点重新走一遍，就可以了。此条，是万不得已的方法，不到最后关头，不要使用。

掌握了故障注入法，还可以灵活采用它的相反动作，我们暂称之为故障屏蔽法。我们说的故障注入法，一般用于故障发作概率原本就比较低的场合，比如 10 次有一两次。注入故障源，可以大幅度提高故障发作概率，有利于发现问题所在。而故障屏蔽法，常用于故障发作概率原本就比较高的场合，比如 10 次有八九次。此时，刻意地优化某些条件，看故障概率是否下降，也可以很快找到故障根源。

针对上述例子，可以在安全范围内提高供电电压、给系统增加一个屏蔽盒、在关键电源管脚上再增加一些旁路电容、关键脚上再烫锡等，都属于故障屏蔽法。

6.4.7　故障排查次序

有很多种可能，都会引起某种故障。到底先检测哪个，就是故障排查次序。

对高手或者内心强大的人来说，故障排查次序只会影响排查速度，并不影响排查结果。但是，对于芸芸众生就不同了。不好的排查次序会导致总是失败，影响心情，让人烦躁，然后就会放弃。

事情就这么简单。所以，最好掌握良好的排查次序。

决定排查次序的有 3 点：排查难度、排查伤害、故障概率。

排查难度，就是本次排查任务需要花费的时间或者精力。

排查伤害，就是本次排查是否会造成电路板或者元器件的伤害，比如割线、替换芯片或者其他元器件，都属于有伤害的。特别是贵重芯片，频繁地焊接非常不好。

故障概率，则是指通过其他信息辅助分析，能够得出某个可能性存在的概率。

当出现多种可能性时，请按照“伤害最小、概率最大、难度最小”的次序实施排查。当然，这会出现矛盾，比如概率最大的那种，可能伤害很大、难度也大，是不是把它放在第一位，那就属于艺术的范畴了，或者叫运气。

6.4.8 故障排查实例一：两片 ARM 烧毁的教训

就在刚才，我正要整理故障排查实例时，我的研究生告诉我出问题了。

一块系统板，包括 ARM 处理器、FLASH 存储器、小型单片机、SD 卡等。几天来，学生在调试程序，一切正常。今天下午一上电，电源保护灯就亮了。他立即关断了电源，很快发现电路板的 3.0V 电源和 GND 短路了。

第 1 步，他实施了简单切割，把 3.0V 分成两块，ARM 和 FLASH 一块，SD 卡和小型单片机等一块，他发现问题集中在 ARM 块。

第 2 步，他怀疑 ARM 模块内电容击穿。焊掉了全部电源旁路电容，无果，仍短接。

第 3 步，他来找我。

我告诉他，面对这个问题，我们需要做两点：第一，找到故障点，修复它；第二，找到故障根源，让这样的事件不再发生。

我询问了第一个问题：“正常工作最终时刻，与出现异常开始时刻，之间这段时间，你对这个电路板或者电源做了什么？”，回答：“什么都没有做，只是关闭了电源，下午来打开了电源。但是，我是直接关闭总电源的。”

“下午开机呢？”

“开机是先开总电源，没事，然后按下 OUTPUT，就报警了。”

我说，按道理应该先关闭 OUTPUT，再关闭总电源。下午开机，先开总电源，再开 OUTPUT。但是不是这个原因导致芯片烧毁，还难说。

从破坏性最小考虑，我的第一件事是审核他的布线图。我要求他提供工作电路板、空白电路板、电路板原理图布线图，然后找来一个放大镜。

在 PCB 版图上找寻 3.0V 和 GND 之间相距最近的点，看空白板制板工艺，这些地方有无腐蚀不够的情况；再看工作电路板，有无明显的焊接短路现象。这没有花费多久，我没有发现什么。

因为它此前已经正常工作了好久，我不再怀疑电路原理。然后就开始想，是真正的短路吗？学生们爱使用万用表的二极管导通档，听声音判断短路，这一点都不靠谱。

于是，我要求学生用万用表的欧姆低挡位，测量短路电阻为 1.4Ω，万用表直接短路为 0.2Ω，电路板中一根长线两端电阻 0.3Ω。从概率上讲，这个 1.4Ω 的短路阻值更像半导体芯片烧毁后的情况。

依据概率选择次序，我决定让学生烫下 ARM 或者 FLASH 芯片再测量。几分钟后学生回来，说找到了，就是 ARM 被烧毁了。烫下 ARM 后，电路板上 3.0V 和 GND 之间不再短路，而单独测量 ARM 的电源和 GND 脚，确实是 1.4Ω。

至此，故障点找到了，只要重新焊上一个新的 ARM，似乎问题就解决了。其实不然。

不找到故障根源，过两天学生又会烧毁一片 ARM，我又不是印钱机器。

这时候，刚才说的那段话，就是关机动作问题，重新引起了我的注意。

我要求学生对电源实施检测，确定故障根源。我怀疑，学生直接切断电源的机械开关，可能会在电源输出脚上引发尖锐的过电压脉冲，这足以击毁板子上的娇嫩芯片。

找一台数字示波器，设置为单次触发，触发电平设为 –5V。

直接关闭总电源，每次都能引起示波器触发，波形如图 6.29 所示。

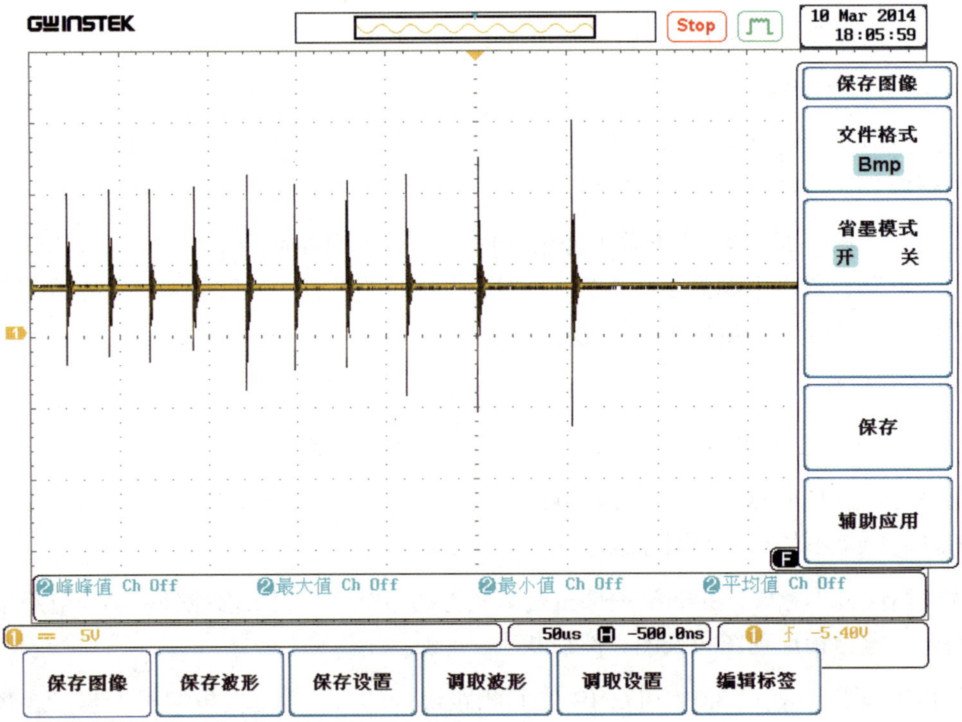

图 6.29　总电源开关引发的尖锐过压脉冲

关闭开关的时刻在图中显示的左边，超出了图像范围，此后电源输出脚上出现了间隔大约为 20~50μs 的振荡毛刺，正峰值可达 10~15V，负峰值可达 –1~–6V。在倒数第二个毛刺处，引起了示波器触发——示波器看到该点的负脉冲达到了 –5.2V。

为了更清晰地显示毛刺局部，将横轴展开，图中触发点波形如图 6.30 所示。

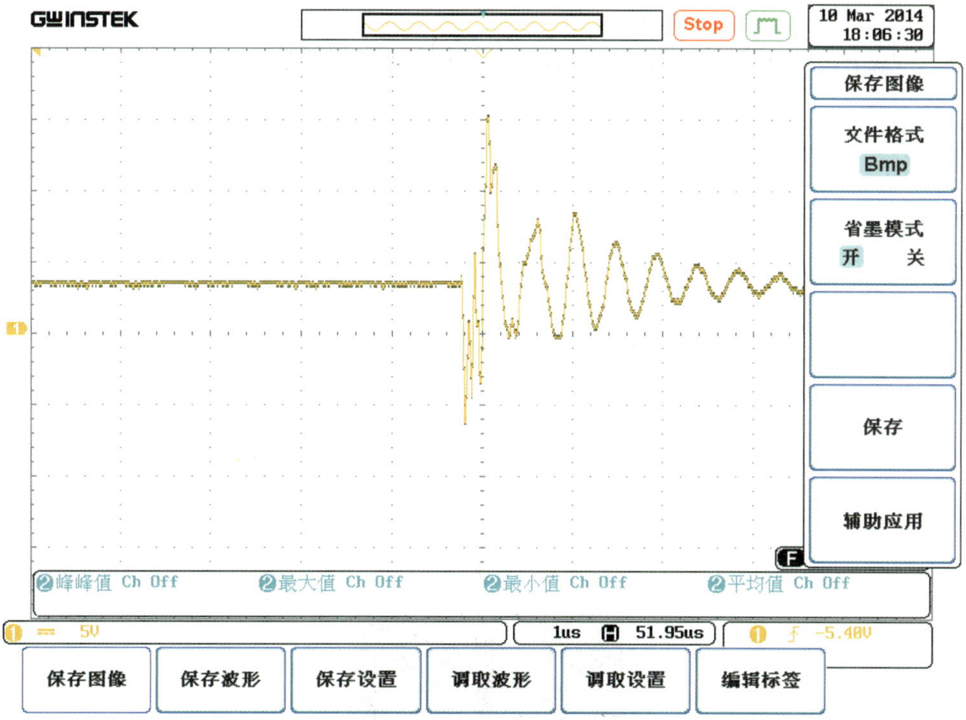

图 6.30 横轴展开的触发点波形

当时，我感到找到故障根源了。就是这关机带来的诡异毛刺，击毁了 ARM。于是，我赶紧又做了下一个实验：对电源的 OUTPUT 按键实施按下、弹起，示波器未见触发，这说明用 OUTPUT 按键实施电源输出的断开和切合，是不会产生明显毛刺的。

下午下班了，我对学生们说，以后注意使用电源要先关闭 OUTPUT，再关闭总电源；开机要先开总电源，再开 OUTPUT。然后，就乐颠颠回家了。

第二天上午，学生又来了，说又烧毁了一片 ARM。这次他们是严格按照规程操作的。同时，他们又做了一组实验：先关闭 OUTPUT 键，没有毛刺；再关闭总电源时，仍然有强烈的毛刺在输出端出现。注意，昨天的实验没有检测这点，就提前高兴了。也就是说，关闭 OUTPUT 仅能使得输出电压不再输出，却切断不了关机毛刺的出现和穿越。

我立即对实验室现存的各种直流稳压电源进行了全面检测，发现多数不存在 OUTPUT 键，但都存在关机毛刺，只是毛刺都小于这一台——尚未达到烧毁芯片的地步。

解决这个问题，最根本的方法还是在自己的电路中增加瞬态电压抑制器（TVS），以抵抗外电源可能存在的异常尖峰。

6.4.9　故障排查实例二：诡异的短路故障

学生做的是一个滤波器，焊接在一块万用板上，对外有这么几根线：一根正电源线，接直流稳压电源的 +5V；一根负电源线，接直流稳压电源的 –5V；一根地线，接直流稳压电源的地线（来自于直流稳压电源的两组电源串联中心）。还有一根信号输入线，一根信号地线，都待接。如图 6.31 所示，此时电源连接正确，我们没有打开电源。

信号源的两根线和示波器两根线对接，示波器上有漂亮的波形。将信号源的正输出线，和万用板（学生的电路）的信号输入线对接，示波器波形依旧漂亮。

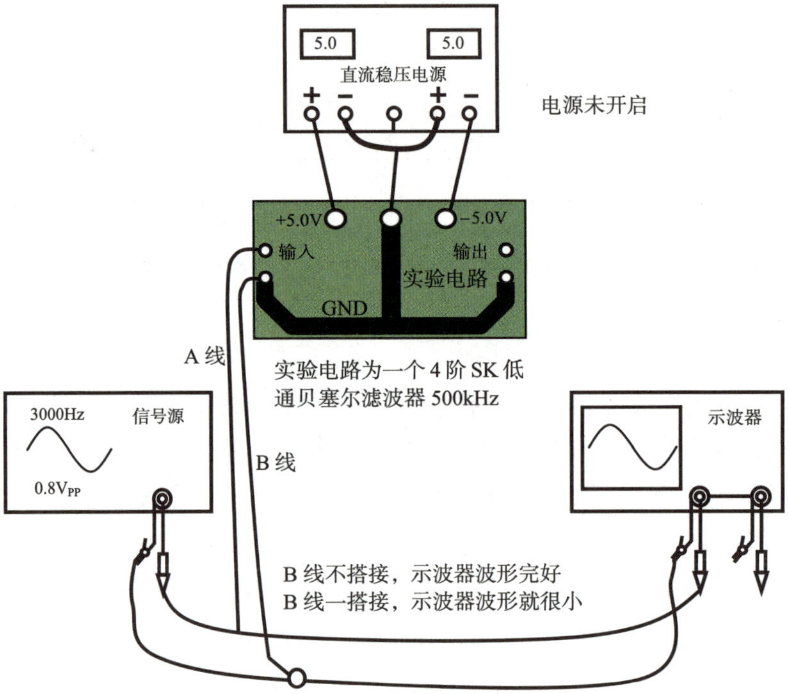

图 6.31　故障实验结构图

注意，此时只要把信号源的地线和万用板的地线对接（以下称此动作为 B 线搭接），示波器就出现一条 0 线，波形消失了；B 线不搭接，波形就恢复了，是一个 3000Hz 的正弦信号。我们怀疑,电路板上,信号输入端是不是对地短接了？用万用表量,挺大一电阻值。

还做了几个实验,汇报如下：电源没有打开,就有这个故障。我们怀疑和正负电源有关,就拆卸电源连线：拆掉正电源输入线，故障依旧；拆掉负电源输入线，故障消失。测量负电源和地线，没有短路。

百思不得其解的时候,我怀疑,是不是交流短路？就改变信号频率,发现了一个好现象：将信号频率由 3000Hz 改为 100Hz 输入，B 线搭接，示波器波形不再是 0 线，而是一个很小的幅度，好消息。再次降低信号源频率，10Hz，B 线搭接，波形下降一半左右。我没有工夫找 0.707 幅度了，就这么一估算：信号源输出阻抗 50Ω，遇到一电容对地，10Hz 降低一半，算出此电容约为 400uF。

我让学生自己查找，哪里有这个大电容。电路板上确实是没有的，找其他地方吧。我回去休息，要求学生找到后汇报。

最后，问题是学生自己找出来的，也修改好了。原因如下。

实验过程中学生将示波器输入置于 AC 挡，我没有发现，是一个失误。否则应更早发现问题所在。后来学生检查出故障所在了，是滤波器（就是万用板电路）的输入端被短接至负电源了。

这样，信号源带着 50Ω 的输出电阻，被直接连接到了负电源上，而负电源本身含有几百微法的输出储能电容，构成了一个截止频率低于 10Hz 的低通滤波器，就形成了上述的故障现象。那么，为什么 B 线搭接起到了关键作用呢？

当 B 线不搭接时，信号源输出是基于大地的（见 6.1.1 节），直流稳压电源是浮空的，两者即便短接，也不存在关系。一旦 B 线搭接，基于大地的信号源就被强制短接到基于大地的负电源上了。

找到问题，解释原因，一针见血，是排查故障中最让人激动的事情。

6.5　撰写漂亮的报告

对一个人的评价，分为几个层面。第一是形象，第二是举止谈吐，第三是思想和内涵。层面越高的，越具有持久杀伤力。

对一个技术作品，其评价也会分为几个层面，第一是直观（板子是否漂亮），第二是上电表现（看数据说话），第三是文字（就是我们的技术报告）。

报告占据第三层面，其重要性不言而喻。

6.5.1　态度端正

以下几点请牢记，牢记，再牢记。没有这些态度，即便文字天花乱坠，也是浮云流水。

第一，写出来的都是真的

绝不说假话。这包括两个方面：不能把 A 说成 B；不能有意挑选对你有利的，而回避不利的。

这说起来简单，做起来难。不断会有诱惑，考验你的定力。我说一个真事。

请大家看看 4.6.2 节。那件事中，主角是 TI 公司的 OPA227。大家知道我这本书是基于 ADI 公司产品线写的，一般情况下不探讨 TI 公司的产品。写这段时，我就面临考验：

可以悄悄把主角换成 ADI 公司的 OP07，谁也不知道内情，还能揭穿我不成？这样的话，大家面子上都好看。

但我不能这么做。毕竟当时的一切实验都是基于 OPA227 做的，即便重新用 OP07 做一遍，也是时过境迁，味道不同了。

因此，我在书中老老实实说了，当时用的是 OPA227，和 ADI 的 OP07 类似。这会影响什么吗？可能会让 ADI 不高兴，会取消对我写书的资助，甚至把 TI 也得罪了……

想那么多干嘛？学者不说假话，也是风骨之一。不说假话，睡得也踏实。

第二方面的假话，“挑选对自己有利的，回避不利的”倒是更容易让人迷惑。我只举一个例子，大家自己去琢磨。

某个科学实验，在理论分析中，应该是效果好的，这点你坚信。但 100 次随机实验中，有 58 次效果良好，42 次不明原因的效果不好。为了急于发表成果，你补做了几十次实验，从中挑选出 30 多次效果良好实验，让效果良好率超过 90%，而对外宣称只做了 100 次实验。

这有错吗？你可以说，我自己做的实验，我想忘掉它，不用了，有什么错啊？

结论是，你不能这么做。因为你明明已经知道存在差不多一半的失效率，仅是你不明原因而已，而你却故意掩盖了事实。

第二，存在的实验都是可重复的

科学实验有一个至关重要的原则，就是可重复。所谓的可重复，是指任何时候，任何人按照你所描述的场景，可以再现已经出现的结果。

要做到这一点，第一你得说真话，第二你得描述清楚场景。真话的事情前面说过，这里主要讲描述场景的重要性。

对科学实验来说，理论上任何条件的不相同，都会导致结果不同。但是，科学也是人性化的，也不能完全教条。因此，你不可能描述全部场景，但必须把重要场景描述清楚。

比如一个高频放大器频带测试实验。大家知道，测试高频放大器时，供电电压、环境温度、信号源型号、信号源输出阻抗、电缆线、示波器型号、示波器内阻、数值读取方法等，都会对测试结果产生明显的影响。因此，这些场景必须准确描述。

但是，湿度、现场电磁环境，甚至光线照度、不同的测试人，是否都会影响测试结果？你没有定论，怎么办？

我的观点是，只要你觉得有可能影响测试结果的，就请详细记录。上述实验中，我会补充记录测试人，而放弃湿度、现场电磁环境、光照等。

记录实验场景的最佳方法是图文配合。图 6.32 配合上必要的文字，可以清晰表述实验场景。所谓的文字，包括实验时间、地点、操作人，以及各个设备的关键指标等。在实际实验记录中，本图可能还需要标注一些关键点，方便记录中描述。

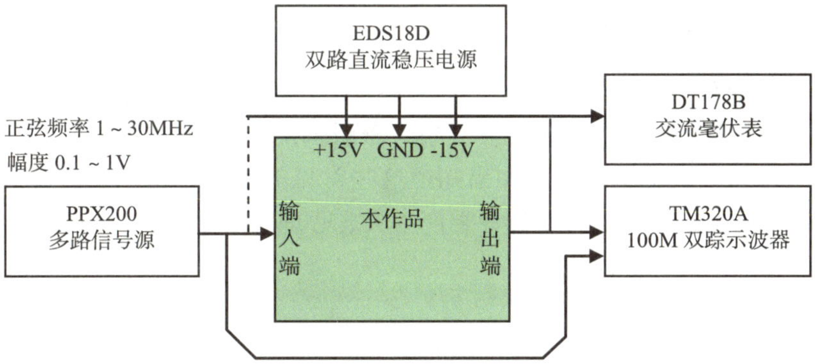

图 6.32 测试仪器和测试环境示意图

第三，完整表达了意思，每次、不同人读完，得到的信息是相同的

这无需多说，需要文字功底。要做好这点其实也不难，只需要在成稿后找不同的人细读几遍，让他们重述意思。如果出现歧义，就修改吧。

6.5.2 报告组成

题目和摘要

如果是参加竞赛，题目应为出题题目。关键是摘要的撰写。

参加竞赛和撰写期刊论文一样，需要短摘要——一般为200~300字，而学位论文一般为长摘要。

短摘要更要惜字如金。八股格式如下。

本作品设计实现了一个×××××。作品采用×××实现了×××；采用×××实现了×××；利用×××，在×××，改善了×××；在×××设计中，通过××××，达到了×××。最后，实测表明，作品在××达到了×××。

至于怎样组织上述八股格式，需要多读一些高水平论文的摘要。

英文摘要重点不在逐字、逐句翻译，而在于关键词的准确对应。

正　文

正文由以下部分组成。

一、方案论证

1. 方案分析

（1）方案一：介绍并分析优缺点。

（2）方案二：介绍并分析优缺点。

（3）方案三：介绍并分析优缺点。

第一，不要凑方案数量。

在方案论证环节，常见的错误是凑方案。一般来说，做一个作品总有各种不同方案，水平越高，懂得的方案也就越多。如果知道这些常见的方案，逐一分析即可。怕就怕自己不知道，还在那里瞎凑，这容易让评委产生厌恶心理——不知道就别瞎诌。

知道几个就写几个，不在乎多少。

第二，不要盲目贬低其他方案。

多数情况下，你选择的方案仅是可实现的一种，盲目地贬低其他方案，只能露怯。而选择某一方案，最关键的因素可能不是技术上的优缺点，而是你熟悉或者手里有部件。

在评述其他方案优缺点时，一定要客观、公正，即便它是最优的，哪怕你说自己水平不够，不敢做，也是非常好的理由。

第三,一般应对关键对比的方案给出原理框图。

第四，本节一般仅讨论主体方案，不对具体细节方案进行论证。而主体方案可以拆分成若干个串联环节，对每个环节可能存在的若干方案实施论证。

2. 总体方案设计

选择其中一种方案，具体结构如图。然后给出较为详细的解释。

本节的核心定位是，讲清楚你计划怎么实施。具体怎么实施的，交给硬件设计和软件设计部分。

二、理论分析和计算

1. 某些方法的分析

在设计中不可避免会出现一些需要分析才能得出的结论，这里就是展示的地方。

在理论分析和计算环节,没有要求先分析、再计算。因此,本环节下要分析计算的问题,可以并行展开，只要在小标题上说清楚就可以了。次序的编排，最好以正序罗列。

2. 某些指标的计算

注意事项同上。

三、硬件电路设计

按照电路结构，详细描述即可。需要注意以下几点。

第一，注意图之间的级联符号。在一张图上画满电路几乎是不可能的，因此一般都是分块绘制。在分块绘制中，需要把第一张图的输出和第二张图的输入，用相同的符号标注出来，以便于读者理解。

第二，尽量不要直接拷贝 PROTEL 原理图。如果有时间，最好能用绘图软件或者

Word 本身的绘图工具，画出漂亮的、与教科书图形较为相似的电路图。比如运放，最好画成三角运放符号，不要画成 8 脚——虽然管脚连接更准确，但是读者可能要费劲一些。

第三，阻容参数一定要标注清楚。

四、软件设计

注意用标准的流程图符号。这在 Word 中有。

如果有多个流程图，最好给出整体流程图，然后在此基础上分别绘制子流程图。

不要仅仅用流程图，而要有必要的解释。

五、测试方法和测试结果

最好以实际测试进程为序，流水记录，将全部测试过程分为若干个小测试项目，对每个测试项目实施如下记录和分析。而每个测试小项，都应包含如下内容。

1. 测试项目和测试目的
2. 测试环境
3. 测试步骤
4. 测试结果和分析

表格在这里极为重要。所有的测试都应该是先搭测试框架——写好前述的 4 项，在电脑上制作小项测试表格，然后开始测试、填数、自动分析。

Word 中支持插入 Excel 表格。

六、结论和讨论

有些资料中建议在结论中写出后期计划和改进，于是每个报告都是如此，对此我有不同意见。如果确实存在遗憾，这么写没有问题；如果你对自己的方案和结果还比较满意，我建议不要“凑改进”。

参考文献

在报告的尾部，可以存在参考文献，也可以不存在，这取决于你的报告中是否存在标注参考文献的必要。

有两种常见的参考文献引用方法。

（1）文献 [1]~[3] 使用不同的方法，证实了 ×× 的可行性。

（2）此后，又有研究者提出了检测 ×× 的 ×××× 方法 [1]、××× 方法 [2]，以及 ××× 方法 [3]。

这样写完正文，就会出现好多参考文献。按照它们首次出现的顺序排列即可。

Word 支持插入参考文献，我习惯按照“交叉引用”实现。

千万不要因为有参考文献要求，而去凑参考文献。对一个设计作品来说，不存在参考文献很正常。没有，就不要写，这是原则问题。

特别是，把教科书作为参考文献，是一种极坏的习惯，除非在正文中有明确的需要引用教科书内容作为参考文献——一般情况下，这是不可能的。因为，常识性的内容是无需参考文献的，比如欧姆定律。而教科书内容一般都已作为常识性内容被大家接受了。

一些不常用的电路结构，如果你是抄来的，还是标注参考文献为好。

6.5.3　构建标题框架

写一份好的报告，首先应该搭建标题框架。

第 1 步，找到官方要求的文稿格式。如果没有，找前几届的标准报告，确定版面大小，字体、字号要求，标题结构。

第 2 步，按照这些要求，将题目、正文、参考文献写好。

第 3 步，确定各级标题字体、字号，用“格式刷”统一起来。

这样，启用视图中的导航窗格，在编辑页面的左侧就会出现导航标题项。

6.5.4　图题、表题

图题是一张图的题目。表题是一张表的题目。

图题和表题的字体、字号要求，应以报告官方机构要求为准。在没有明确要求的情况下，以下列文字为准。

（1）中文文稿的图题、表题，应言简意赅。一般以章分开，比如“图 3.1”“表 5.6”，而不用“图 2”“表 1”，或者“图 3.2.1”“表 5.2.3”。

（2）图题应处于图的下方中间位置，表题应处于表格的上方中间位置。

（3）为避免出现混乱，建议将图题以文本框的形式输入，并与图实施“组合”。

（4）图题、表题字体一般为宋体不加粗，字号比正文小 1 号。比如正文是“5 号”字，那么图题和表题就应该是“小 5 号”。

（5）表格一般为三线制：首行上框线、首行下框线、尾行下框线，没有列线。

（6）图和表格的主体位置，在视觉上应低于正文中文字出现的位置。当正文中出现“××如图 3.8 所示”时，读者习惯性会向下找“图 3.8”。

（7）最好给每张图都标注图题，每个表格都标注表题，不要使用“下图，下表”等，除非你认为确实没有必要。

6.5.5 公　式

公式的所有格式，也应以官方机构要求为准，在没有明确要求情况下，参照以下内容。

（1）公式可以有公式号，如下实例，右侧的“（3.8）”即为公式号：

$$i_{\mathrm{D}}=I_{\mathrm{DSS}}(e^{\frac{u_{\mathrm{D}}}{U_{\mathrm{T}}}}-1) \tag{3.8}$$

（2）仅在某公式会在正文中多次出现时，需要给公式编号，除此之外，均可使用“下式”描述。

（3）公式有编号，且在正文中要提及该公式时，形式为“使用式（3.8），可以 ××”。

（4）不管公式有无编号，都应另起一行，居中摆放。

（5）应以 Word 中公式编辑器完成公式输入。

（6）注意公式中的正体、斜体、下标、上标、大写、小写。一般情况下，记住以下几条。

- 变量为斜体，常量为正体、下标为正体，单位为正体。
- 单位一般均为小写，除非为纪念某人才大写，常见的大写有 A（安培）、V（伏特）、Ω（欧姆）、Hz（赫兹）、S（西门子）等，而 s 是秒，h 是小时。特别注意，A•h 是安时。

6.5.6 制表技巧

标准的文稿中，表格都是三线制的。所谓的三线制表格，是为科学实验准备的，表格由两部分组成：项目部分和数据部分。因此，上面一根线，下面一根线，两部分之间一根线，就形成了三线制表格。

一个标准的表格实例如下。

表 3.12　输入电阻测量结果（R_1=1kΩ）

实验序号	U_s/mV	U_i/mV	计算 R_i/kΩ	与均值相对误差 /%
1	100	78	3.55	0
2	150	115	3.55	0
3	200	157	3.65	3.0
4	250	192	3.46	−2.3
5	300	224	3.62	2.0
6	350	265	3.55	0
7	400	311	3.49	−1.4
8	450	350	3.50	−1.3
均值			3.55	

可以看出，表题居中，字号比正文小 1 号，项目中都带有单位，比如 mV，用斜线分隔；各个实验样本之间没有横线相隔，各个项目之间也没有竖线相隔。这就是标准的三线制表格。

我制作三线制表格的方法很愚笨，但也是有效的。首先按照一般表格填写内容，然后选中表格，利用表格工具中的“外侧框线”，将表格全部设为虚线。第三，选中表格，设置“上实线”，设置“下实线”，就形成了上下两线。第四，选中最上面一行，选择“下实线”，就形成了中间相隔的第三线。

6.5.7　绘图技巧

一个报告中，必然会出现大量的电路原理图。很多同学采用直接拷贝 PROTEL 原理图的方法进行，这样虽然简单，但是效果极差。记住，PROTEL 的原理图是给机器看的，或者是布线看的，不是给审阅者看的。而恰恰，给你们打分的，是评委，是审阅者。

要让评委看清楚电路原理图，那么电路图就不应该是按照管脚绘制的，而应该是按照结构绘制的。同学们在教科书上见到的原理图，其实就是这种图。图 6.33 是一个假想的电路，从这个图中，评委可以看出清晰的连接关系。如果按照 PROTEL 绘图，得到的是一个四四方方的 AD620，有很多个管脚，在管脚外边连接了一些电阻和连线，评委从中是看不出任何关系的，除非他能够记住这个放大器的每个管脚。

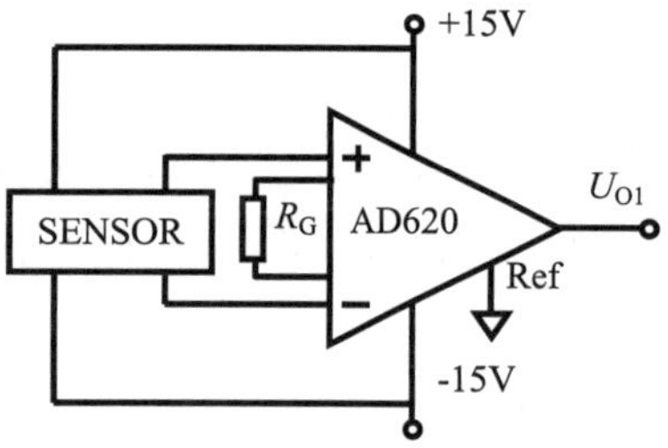

图 6.33　一个较好的局部电路原理图

因此，我们建议大家学会用合适的工具绘制如图 6.33 所示的电路原理图。

绘制这样漂亮的原理图，我一般采用 Word 完成。

要想在竞赛期间绘制电路原理图，没有前期的准备是难以完成的。因此，请大家事先绘制一些常见的芯片图、电阻、电容、电感、晶体管、开关、接插件，放在一个 Word 文件中，随时复制，就可以很方便地形成自己的电路原理图。

6.5.8　常见错误

常见的语法和文字错误

（1）长句出现多动词，无意义句子或者短语。

“我们制作一个以单片机为核心的，实现多种功能的低功耗便携设备。”这句话没有任何意义，“制作”后面加个“了”就有意义了。

（2）明显的汉字使用错误。

“这点就不多说了”。

（3）“实验”和“试验”。

“实验”是指对理论分析结论的验证性活动。“试验”是指对未知结论的实际体验。两者的本质区别是，实验有较为扎实的理论指导，其结果的可预测性很强。试验最多只具备猜想的可能性，其结果可预测性较弱。对一个无知的人来说，几乎所有的体验活动都是试验；而对于一个科学家来说，多数都属于实验。

但不管怎么说，都不要在一篇文字中，一会儿“实验”，一会儿“试验”。

（4）数字——阿拉伯还是汉字？

文中出现的数字，到底使用汉字还是阿拉伯数字，是有规则的。

- 当这个数字具有明确的数字含义，或者说可以将此数应用于公式中时，一定要使用阿拉伯数字。比如，“3 斤白糖分给 2 个人”，就不能写为“三斤白糖分给两个人”。
- 当数字不具备明确的数字含义时，应该用汉字。比如四轮驱动、三角形、七上八下、四喜丸子、二阶滤波器等。
- 特殊用法，遵循习惯。比如五四运动，1998 年 7 月。

撰写禁忌

（1）使用夸张的文字和描述。

“感谢我的导师 ×××，他是我见过的最优秀的教师，是一代教师的楷模，是改革的中坚力量”“本作品颠覆了传统的设计理念，用 ××× 实现了 ××××，具有划时代的意义。”

（2）使用诗歌、成语。

“无独有偶，我们也采用了 ××××。”

“山重水复疑无路，柳暗花明又一村，经过几天的奋战，我们终于 ××××。”

（3）尽量少使用“我们”“我”等，而使用“本文”“本作品”等。

语气禁忌

（1）含糊或者不真实。

科技文章用文字代替实际演示，就必须保证文章的可信度。当读者发现这个文章不可信时，你写什么都是无用的。因此，真实是科技文章的第一要素。

要做到真实，或者说让读者感到可信，第一条就是不说假话。只有自己内心感觉自己说的一切都是真实的，才能保证文章的真实性。

除了内心真实，在表现上也得注意一些技巧，就是不要写含糊的文字，以免引起别人的怀疑。

比如设计指标是 10kHz，你实现了 35kHz，如果你在文章中说：“本作品实测结果表明，上限截止频率远远高于指标要求。”就很容易让人怀疑。较好的表达是：“设计要求为 10kHz，本作品实测为 35kHz，高于指标要求。”

在作品中增加实物照片、数据原始记录，都有助于增加可信度。

（2）不平和。

所谓的平和，就是作品报告似乎是第三者在描述，要使得文字中的气氛不被获得的成果所感染。“此前的男子 100 米世界记录是博尔特在 2008 年奥运会上创造的，成绩为 9′62。在本届世锦赛上，我校运动员 ××× 以 8′54 的成绩打破了这个记录。”就属于较为平和的语气。它陈述了“事实”，但是不渲染。

后　记

我一直不写书。因为我看到太多旧书摊上，摆放着我们教师辛辛苦苦写好的教材，被廉价叫卖。

于是，我告诫自己，积淀不够，不要凑数写书。

其实我和大家一样，在面临晋升职称等世俗时刻，不得不随波逐流，发表一些自己都看不上的文章。但是，我能保证，此书，是我用心写的。

初稿出来后，我的研究生受我的逼迫，硬着头皮阅读了全书，并为我纠正了部分明显的错误。我没有把初稿给任何一个名家，或者我钦佩的同行，让他们提出宝贵意见。其原因是，我知道，即便是让我五体投地的前辈，在核心问题上，也是各有所好。我听了他们的，就失去了我自己。

请各位同行，我钦佩的前辈，包容我如此的固执。

个别人阅读了此书的初稿。他们的反馈是噪声部分，以及书中的推导，实在太乏味了。刚接到这个意见，我深感不安。

但是，差不多一年的时间，我要求我的研究生逐字逐句阅读此书，改变了我的认识。他们一致认为，在拿到这本书的时候，确实觉得罗嗦、乏味，甚至翻两页，就想扔掉它。但是当我提出要针对这本书进行书面考试，他们不得不认真对待的时候，此书的魅力就展现出来了。

很多公式、推导过程，看似乏味，就像硬邦邦的牛肉，但是只要你耐心咀嚼，细细品味，总有一个时刻，你会发现，推导本身，就是趣味十足的一个学习过程。当你感觉此书的推导过程，与你的想法完全一致的时候，你其实，已经学成了。

模拟电子技术，不都是经验。单纯迎合个别不求甚解、只求快速结论的人，书，是写不好的；学问，也是做不好的。

对阅读这本书，我唯一的建议是，慢慢读，字字推敲，对每一个公式，细细推导。

结束的时候，我希望感谢我的夫人，是她给了我无可比拟的支持。我想起了春节的时候，我一个人在暖暖的灯光下写书，她悄悄送来的一杯热茶，还能想起与此相关，太多瞬间幸福的定格。也谢谢儿子，一个刚刚上大学的孩子，他大致看了几页，说，挺好，挺震撼的。其实，作为父亲，能听到儿子的表扬，已知自己的心血没有白费。还要感谢我的同事和学生，他们毫无顾忌的提出了很多意见，虽然我基本不听。还有，ADI 公司的高威，他为此书的出版也付出了很多。

最后，特别感谢 ADI 公司为此书的推广做出的努力，特别感谢广大网友在论坛上提出的宝贵意见，你们能够看见修改的地方，那都是你们的功劳；有些网友的意见，最终我没有采纳，也是深思熟虑后决定的。这些，我都铭记在心。

如果你拿到这本书的纸质本，不要把它卖到旧书摊。

讨论问题，可致信：yjg@mail.xjtu.edu.cn